海洋溢油光学遥感原理与应用实践

陆应诚　刘建强　丁　静　孙绍杰　著

科学出版社

北　京

内 容 简 介

溢油是海洋环境监测的重要对象。遥感技术因其大范围同步观测、时效性、综合性与可比性等特点，是海洋溢油监测的重要技术支撑；光学遥感技术对海洋溢油具备识别分类、定量估算与动态监测的技术优势。本书系统介绍了海洋溢油光学遥感原理与方法、多源光学遥感资料的海洋溢油监测应用案例及中国首颗海洋水色业务卫星数据对海面溢油的监测效能。

本书可为开展海洋环境监测与应用研究的业务部门、科研机构、涉海大专院校师生等提供参考。

图书在版编目(CIP)数据

海洋溢油光学遥感原理与应用实践/陆应诚等著. —北京：科学出版社，2021.6

ISBN 978-7-03-067713-6

Ⅰ. ①海… Ⅱ. ①陆… Ⅲ. ①光学遥感-应用-海上溢油-海洋污染监测 Ⅳ. ①X834

中国版本图书馆CIP数据核字(2020)第264784号

责任编辑：周 丹 沈 旭/责任校对：杨聪敏
责任印制：师艳茹/封面设计：许 瑞

科学出版社 出版
北京东黄城根北街16号
邮政编码：100717
http://www.sciencep.com
三河市春园印刷有限公司 印刷

科学出版社发行 各地新华书店经销
*
2021年6月第 一 版 开本：720×1000 1/16
2021年6月第一次印刷 印张：15 3/4
字数：318 000

定价：199.00元
(如有印装质量问题，我社负责调换)

序

随着“海洋强国”战略与“21 世纪海上丝绸之路”建设的不断深化，“海洋命运共同体”理念的构建更加深入，海洋环境实时动态监测与评估的重要性日益凸显。20 世纪 90 年代以来，我国海洋卫星快速发展，目前已建成海洋水色卫星、海洋动力环境卫星、海洋监视监测卫星三大海洋卫星系列，实现了从单一型号到多种型谱、从试验应用向业务服务的跨越。海洋一号 C 卫星和 D 卫星作为我国首个组网运行的海洋水色业务卫星星座，搭载有水色水温扫描仪、海岸带成像仪、紫外成像仪等多个光学载荷，积累了大量的全球海洋陆地观测数据集，推动了中国海洋遥感事业的发展，为经济社会发展提供了重要的技术支撑，在海洋环境监测、海洋防灾减灾、海洋权益维护等方面发挥了重要作用。

海洋溢油是海洋环境监测的重要对象，具有来源多样、危害巨大、分布广泛、频次趋多的特点。开展海洋溢油污染的精细化卫星遥感监视监测、应急响应与灾损评估，对推进我国海洋生态环境治理、加快海洋强国建设、践行“一带一路”倡议、构建海洋命运共同体具有重要意义。近年来，国际海上溢油事故频发对海洋溢油遥感监测评估提出了更高的要求，既要实现海洋溢油的快速应急响应，更要对溢油污染进行高精度的定量化计算评估。多光谱/高光谱光学遥感数据对溢油污染的精细化监测能力得到了越来越多的关注。

在海洋溢油光学遥感理论与应用研究领域，南京大学陆应诚博士的团队对海洋溢油污染的光谱响应特征与响应机理、目标类型开展了长期深入研究，通过观测、模拟、模型构建，探索卫星应用的一体化技术路径，完善了相关理论模型与应用技术研究，发展了海洋溢油光学遥感识别分类与定量估算方法。

国家卫星海洋应用中心作为我国海洋卫星应用领域的牵头用户，将我国自主发射的海洋水色卫星数据优化应用于中国近海溢油遥感监测，对我国近海进行了大范围、高频次的溢油遥感监测应用，验证了利用光学遥感技术开展海洋溢油监测的应用潜力，拓展了国产海洋水色业务卫星的应用领域，提升了应用效能，进而为海洋溢油光学遥感应用技术的发展提供了重要的技术支撑。

《海洋溢油光学遥感原理与应用实践》阐明了海洋溢油光学遥感的系统理论基础与最新应用技术进展，重要的是利用国产海洋水色卫星数据开展了大量应用实践，可为我国相关专业的科技人员、政府机构管理人员和高等学校教师提供非常有益的技术参考，以期进一步促进海洋溢油遥感监测的业务化应用与技术突破创新。

2021 年 4 月

前　　言

海面溢油的实时动态监测，是海洋环境监测领域关注的重要方向，也是卫星遥感开展海洋环境灾害业务化应用的主要技术难点之一。进入海洋的石油有多种来源，既有人类活动产生的不同类型的溢油污染，也有海底天然烃渗漏形成的海面薄油膜。大型溢油污染会引发海洋生态环境灾害，如2010年美国墨西哥湾“深水地平线”钻井平台溢油事件、2010年中国大连新港“7·16”溢油事件、2018年东海“桑吉”轮溢油事件等，对海洋生态环境造成了严重的危害，需准确、及时地监测与评估溢油情况。近年来，随着海洋溢油光学遥感研究不断深入，不同类型溢油污染的光谱响应特征与响应原理得以厘清，溢油污染海-气界面的光学辐射传输过程不断被阐明，海面溢油的光学遥感识别估算与应用技术也得以深入发展。光学遥感技术用于海洋溢油识别、分类与估算的显著优势得到越来越多的认可。

2018年9月成功发射的海洋一号C卫星是中国首颗海洋水色业务卫星，搭载有海洋水色水温扫描仪、海岸带成像仪、紫外线成像仪、星上定标光谱仪和船舶识别系统共5个载荷，能为海洋环境监测提供丰富的数据资料。2020年，搭载有同样设备的海洋一号D卫星发射后，形成上、下午双星组网观测，可为海面溢油的实时、定量、精细化监测提供更高频次的数据支撑。在此基础上，国家卫星海洋应用中心开发了“中国自主海洋卫星近海海洋环境灾害遥感监测”科研业务平台，形成了规范的业务化监测流程；海洋溢油遥感业务化应用的数据和平台条件日趋成熟，将显著提升我国近海海洋环境卫星遥感监测应用效能。

本书基于国内外海洋溢油光学遥感应用近十年的科研成果凝练而成，详细介绍了海洋溢油光学遥感的研究现状、技术特点、原理与应用。全书共分十章，第1章介绍海洋石油的来源与特征；第2章总结海洋溢油多源遥感的最新研究进展；第3章阐述海洋溢油的光学辐射传输过程及其主要目标类型；第4章介绍海面油膜的光谱响应特征、光学作用过程与厚度反演建模；第5章阐明溢油乳化物的类型、光谱响应特征及其浓度的光学遥感估算；第6章厘清溢油海面太阳耀光(及偏振耀光)反射的计算与利用；第7章模拟分析不同光学遥感卫星的光谱响应并解析海面溢油的多源光学遥感特征；第8章介绍多源光学遥感技术用于国内外海洋溢油识别、分类、估算与动态监测的案例；第9章介绍中国海洋一号C卫星对海洋溢油的监测应用；第10章展望海洋溢油光学遥感研究趋势和挑战，阐明亟待突破的相关科学问题。

本书部分内容原为海洋一号 C(HY-1C)卫星开展海洋溢油遥感监测应用的技术报告，为更方便相关科研人员了解海洋溢油光学遥感的最新研究进展、利用我国自主海洋水色卫星开展海洋溢油监测应用，我们将该报告的内容整理出版，供相关学科的研究人员和沿海省市的涉海业务单位技术人员参考使用。本书由南京大学、国家卫星海洋应用中心、中山大学的相关科研人员共同完成，其中陆应诚完成第 1 章、第 3 章～第 5 章和第 10 章，刘建强、丁静、陆应诚完成第 2 章和第 9 章，陆应诚、孙绍杰完成第 6 章，孙绍杰、陆应诚完成第 7 章和第 8 章，全书由陆应诚负责统稿与校对。南京大学周杨、石静、焦俊男、沈亚峰、锁子易、朱小波、王卿、温颜沙等同学参与了文字校对、图像制作和文献整理等工作。成书过程中，美国南佛罗里达大学胡传民教授，自然资源部第二海洋研究所毛志华研究员，中国科学院烟台海岸带研究所邢前国研究员，国家卫星海洋应用中心宋庆君高工、叶小敏博士，南京信息工程大学张彪教授，武汉大学田礼乔教授，中国科学院上海技术物理研究所尹达一研究员，中山大学赵俊教授、齐琳博士等先后给予了诸多帮助；科学出版社周丹女士为本书的顺利出版付出了辛勤的劳动，在此一并致谢！最后，感谢国家自然科学基金(42071387、41771376、41371014 和 41001196)、江苏省高校优势学科建设工程三期项目(地理学)和南方海洋科学与工程广东省实验室(广州)人才团队引进重大专项(GML2019ZD0302)等的支持。

海洋溢油光学遥感研究与应用涉及诸多领域，因此本书难免出现不足之处，敬请读者批评指正。我们也希望本书能起到抛砖引玉的作用，促进光学遥感技术及我国自主海洋水色业务卫星在海洋溢油监测领域的应用拓展。

编　者

2020 年 12 月 30 日

目　录

第 1 章　海洋石油的来源与特征

海洋石油具有复杂的来源，在海洋环境动力等作用下，会有一系列的风化、扩散、漂移过程，形成复杂多样的溢油污染类型，对海洋与海岸带生态环境产生不同的危害。复杂多样的溢油污染类型具有丰富的目视特征，可被识别与估算，并需采用不同的应急处理对策。本章简要介绍海洋石油的来源、风化扩散过程和典型目视特征。

1.1　海洋石油的来源

进入海洋的石油烃物质主要有人为和天然两种来源，如图 1.1 所示。人为来源主要是人类在石油开采、加工、运输等诸多过程中的各类溢油污染(Zhong and You，2011；Wang and Shen，2010；Leifer et al.，2012；Lu et al.，2013)；天然来源包括天然烃渗漏、微生物合成等，海洋烃渗漏油膜主要由海底具有工业开采价值的油气藏天然渗漏形成(O'Brien et al.，2005；MacDonald et al.，1993，2002；

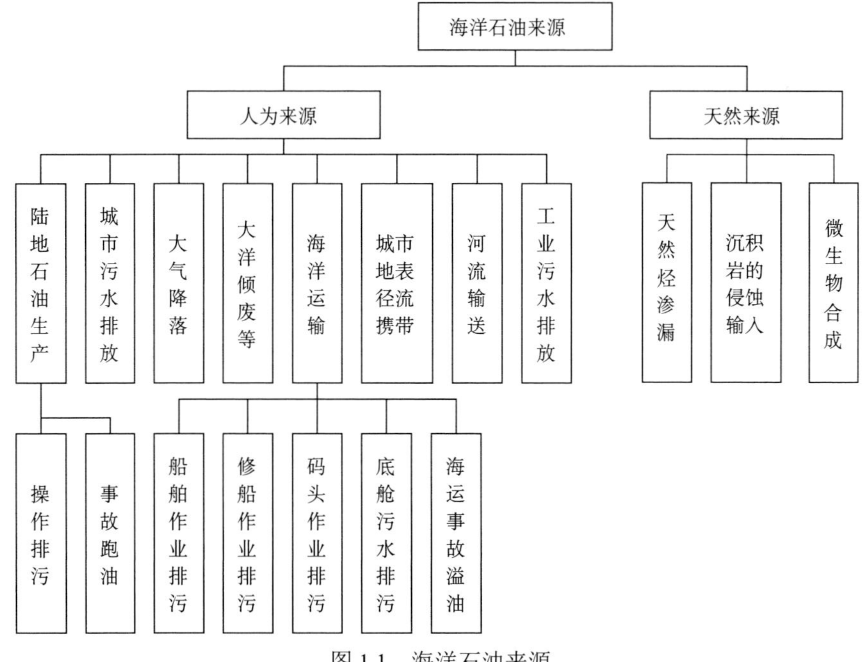

图 1.1　海洋石油来源

Howari，2004）。据不完全估算，全球进入海洋中的石油烃物质约有47%来源于自然界（估计可以达到600000t/a），53%来源于各类型溢油污染事件（Kvenvolden and Cooper，2003）；特大型的海洋溢油污染事件显著增加了人为来源（如美国墨西哥湾 2010 年“深水地平线”钻井平台溢油、中国蓬莱 19-3 油田溢油等事件），会改变上述比例。

烃渗漏是海底油气藏存在的自然现象。埋藏于海底深部的具有工业开采价值的油气藏，内部存在着巨大的压力，油气藏与地表（或其上部海洋）之间存在着压力差。在这种压力差下，油气藏中的烃类物质会通过运移通道，沿着压力梯度方向持续地向地表（或其上部海洋）渗漏运移（Tedesco，1995；Donovan，1974；Hubbard and Crowley，2005），会改变其上方地表的特征，形成不同的海底地表形态（Klusman，1993；Saunders et al.，1999；Philp and Crisp，1982）。油气藏的烃渗漏会引起海底某些区域表面特征的变化，进一步影响海底地质地貌与海洋底栖生物，如使海底松散沉积物形成“贝丘”状凸起，四周发育各种喜烃生物群落；烃渗漏也可以形成海底“冷泉”，甚至以气泡、油珠的形态喷发，进一步影响其上部海水的特性。有些地质特征表明，海底油气藏的烃类渗漏可稳定持续几百年，因此海底烃渗漏可以指示沉积层中的烃类聚集带。当海底烃类物质达到相对饱和状态时，会在浮力的作用下继续垂直向上运移，形成富烃的海水柱；烃类物质进一步改变海水柱中各种理化特性，如喜烃浮游生物的富集、海水柱中叶绿素异常等。一些烃类物质以连续不断的小油珠或气泡（其直径一般小于 1mm）浮向海面，会在海表面形成彩色浮油膜；不同厚度的薄油膜具有不同的色泽，经几秒钟后即变成银灰色的浮油膜，通常为单分子膜（厚度小于 0.01μm）（Philp，1987；Plummer，1992）；此外，一部分气态烃会进入海表低层大气（Solomon et al.，2009；Whelan et al.，1994；Bradley et al.，2011）。天然烃渗漏形成海面薄油膜和近海表富集的碳氢化合物气体，可被光学遥感所探测（Hu et al.，2009；Bradley et al.，2011；Jackson and Alpers，2010；Lu et al.，2016）。

人类在石油开采、加工、运输等过程中，各类型事故会导致不同程度的海洋溢油污染。特大型溢油污染事件会对海洋与海岸带环境造成巨大危害，如 2010 年 4 月位于美国墨西哥湾的英国石油公司（British Petroleum，BP）“深水地平线”（Deepwater Horizon，DWH）钻井平台爆炸事故，是近些年来最大的环境灾难性事件（Jernelöv，2010；Kessler et al.，2011；Mariano et al.，2011；Leifer et al.，2012；Murawski et al.，2018）。该溢油事故共持续了约 87 天，造成大约 4400000 桶/700000m^3（±20%）原油泄漏到美国墨西哥湾海域（Crone and Tolstoy，2010）。2010 年 7 月，大连新港的输油管道起火爆炸并引起原油泄漏，事故溢油量超万吨，受污染海域约 430km^2（Guo et al.，2016），对海洋渔业、滨海旅游业等沿海产业造成了直接经济损失，也对海洋生态环境造成持久的损害。2011 年 6 月 4 日和 17 日，中国渤海 19-3B、C 石油钻井平台分别发生溢油事故，造成 700 桶原油和 2500 桶矿物油基泥浆溢出(Xu et al.，2013)，导致钻井平台周围 840km^2 海域的海水由Ⅰ类水体下降至劣Ⅳ类水体，周边 3400km^2 海域的海水由Ⅰ类水体下降为Ⅲ、Ⅳ类水体(马军，2011)；6 月 4 日至 8 月 23 日累计污染水域 5500km^2，水产养殖损失超过 10 亿元，海洋生态遭到损害的价值约 16.83 亿元(曹阳，2014)。

根据国际油轮船东防污联盟(International Tanker Owners Pollution Federation，ITOPF) 的统计数据 (http://www.itopf.com/knowledge-resources/data-statistics/statistics/)，1967～2016 年，海上石油运输事故造成的石油泄漏次数和总量呈逐年下降趋势，小型溢油事故(溢油量<7t)和中型溢油事故(溢油量 7～700t)占总溢油事故发生次数的 95%，而大型溢油事故的溢油总量(溢油量>700t)却占了绝大比例。2010～2016 年，共发生 47 起中型和大型溢油事故(溢油量>7t)，导致 39000t 石油泄漏，其中 85%的溢油来自 10 起大型溢油事故(http://www.itopf.com/knowledge-resources/data-statistics/statistics/)。大型油轮溢油事故与石油钻井平台事故一样，虽具有偶然性，一旦发生，却会在短时间内对海洋生态环境造成极大危害。泄漏的原油在海洋风、浪、流等环境动力作用下，可形成多种类型的污染，有黑色浮油、非乳化油膜和油水混合物等(Lu et al.，2013)。这些污染物不仅会破坏底栖生物环境(马媛等，2005)，还会影响海洋浮游植物的生长状况，进而可能引发藻类异常暴发(沈南南等，2006)；石油中的烷烃、芳香烃及含硫化合物等物质，对海洋生物及人类健康具有一定的危害；高黏度的乳化油附着在海洋生物上，还会使其丧失生存能力甚至窒息死亡(曹阳，2014)。复杂多样的溢油污染，不仅给海洋生态环境带来了不同的负面影响，也给海洋溢油的应急处理与灾损评估带来更多的挑战。

海面油膜会降低海水与大气的氧气交换速度，从而降低海洋生产力，破坏海洋的生态平衡。大规模的溢油污染事故能引起大面积海域严重缺氧，使大量鱼虾死亡；浮油被海浪冲到海岸，会造成海滩荒芜、破坏海产养殖和盐田生产，并毁坏滨海旅游区。由于海上情况复杂，一旦发生溢油污染，消除其危害及影响的成本巨大，风险极高(Kessler et al.，2011；Mariano et al.，2011；Zhong and You，2011)。因此，高效的海洋溢油污染监测，对于海洋生态环境保护、灾后溢油清理和评估至关重要。

近年来，随着我国经济的快速发展，能源需求增长旺盛，海洋石油勘探与开发、海底输油管线铺设、海洋石油运输等海洋经济活动规模不断扩大；会增加海洋溢油污染事件发生的概率，海洋溢油污染风险与日俱增。如何防止并减少海洋溢油污染导致的灾害损失，已成为我国海洋环境保护的重点与难点之一。科学开展海洋溢油的应急响应辅助决策和生态恢复评估，是贯穿海洋溢油防灾减灾的关键环节。面对海洋溢油污染对生态、经济所构成的诸多威胁，《国家重大海上溢油应急处置预案》明确了溢油应急处理中的指挥体系、预警监测以及应急响应和处置等工作内容。《国家重大海上溢油应急能力建设规划（2015—2020 年）》也明确指出了通过加强航空航天遥感等监视手段为主体的海上溢油监视系统和覆盖度，提升我国沿海的海上溢油监视监测能力。目前，海洋溢油污染的光学遥感机理研究取得了突破，其目标体系、理论方法、应用实践均有较为丰富的研究成果，光学遥感技术将为海洋溢油污染的识别、分类与定量估算提供重要的技术支持。

1.2　溢油的风化过程

溢油事故发生后，在海洋环境动力作用下，溢油的物理化学性质会随时间发生一系列变化，这一过程称为“风化”(Zhong and You，2011)。石油风化过程包括短期和长期风化过程。其中，短期风化过程包括蒸发、乳化、溶解和扩散等，长期风化过程包括光氧化、生物降解和沉淀等(Zhong and You，2011；Mendelssohn et al.，2012)。

溢油进入海洋后，在原油自身重力作用与海洋风、浪、流等环境动力作用下，浮油水平扩散，可形成厚度 0.1mm，甚至更薄的油膜(Zhong and You，2011)，溢油扩散程度主要受原油黏度、表面张力等因素影响。在溢油事故初期，轻质原油蒸发量可达 70%，中等分子质量的原油蒸发量可达 40%，而重质油蒸发量不超过 10% (National Research Council，2003)。在海洋环境动力作用下，原油中部分油滴会被裹挟扩散入水体，部分石油烃组分也能溶解于水并能稳定存在其中。扩散和溶解在石油损失中所占比例较小，但其影响不容忽视，因为原油中的可溶解物质，尤其是多环芳烃(polycyclic aromatic hydrocarbons，PAHs)对水生生物危害极大(Mendelssohn et al.，2012；Khursigara et al.，2016)。溢油与海水混合还会形成不同浓度的油包水状、水包油状的溢油乳化物(Shi et al.，2018；Lu et al.，2019)。若海水以小液滴的形式分散存在于连续的原油中，称之为油包水状溢油乳化物；若连续的海水中存在分散的原油小液滴，则称之为水包油状溢油乳化物(Lu et al.，2013；过杰等，2016；张欣欣等，2016)。油包水状溢油乳化物的目视特征常被描述为“巧克力色慕斯状”或“慕斯状”，油包水状溢油乳化物的稳定状态取决于其含水量，稳定乳化物含水量约为 60%～85%，乳化过程会导致溢油的理化性质改变(如密度与黏度)(National Research Council，2003)。乳化作用显著降低了原油蒸发速率，且对溢油回收方法的选择有直接影响。海洋石油中高沸点、难溶物质的聚集易形成沥青球，轻质烃会蒸发进入近海表大气中(Bradley et al.，2011；Salem，2003)。此外，其他的风化过程还包括溢油的微生物降解、光氧化与沉积等。

1.3　溢油的目视特征

1.3.1　海洋溢油常见目视特征

海洋溢油一旦发生，进入海洋的石油就会立刻进入风化过程中，在风、浪、流等因素的影响下，其物理性质及化学性质都随着时间不断地发生变化，形成复杂多样的溢油污染类型。这些复杂海洋溢油污染类型具有不同的目视特征、存在状态与形态特征。图 1.2 展现了海洋溢油风化过程中各种污染类型，如银色亮油膜、彩虹亮油膜、条纹状浮油、巧克力色慕斯状溢油和黑色浮油等。

图 1.2　海洋溢油污染的复杂目视特征

美国国家海洋大气局(National Oceanic and Atmospheric Administration，NOAA)基于海洋溢油事故发生后海面污染类型存在的一系列目视特征、混合状态与形态特征，将海洋溢油污染划分为如表 1.1 所示的不同类型。有些是用来表述油膜目视特征的，如亮油膜、银色亮油膜、彩虹亮油膜等，描述了海面薄油膜的光泽特征；有些是用来表述溢油与海水混合状态的，如棕色浮油、慕斯状浮油等，是指溢油与海水混合形成的不同浓度溢油乳化物；条纹状浮油描述了海面油膜以条带状的形式存在；还有些用来说明海面溢油风化产物，如各类型的沥青球是海面溢油物质等形成的团聚体类型(Salem，2003；Lu et al.，2009，2013)。

表 1.1　海面溢油不同污染类型的目视特征描述(Salem，2003)

类型	特征描述
亮油膜	亮的，几乎是透明的油膜，有时难以同海面生物产生的生物油膜进行区分，经常指透明油膜
银色亮油膜	亮的，更厚一点的油膜，常常出现银色或具有微光光泽的油膜，有时也称为灰色油膜
彩虹亮油膜	油膜反射具有彩色光泽
棕色浮油	基本厚度在 0.1～1.0mm，是一种油包水的乳化液(厚度依赖于风速和当时的环境)，也可指那种很重色泽的油膜
慕斯状浮油	油包水形式的乳化油，颜色变化可从橘色至棕黑色
黑色浮油	海面漂浮较大面积的黑色、具有乳化特点的浮油，常常容易同海面上漂浮的其他自然物体混淆
条纹状浮油	海面浮油或有光泽的带状漂浮物，条纹状的棕色浮油和奶油状浮油很容易和海面条带状藻类漂浮物质混淆
沥青球	海面石油经过一段时间形成的软球，最大直径可达 30cm 左右，有和没有光泽的情况都存在
沥青杂质球	不完全由石油中沥青构成，有时会包含一些杂质，常常出现在海滩或海边的浅水区
薄饼状油膜	一大片独立的油膜，薄饼状油膜的直径大小从几米到几百米，有时有光泽

注：源于美国国家海洋大气局(NOAA)的危险品响应与评估报告(1996 年 7 月)。

针对海面溢油污染的不同类型，需要采用不同的应急处理策略。如图 1.3 所示，可采用燃烧消除[用于快速处理大范围的较厚溢油(含水量低)，防止污染进一步扩大]、围隔围挡、吸油毡吸附(针对海面油膜)、喷洒分散剂(主要针对油包水状乳化物与原油)、撇油机回收等不同的溢油污染应急处理策略(牟林等，2011；Zhong and You，2011)。部分乳化油含有大量的海水，体积可增大 5～6 倍，呈“巧克力慕斯状”或“黑褐色泡沫状”，比重和黏度较大，使用表面活性剂或溢油回收机处理和回收该种类型溢油污染的效果甚微，对环境的损害更为显著(Zhong and You，2011)。

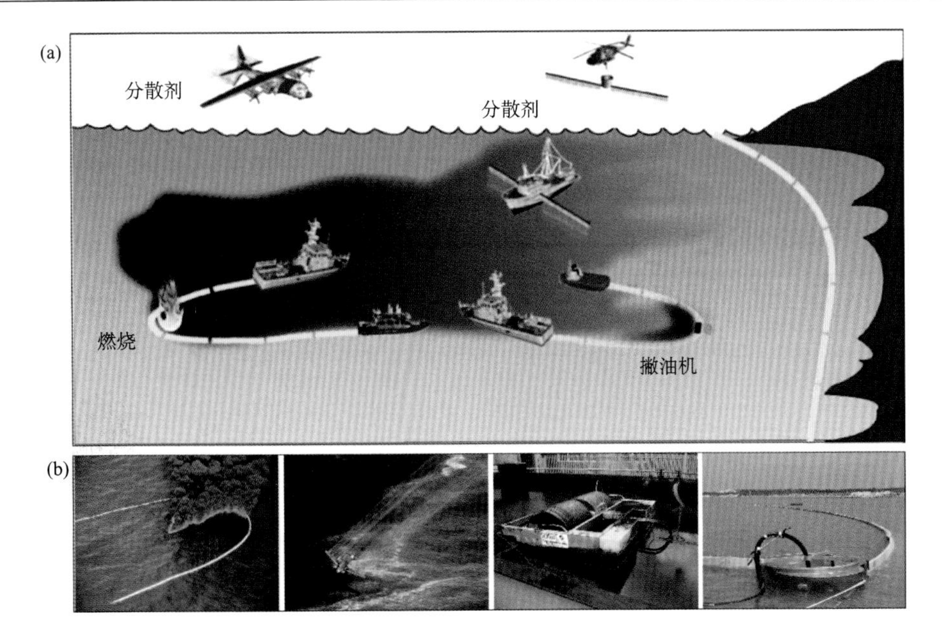

图 1.3　海面溢油不同污染类型的应急处理策略(Zhong and You，2011)

(a) 不同溢油污染类型的处理策略，包括燃烧消除、喷洒分散剂、撇油机回收等；(b)燃烧消除、喷洒分散剂、撇油机、围隔围挡等典型工作照片(https://www.elastec.com/)

1.3.2　海面溢油量的目视估算

溢油在风化作用下，会在海面形成复杂多样的溢油污染类型，如目视监测中的银色亮油膜、彩虹亮油膜、黑色油膜等，这些油膜具有不同的厚度，最薄可到 0.1mm 或更薄。针对某些海域经常性发生的溢油污染事件，通过建立一些经验参考关系，可以利用目视特征进行海面溢油量的估算，最为著名的是“波恩协议(Bonn Agreement)”。波恩协议是欧洲北海地区 9 个国家(比利时、丹麦、法国、德国、爱尔兰、荷兰、挪威、瑞典和英国)与欧盟所倡导签署(https://www.bonnagreement.org/about)的针对北海溢油污染及其他有害物质的一个合作处理协议。这个协议适用范围覆盖了较大的北海及其他海域，如斯卡格拉克海峡、英吉利海峡、爱尔兰海、凯尔特海、马林海、大/小明奇海、挪威海的一部分和北大西洋的一部分。此协议根据该海域主要溢油的目视特征，给出了油膜厚度与溢油量的统计估值(表 1.2)；利用这种统计估值，并结合航空遥感图像，可实现溢油量估算。

表 1.2　油膜目视特征及经验厚度估算(Bonn Agreement, 2004, 2009)

序号	目视特征	油膜厚度/μm	溢油量/(L/km^2)
1	银灰色	0.04～0.30	40～300
2	彩虹色	0.30～5.0	300～5000
3	金属色	5.0～50	5000～50000
4	不连续原油色	50～200	50000～200000
5	连续原油色	>200	>200000

上述海洋溢油的目视特征与其所对应溢油量的经验值，难以用于不同海洋溢油事件的光学遥感估算。主要差异在于：不同产地的原油差异显著，在海面形成溢油的目视特征也有所不同；目视特征仅仅反映了可见光波段内的反射差异，而集中于近红外与短波红外的信号差异无法体现，此外空间分辨率差异也会对其产生较大影响；目视特征受海上状况、观测者所在高度、观测角度、个人经验等影响，直接用于光学遥感影像解译还存在较多的不确定性。

参 考 文 献

曹阳. 2014. 海上油污损害的救济途径研究——以墨西哥湾漏洞事件为例[D]. 大连: 大连海事大学.

过杰, 孟俊敏, 何宜军. 2016. 基于二维激光观测的溢油及其乳化过程散射模式研究进展[J]. 海洋科学, (2): 159-164.

马军. 2011. 渤海湾漏油考验环境信息公开[J]. 世界环境, (4): 10-11.

马媛, 高振会, 杨应斌, 等. 2005. 海上石油开采导致生态环境变化实例研究[J]. 海洋学报(中文版), 27(5): 54-59.

牟林, 邹和平, 武双全, 等. 2011. 海上溢油数值模型研究进展[J]. 海洋通报, (4): 473-480.

沈南南, 李纯厚, 王晓伟. 2006. 石油污染对海洋浮游生物的影响[J]. 生物技术通报, (C00): 95-99.

张欣欣, 于跃, 何山, 等. 2016. 溢油分散剂的乳化效果及油滴粒径分布影响因素的研究[J]. 海洋科学, 40(9): 69-78.

Bonn Agreement. 2004. Bonn Agreement Aerial Surveillance Handbook[R]. 99.

Bonn Agreement. 2009. Bonn Agreement Aerial Surveillance Handbook[R]. 106.

Bradley E S, Leifer I, Roberts D A, et al. 2011. Detection of marine methane emissions with AVIRIS band ratios[J]. Geophysical Research Letters, 38(10): L10702.

Crone T J, Tolstoy M. 2010. Magnitude of the 2010 Gulf of Mexico oil leak[J]. Science, 330(6004): 634.

Donovan T J. 1974. Petroleum microseepage at Cement, Oklahoma: Evidence and mechanism[J]. American Association of Petroleum Geologists Bulletin, 58(3): 429-446.

Guo W, Wu G, Jiang M, et al. 2016. A modified probabilistic oil spill model and its application to the Dalian New Port accident[J]. Ocean Engineering, 121: 291-300.

Howari F M. 2004. Investigation of hydrocarbon pollution in the vicinity of United Arab Emirates coasts using visible and near infrared remote sensing data[J]. Journal of Coastal Research, 20(4): 1089-1095.

Hu C, Li X, Pichel W G, et al. 2009. Detection of natural oil slicks in the NW Gulf of Mexico using MODIS imagery[J]. Geophysical Research Letters, 36: L01604.

Hubbard B E, Crowley J K. 2005. Mineral mapping on the Chilean–Bolivian Altiplano using co-orbital ALI, ASTER and Hyperion imagery: Data dimensionality issues and solutions[J]. Remote Sensing of Environment, 99(1): 173-186.

Jackson C R, Alpers W. 2010. The role of the critical angle in brightness reversals on sunglint images of the sea surface[J]. Journal of Geophysical Research Atmosphere, 115(C9).

Jernelöv A. 2010. The threats from oil spills: Now, then, and in the future [J]. AMBIO: A Journal of the Human Environment, 39(5-6): 353-366.

Kessler J D, Valentine D L, Redmond M C, et al. 2011. A persistent oxygen anomaly reveals the fate of spilled methane in the Deep Gulf of Mexico[J]. Science, 331(6015): 312-315.

Khursigara A J, Perrichon P, Bautista N M, et al. 2016. Cardiac function and survival are affected by crude oil in larval red drum, Sciaenops ocellatus[J]. Science of the Total Environment, 579(1): 797-804.

Klusman R W. 1993. Soil Gas and Related Methods for Natural Resource Exploration[M]. Chichester, UK：John Wiley and Sons Ltd.: 127-162.

Kvenvolden K A, Cooper C K. 2003. Natural seepage of crude oil into the marine environment[J]. Geo-Marine Letters, 23(3): 140-146.

Leifer I, Lehr W J, Simecek-Beatty D, et al. 2012. State of the art satellite and airborne marine oil spill remote sensing: Application to the BP Deepwater Horizon oil spill[J]. Remote Sensing of Environment, 124(9): 185-209.

Lu Y, Li X, Tian Q, et al. 2013. Progress in marine oil spill optical remote sensing: Detected targets, spectral response characteristics, and theories[J]. Marine Geodesy, 36(3): 334-346.

Lu Y, Shi J, Wen Y, et al. 2019. Optical interpretation of oil emulsions in the ocean – Part I: Laboratory measurements and proof-of-concept with AVIRIS observations[J]. Remote Sensing of Environment, 230: 111183.

Lu Y, Sun S, Zhang M, et al. 2016. Refinement of the critical angle calculation for the contrast of oil slicks under sunglint[J]. Journal of Geophysical Research Ocean, 121(1): 148-161.

Lu Y, Tian Q, Qi X, et al. 2009. Spectral response analysis of offshore thin oil slicks[J]. Spectroscopy and Spectral Analysis, 29(4): 986-989.

MacDonald I R, Guinasso N, Ackleson S, et al. 1993. Natural oil slicks in the Gulf of Mexico visible from space[J]. Journal of Geophysical Research: Atmosphere, 98(C9): 16351.

MacDonald I R, Leifer I, Sassen R, et al. 2002. Transfer of hydrocarbons from natural seeps to the water column and atmosphere[J]. Geofluids, 2(2): 95-107.

Mariano A, Kourafalou V H, Srinivasan A, et al. 2011. On the modeling of the 2010 Gulf of Mexico Oil Spill[J]. Dynamics of Atmospheres and Oceans, 52(1-2): 322-340.

Mendelssohn I A, Andersen G L, Baltz D M, et al. 2012. Oil impacts on coastal wetlands: Implications for the Mississippi River Delta Ecosystem after the Deepwater Horizon Oil Spill[J]. BioScience, 62(6): 562-574.

Murawski S A, Peebles E B, Gracia A, et al. 2018. Comparative abundance, species composition, and demographics of continental shelf fish assemblages throughout the Gulf of Mexico[J]. Marine and Coastal Fisheries, 10(3): 325-346.

National Research Council. 2003. Oil In The Sea Ⅲ- Inputs, Fates and Effects[R]. Washington D.C.: National Academics Press.

O'Brien G W, Lawrence G M, Williams A K, et al. 2005. Yampi Shelf, Browse Basin, North-West Shelf, Australia: A test-bed for constraining hydrocarbon migration and seepage rates using combinations of 2D and 3D seismic data and multiple, independent remote sensing technologies[J]. Marine and Petroleum Geology, 22(4): 517-549.

Philp R P. 1987. Surface Prospecting Methods for Hydrocarbon Accumulations[M]. London: Academic Press, 224-234.

Philp R P, Crisp P T. 1982. Surface geochemical methods used for oil and gas prospecting-A review[J]. Journal of Geochemical Exploration, 17(1): 1-34.

Plummer P. 1992. Geochemical analysis may indicate oil kitchen near Seychelles Bank[J]. Oil and Gas Journal, 90: 35.

Saunders D F, Burson K R, Thompson C K. 1999. Model for hydrocarbon microseepage and related near-surface alterations[J]. AAPG Bulletin, 83(1): 170-185.

Salem F M F. 2003. Hyperspectral remote sensing: A new approach for oil spill detection and analysis[D].USA: George Mason University, 1-48.

Shi J, Jiao J N, Lu Y C, et al. 2018. Determining spectral groups to distinguish oil emulsions from Sargassum over the Gulf of Mexico using an airborne imaging spectrometer[J]. ISPRS Journal of Photogrammetry and Remote Sensing, 146: 251-259.

Solomon E A, Kastner M, Macdonald I R, et al. 2009. Considerable methane fluxes to the atmosphere from hydrocarbon seeps in the Gulf of Mexico[J]. Nature Geoscience, 2(8): 561-565.

Tedesco S A. 1995. Surface Geochemistry in Petroleum Exploration[M]. New York: Springer: 10-12.

Wang J H, Shen Y M. 2010. Development of an integrated model system to simulate transport and fate of oil spills in seas[J]. Science China, 53(9): 2423-2434.

Whelan J K, Kennicutt M C, Brooks J M, et al. 1994. Organic geochemical indicators of dynamic fluid flow processes in petroleum basins[J]. Organic Geochemistry, 22(3-5): 587-615.

Xu Q, Li X, Wei Y, et al. 2013. Satellite observations and modeling of oil spill trajectories in the Bohai Sea[J]. Marine Pollution Bulletin, 71(1-2): 107-116.

Zhong Z, You F. 2011. Oil spill response planning with consideration of physicochemical evolution of the oil slick: A multiobjective optimization approach[J]. Computers and Chemical Engineering, 35(8): 1614-1630.

第 2 章 海洋溢油多源遥感研究进展

遥感技术具有大面积同步观测、时效性强、数据具有综合性和可比性等优势，能带来显著的经济社会效益。遥感技术是海洋溢油监测的主要手段，溢油能被微波雷达、多/高光谱、热红外、激光(诱导荧光)等多种遥感技术所观测，这些遥感技术具有不同的探测机理与响应特征，差异明显。本章介绍不同遥感技术监测海洋溢油的效能，尤其是光学、热红外与紫外遥感，以及用于海洋溢油监测的最新研究进展。

2.1 海洋溢油的微波雷达遥感应用

合成孔径雷达(synthetic aperture radar，SAR)发射的电磁波能够穿云透雾，具备全天时、全天候观测海面的能力。溢油会对海面短重力波和毛细波进行调制，减小摩擦速度，使雷达图像上产生低后向散射区域，在中等风速条件下(3～12m/s)，合成孔径雷达可以观测到海洋溢油(Fingas and Brown，1997)。微波雷达探测海洋溢油的复杂性在于一些常见的海面现象，如生物薄膜、低风速区(<3m/s)、海岸带区域风阴影、上升流、内波、海洋或大气锋面、降雨及海冰等，也能够在雷达图像上产生低后向散射区域，通常被称为“疑似溢油(look-like oil slicks)”(Brekke and Solberg，2005)。如何区分真实溢油和“疑似溢油”是微波雷达遥感用于海洋溢油探测所面临的一个关键问题。

单极化合成孔径雷达能测量海面的后向散射回波强度，基于单极化后向散射强度图像的溢油识别算法，依赖于经验阈值、训练样本及相关先验知识。单极化合成孔径雷达探测海洋溢油时，首先针对图像中低后向散射区(即暗区)设计探测算法，识别“疑似溢油”区域；其次，进行图像特征提取与分析；最后，依据图像特征和先验知识，给出暗区(即“疑似溢油”)为海面溢油覆盖的概率。如图 2.1 所示，国产高分三号卫星合成孔径雷达探测到的 2018 年东海“桑吉”轮溢油，溢油的低后向散射形成暗区。全极化合成孔径雷达(quad-polarization SAR)能发射和接收两个正交极化电磁波，可以同时测量成像目标的后向散射强度和相位信息，从而获取海面目标的散射矩阵，可进一步测量散射场的矢量特征(保留散射波的所有信息)，以描述观测对象的极化属性(图 2.2)。利用极化雷达目标分解理论计算得到的极化特征参数(熵、平均散射角等)，可以研究真实溢油和“疑似溢油”的散射机制(Zhang et al.，2011)。全极化合成孔径雷达虽然可以有效地探测海面溢油，但不足在于较小的成像刈幅，通常约为 25～50km，对开展大范围海洋溢油监测的业务化应用略显不足。

图 2.1　中国高分三号卫星合成孔径雷达拍摄的 2018 年东海“桑吉”轮溢油图像

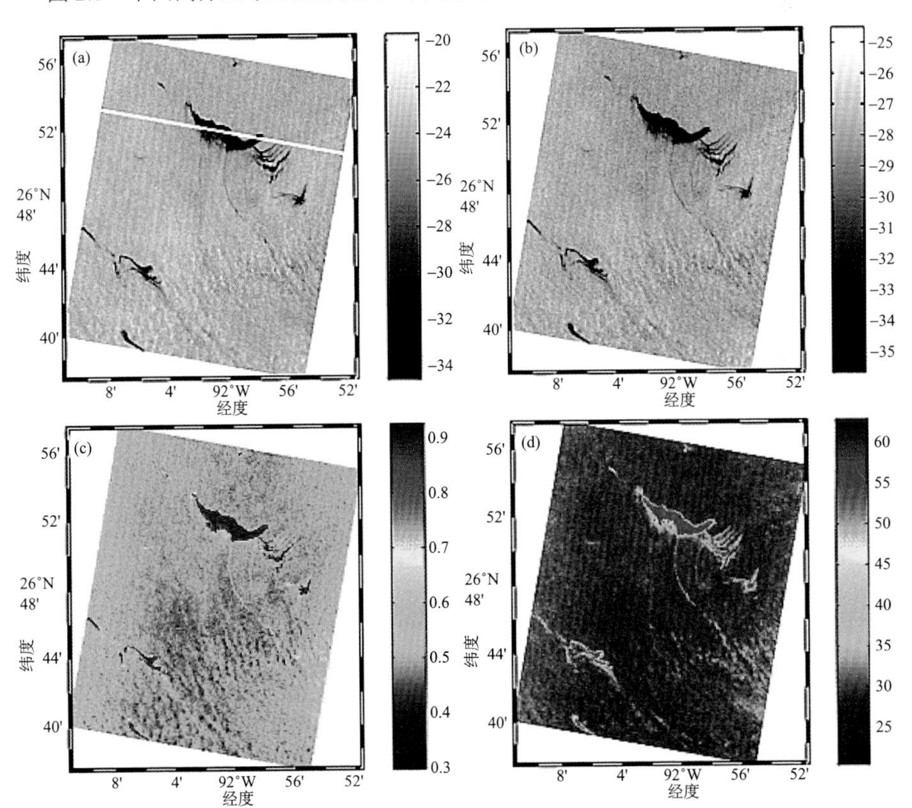

图 2.2　2010 年 5 月 8 日美国墨西哥湾溢油的微波雷达图像(RADARSAT-2 的 C 波段全极化)(Zhang et al.，2011)

(a) VV 极化图像；(b) HH 极化图像；(c) 和 (d) 极化特征参数

简缩极化(compact polarimetry，CP)是一种新的星载雷达成像模式(Souyris et al.，2005；Raney，2006；Nord et al.，2009)，简缩极化雷达只发射一路具有特定极化状态的电磁波，并接收两路正交极化波，可以在获得与全极化数据近似极化信息的同时，有效减轻极化系统的负担。简缩极化保持了极化雷达信息，不但有效降低了雷达系统的复杂度及对数据下传速率的要求，而且增大了刈幅范围，因此在海洋溢油监测方面，具有重要的应用潜力。

2.2　海洋溢油的光学遥感研究进展

近年来，海洋溢油光学遥感机理与应用研究不断深入，不同溢油污染类型的光谱响应特征得以阐明，溢油海面光学辐射传输特征得以厘清，光学遥感实现了海洋溢油的分类、识别与量化。海洋溢油光学遥感的应用不断拓展和深入，其主要进展简介如下。

2.2.1　海洋溢油光谱响应特征与机理

随着不同类型与浓度乳化油、不同厚度(非乳化)油膜等复杂溢油污染高光谱响应特征的阐明(图 2.3 为典型溢油污染类型的高光谱响应特征)，对其主要光学

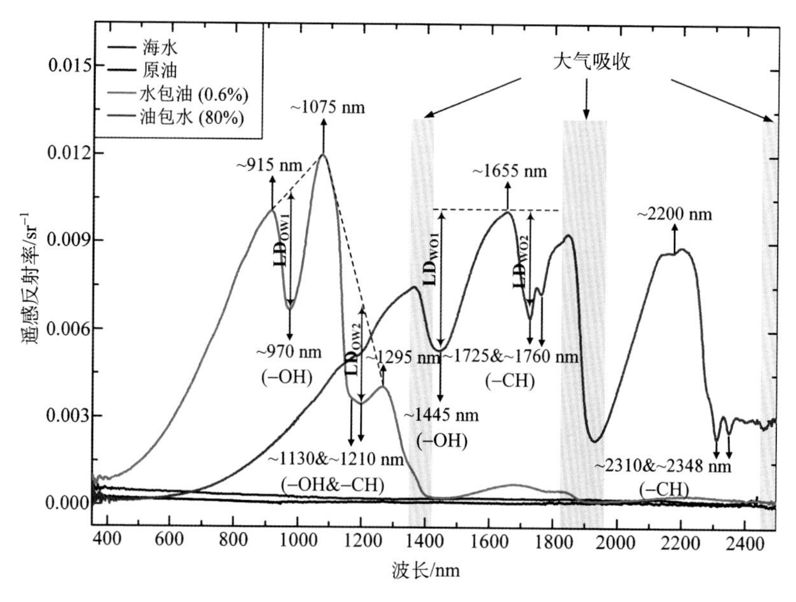

图 2.3　油包水(water-in-oil，WO)和水包油(oil-in-water，OW)乳化物等典型光谱特征(Lu et al.，2019)

作用过程(反射、吸收、散射、干涉、偏振等)的认知与理解不断深入，海洋溢油光学遥感理论逐步发展完善。光学遥感对不同溢油污染类型识别、分类与估算的技术优势得到认可，能为海洋溢油定量遥感监测与评估提供有效支撑(详见第 4、5 章)。

2.2.2　溢油海面耀光反射差异与计算

溢油海面的耀光反射差异有利于目标的探测，同时也给其光学遥感识别、分类与估算带来挑战。溢油海面与周边无油海面的耀光反射“亮暗”对比及其反转现象(图 2.4)，主要因溢油海面的折射率及其表面粗糙度变化所产生(Hu et al.，2009；Jackson and Alpers，2010；Lu et al.，2016a)。如能精确给定上述参数，将能计算并消除溢油海面的耀光反射，获得溢油内部的光学信号，从而提高海洋溢

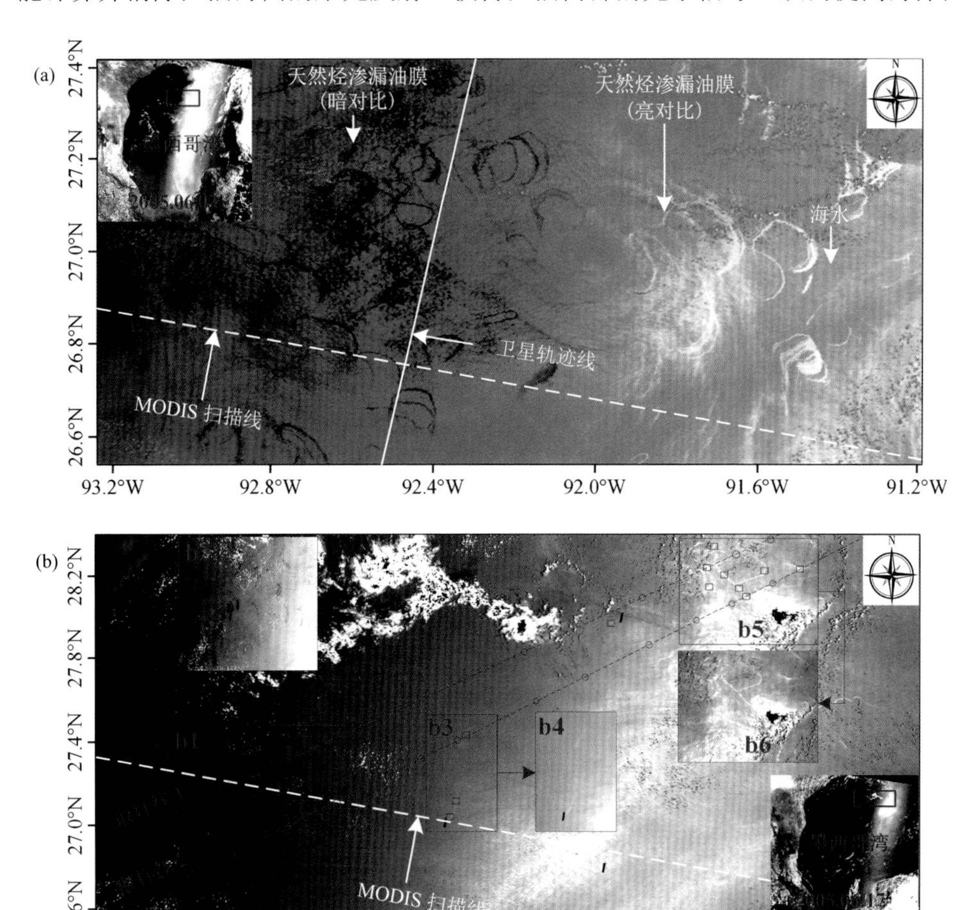

图 2.4　海面烃渗漏油膜的耀光反射差异(Lu et al.，2016a)

油识别、分类与估算的精度(详见第 6 章)。这种自然烃渗漏油膜的厚度及其对入射光的吸收作用几乎可忽略，主要因其折射率和表面粗糙度对太阳耀光反射的调制，在卫星光学图像上与周边无油海水形成或“亮”或“暗”的图像对比特征；在海面近距离观测中，其对入射光还具有干涉作用，导致目视特征表现为银色亮油膜、彩虹亮油膜等，因此也存在遥感观测的尺度效应。

2.2.3　不同海面溢油的光学定量遥感

光学遥感技术具备对海面溢油的油膜厚度、乳化油浓度、等效溢油量等进行

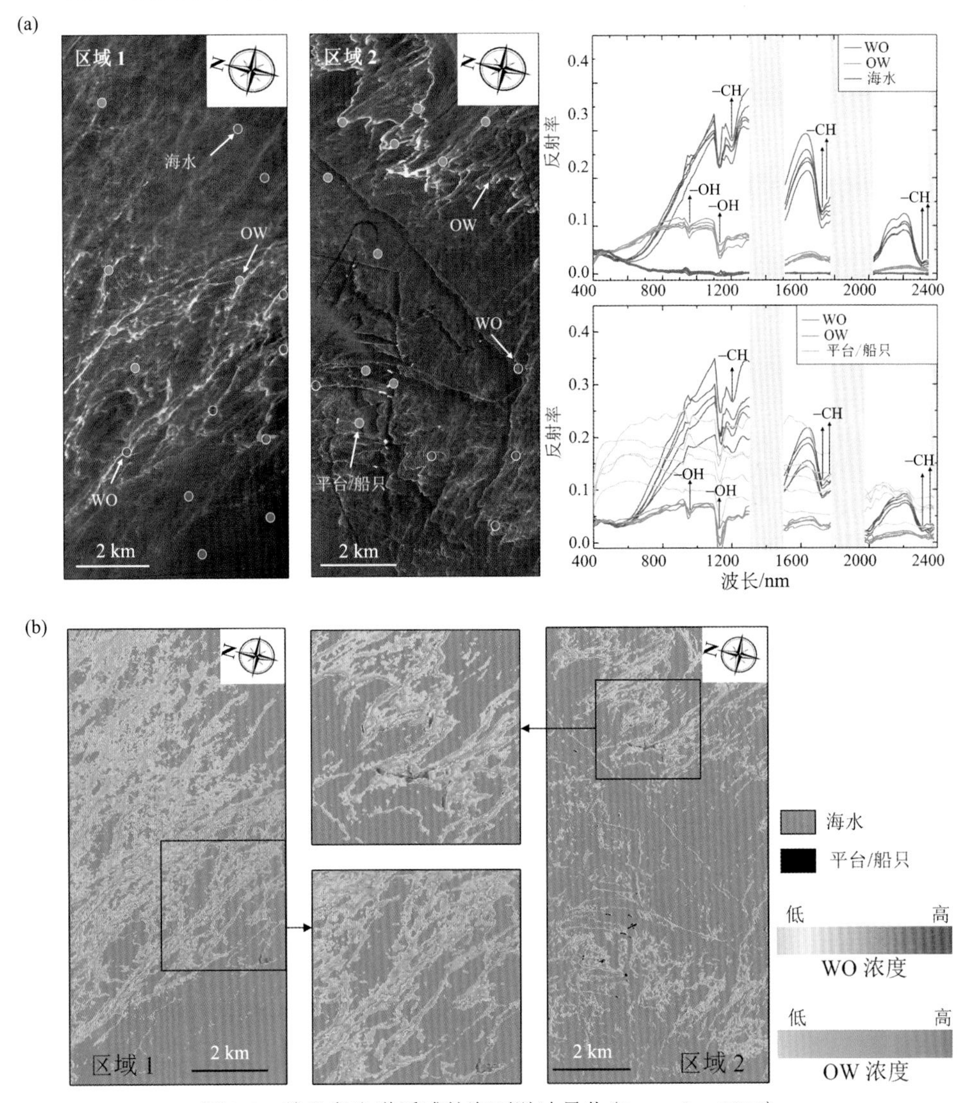

图 2.5　基于高光谱遥感的海面溢油量化(Lu et al.，2020)

估算的能力，基于光谱特征与光学作用过程，构建光学遥感反演模型，能促进海面溢油的定量遥感估算。如 2010 年美国墨西哥湾“深水地平线”钻井平台溢油污染事件，利用同年 5 月 17 日的机载高光谱(airborne visible infrared imaging spectrometer，AVIRIS)影像及其光谱反射率，基于溢油乳化物的高光谱响应机理与特征，可识别出海面溢油的不同污染类型，并能利用特征波段实现不同海面溢油乳化物的浓度量化(图 2.5)。在较粗空间分辨率的光学遥感图像中，利用卫星光学信号，可对高异质性混合溢油的溢油量进行估算，如基于中分辨率成像光谱仪(moderate-resolution imaging spectroradiometer，MODIS)影像，利用溢油与周边无油海水的反射率差值方法，近似地剔除耀光反射率的影响，获得来自溢油内部的反射散射信号，并基于特征波段实现溢油量估算(图 2.6)。

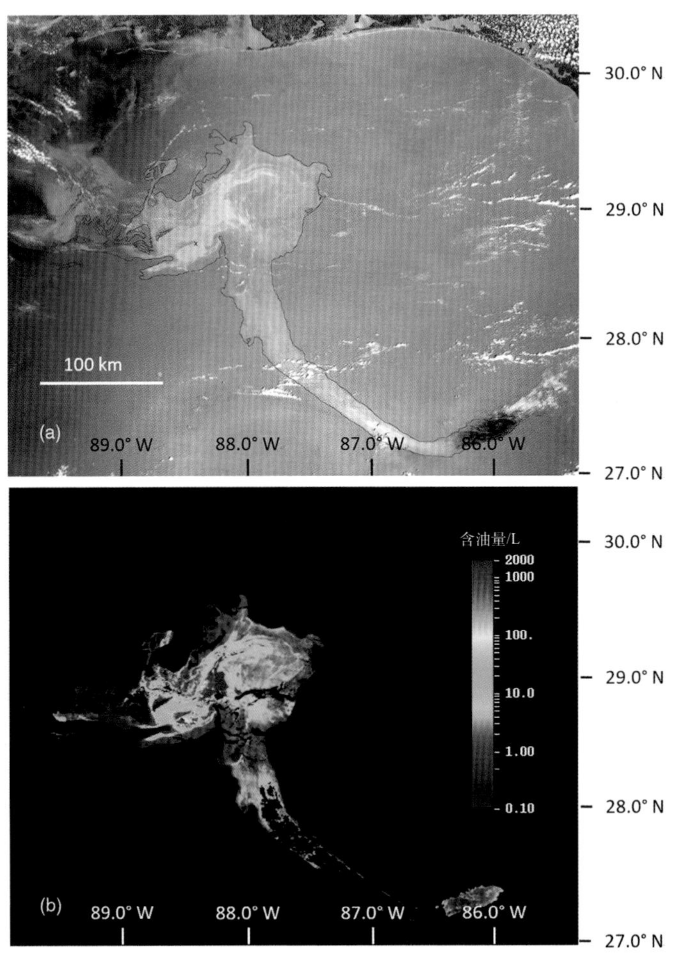

图 2.6　2010 年 5 月 17 日美国墨西哥湾 BP“深水地平线”钻井平台溢油的 MODIS 真彩色合成图像(a)与溢油量估算(b)(Hu et al.，2018)

2.3 海洋溢油的热红外遥感特征

热红外遥感是监测海洋溢油的另一有效手段(Asanuma et al.，1986；Cai et al.，2007；Cross，1992；Innman et al.，2010；Leifer et al.，2012；Lu et al.，2016b；Salisbury et al.，1993；Svejkovsky and Muskat，2012；Svejkovsky et al.，2016；Tseng and Chiu，2003；Zhou et al.，2017)。海面溢油的发射率(emissivity)低于海水的发射率(Salisbury et al.，1993；Solberg，2012)，导致溢油表面与空气的热传输差异会区别于海水，从而影响热红外影像上的溢油与背景海水的热对比(thermal contrast)特征，这是热红外遥感海面溢油探测和估算的立足点。在真实海洋环境中，海洋溢油的来源(海底泄漏或船舶泄漏)、经历热交换的过程(太阳辐射、海水大气交界面)、溢油本身的属性差异(厚度、浓度等)等，都会带来热红外遥感响应特征的差异。随着海洋溢油热红外观测实验的开展和机理研究的逐渐深入，海洋溢油的热红外遥感原理与特征得到进一步厘清。

2.3.1 海洋溢油的卫星热红外影像特征

海洋溢油在卫星热红外影像上呈现不同的热对比特征(正或负对比)。海面溢油在白天吸收较多的太阳辐射，表现出比周围海水“更热”的特征，从而在热红外影像上呈现正对比图像特征(positive thermal contrast)；夜间海面溢油散发热量快于周围海水，常表现为负对比图像特征(negative thermal contrast)。这是由于在白天，海洋溢油对太阳辐射吸收更强和具有较小的比热容，而溢油较低的发射率会导致其夜间的亮度温度(brightness temperature)低于周围海水(Shih and Andrews，2008)。这一热对比特征在特殊情况下会有所不同，如刚从海底上浮到海表的溢油，其亮度温度常低于表面海水(图 2.7 中 MODIS 热红外影像)，从而在热红外影像上呈现亮度温度负对比特征(Lu et al.，2016b；Xing et al.，2015)。对于极薄的油膜(约 50μm)，能与下层的海水较快地达到热平衡状态，其固有的低发射率属性反而会导致在热红外影像上表现出比周围海水“更冷”的特征(Shih and Andrews，2008)，且受限于卫星热红外传感器的性能，极薄油膜往往难以探测(Svejkovsky and Muskat，2012)。图 2.7(b)则表明除了海洋溢油的固有属性外，经历的热交换过程也是影响其在热红外遥感影像上表征的重要因素：白天的热红外影像上负对比特征往往对应于新出现在海面的溢油(例如泄漏点附近或船舶泄漏)，即没有经历完整的热交换过程(吸收足够的太阳辐射)而呈现与周围海水亮度温度的负对比特征，反之经历过充分热交换的海面溢油则呈现出亮度温度正对比特征。

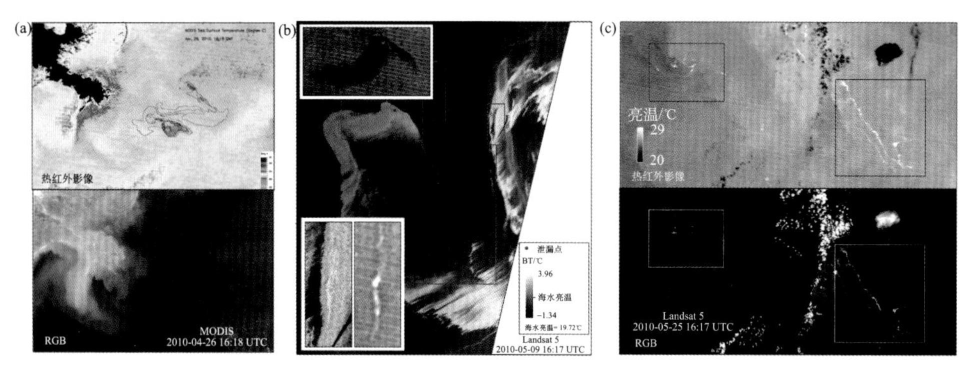

图 2.7　海洋溢油在不同遥感影像上与背景海水存在亮度温度或正或负的热对比特征（Lu et al.，2016b；Jiao et al.，2021）

(a) MODIS 影像上显示在泄漏点附近存在的大面积溢油与周围水体呈现负对比；(b) Landsat-5 影像上同时存在正/负对比特征；(c) 不同类型的溢油乳化物（WO 或 OW）在 Landsat-5 影像上均为正对比特征，且仅从热红外影像特征上无法区分类型

随着海洋溢油光学遥感研究的不断深入（Svejkovsky and Muskat，2012；陆应诚等，2016；Lu et al.，2019，2020），海洋溢油类型的分类体系愈发清晰，包含黑色浮油、油膜和溢油乳化物（WO 或 OW）等。不同类型的海洋溢油在卫星热红外影像上的特征也有所差异。不同厚度的油膜与背景海水的亮度温度差异随厚度的增加而增大（Shih and Andrews，2008；Svejkovsky and Muskat，2012；Lu et al.，2016b）。漂浮态油包水状乳化物（WO）的热红外特征同时受浓度与厚度的影响（Svejkovsky and Muskat，2012）。而对于浓度差异较大的两类乳化油（WO 与 OW，WO 的浓度远大于 OW），其在热红外影像上均表现为相同量级的亮度温度正对比特征［图 2.7（c）］，因此热红外遥感的单一波段信息（BT 或 SST）往往无法实现不同类型溢油的区分与识别。随着对海洋溢油类型的进一步认知，加上不同溢油类型的热红外实验观测辅助，海洋溢油的热红外遥感响应机理逐渐得以阐明。

2.3.2　不同溢油类型的热红外实验观测

热红外遥感能观测到海洋溢油与背景海水的热对比差异，但由于成像时间、溢油来源、污染类型、溢油量等的不同，卫星热红外遥感图像无法厘清这些因素各自的影响，需要开展大量的观测实验来解析不同溢油类型的热红外响应特征与响应机理。早期的研究主要关注油膜厚度的热红外特征变化，Shih 和 Andrews 在 2008 年分别开展了白天与夜间的油膜热红外观测实验［图 2.8（a）］，提出了一种描述油膜厚度与热对比关系的分析模型；Svejkovsky 和 Muskat（2012）分析了冬季低温背景下的油膜热红外观测特征［图 2.8（b）］，推导了低温环境下的油膜厚度估算方法。这些观测实验考虑了不同时刻（白天或晚上）、不同厚度的油膜热红外特征，但忽略了热交换过程(太阳辐射、下层水体热传输等)对亮度温度变化的影响。在此基础上,陆应诚等设计了时间序列的水面油膜热红外变化观测实验[图 2.8(d)]：设置不同厚度的油膜样品，开展覆盖整个昼夜周期的热红外观测，并针对不同的背景水体设置对照组实验(Lu et al.，2016b)。该实验阐明了海面油膜的昼夜亮度温度变化规律，提出了溢油热红外遥感的最佳探测时间；并通过分析油膜厚度与亮度温度差(brightness temperature difference，油膜与背景水体亮度温度差)的关系，构建了油膜厚度热红外估算模型及考虑观测时间变化的参数查找表；在此基础上，结合 MODIS、AVHRR 与 Landsat 等常见卫星的热红外传感器的噪声等效温差(NEΔT)，给出了不同卫星热红外传感器所能探测的最小油膜厚度，至此不同厚度油膜的热红外响应特征与响应机理基本明确。

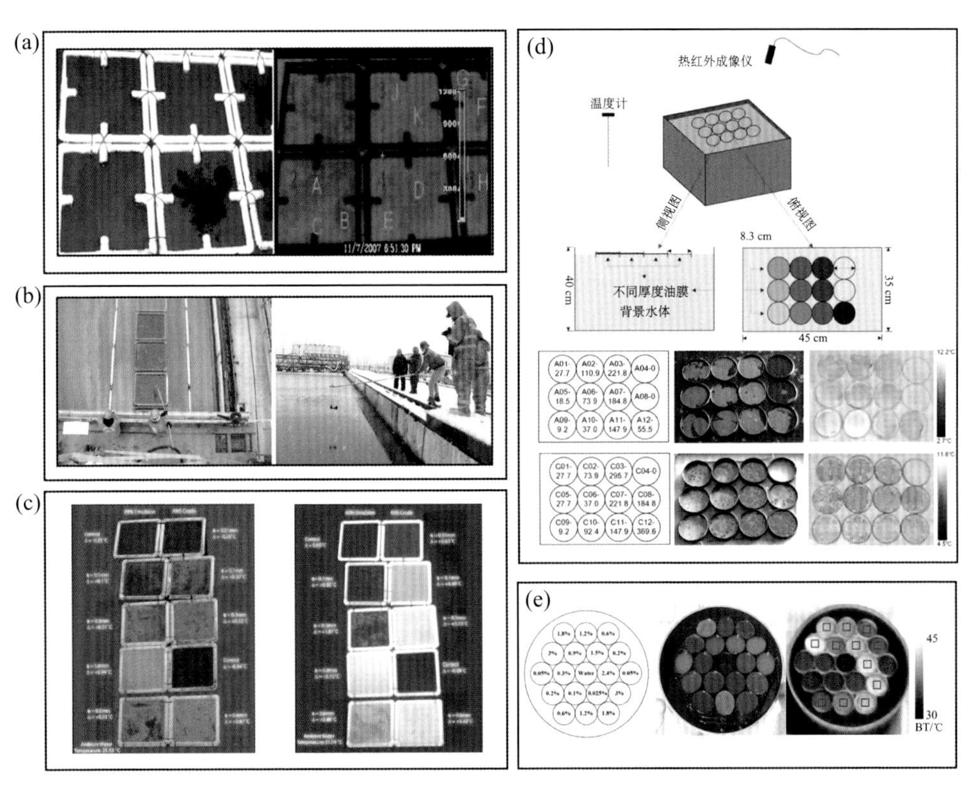

图 2.8　不同类型溢油的热红外观测实验(Shih and Andrews，2008；Svejkovsky and Muskat，2012；Lu et al.，2016b；Jiao et al.，2021)

(a)夜间油膜热红外实验，左侧真彩色图片是夜间闪光灯下拍摄，右侧为热红外成像；(b)Ocean Imaging Systems 公司开展的冬季低温背景下的油膜热红外观测实验；(c)漂浮态乳化物热红外观测实验；(d)不同厚度油膜热红外观测实验；(e)不同浓度水包油状乳化物热红外观测实验科研人员对其他海洋溢油类型，如溢油乳化物，也逐步开展热红外遥感观测实验。Svejkovsky 和 Muskat 在 2012 年开展了漂浮乳化油的热红外观测实验[图 2.8(c)]，初步揭示了乳化油的热红外特征同时受其浓度与厚度的影响；但限于对不同类型乳化油的区分不清，仅阐述了油包水状乳化物(WO)的热红外特征，未涉及水包油状乳化物(OW)，也未阐释不同类型海面溢油的热红外特征的差异与关联。在此基础上，南京大学开展了针对水包油状乳化物(OW)的热红外特征研究[图 2.8(e)]，设计了不同浓度的水包油状乳化物热红外地面观测实验，阐述了不同浓度水包油状乳化物的昼夜亮度温度变化规律(图 2.9)及水包油状乳化物浓度与亮度温度差之间的关系(Jiao et al.，2021)。

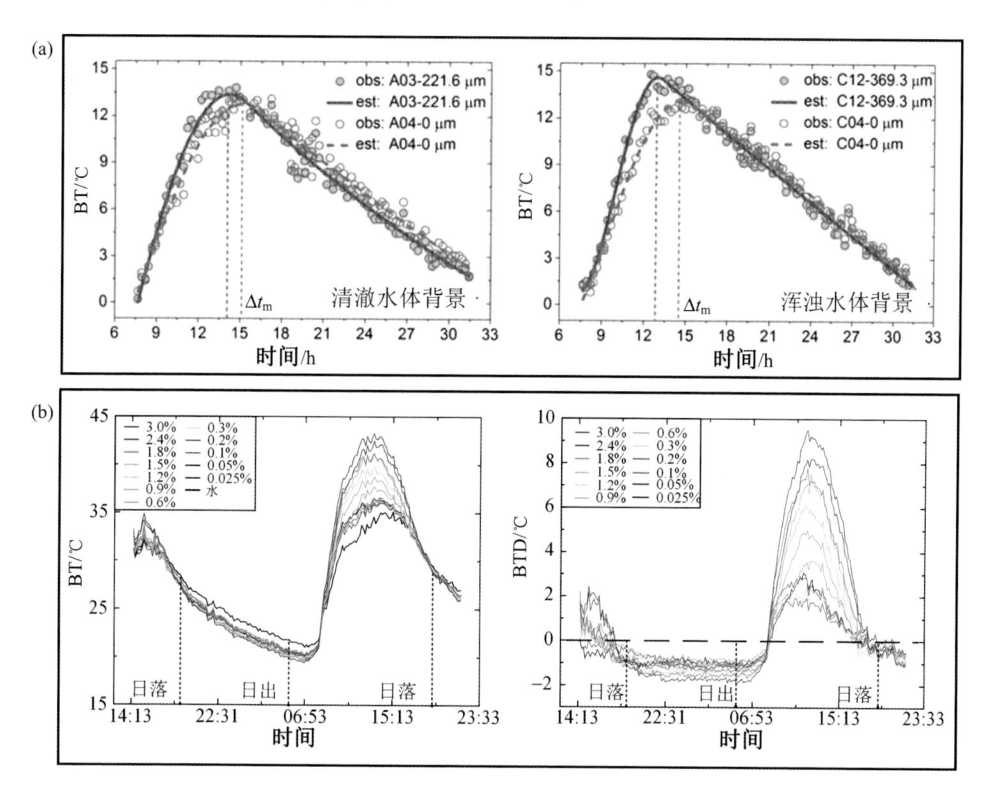

图 2.9　不同类型海洋溢油的热红外昼夜周期变化特征(Lu et al.，2016b；Jiao et al.，2021)

(a)油膜热红外特征随时间变化(热交换过程)的特征及随油膜厚度的变化；(b)不同浓度水包油状乳化物随时间变化的热红外响应特征

随着不同溢油类型的热红外观测实验的推进，对其昼夜周期性变化规律的认知不断深入，海洋溢油热红外遥感响应机理得到厘清。基于不同厚度油膜的热红外实验(Lu et al.，2016b)、漂浮乳化油热红外实验(Svejkovsky and Muskat，2012)及不同浓度乳化油热红外观测实验，表明热红外遥感难以有效区分不同溢油污染类型，但可以对不同溢油污染类型的溢油量进行定量反演；于是等效厚度(equivalent oil thickness，EOT)被引入溢油热红外遥感，该参数表达了不同类型的海洋溢油的热特征变化本质。油膜和溢油乳化物的周期性热红外辐射变化特征表达了海洋溢油的热惯性，揭示了这一固有属性能够用于溢油的定量估算。油膜的热红外遥感响应是与其厚度相关的(Shih and Andrews，2008；Lu et al.，2016b)，溢油乳化物的热红外遥感响应由其厚度与浓度共同决定(Svejkovsky and Muskat，2012；Jiao et al.，2021)；而无论是厚度还是浓度，最终影响的仍是单位面积的含油量。

综上，海洋溢油热红外遥感图像特征及其观测实验所阐述的热红外遥感响应机理，可以总结如下：①热红外遥感能够实现海洋溢油的异常检测，但在无先验知识的情况下，难以像光学遥感那样实现不同海洋溢油污染类型的有效区分；②海洋溢油的热红外遥感特征受其属性(厚度、浓度)、热交换过程(太阳辐射、海水大气热传输)等共同影响，是否达到热平衡是海洋溢油热红外遥感定量估算的关键过程；③海洋溢油的热红外遥感特征与油膜的厚度、乳化油的浓度和厚度均相关，在无先验知识的情况下，热红外遥感无法直接获得这些中间参数；④海洋溢油的热红外特征与其含油量直接相关。热红外遥感无法求解厚度或浓度，但是能够直接指示其含油量，这一特征在一定程度上恰好是热红外遥感在海洋溢油监测中的优势。在应用层面，卫星热红外遥感对海洋溢油的定量估算受限于现有卫星传感器性能(空间分辨率、等效噪声温差等)、探测时间等多种因素，其业务化运行仍需进一步研究与拓展。将航空机载热红外遥感或现场热红外观测与光学遥感结合，能够在海洋溢油监测中发挥较大的作用，这也是未来需要拓展的方向。

2.4　海洋溢油的激光荧光遥感

激光雷达是一种海面溢油的主动探测方式，可获取振幅、频率和相位信息，海面溢油还对特定波长的激光具有吸收、散射及诱导荧光的特征。搭载于不同平台上的主动激光传感器，可用于对海面溢油的探测分析，其科学问题多集中在油膜厚度的估算、乳化油相对浓度的评估、溢油折射系数的反演等(Kukhtarev et al.，2011；Ottaviani et al.，2019)；此外，机载与船载的激光诱导荧光设备也可用于航道与港口中的小范围油污检测(Hengstermann and Reuter，1990；Lennon et al.，2006；Karpicz et al.，2006；陆霄露和邓康耀，2008；Vasilescu et al.，2010；陈宇男等，2019)。依据溢油现场与规模的不同，以及对经济成本的考虑，搭载激光设备的平台也会有所差异。航道与港口水域的油污监测多采用船载或机载激光雷达系统，以近距离、大太阳高度角的探测方式进行(Karpicz et al.，2006；李晓龙和赵朝方，2020)；针对特大型溢油事故(如 2010 年墨西哥湾“深水地平线”钻井平台溢油)，星载激光雷达具有获取较大范围数据的能力，能收集海面溢油的激光后向散射信号。

2.4.1 海洋溢油的激光信号特征与观测

一定厚度的油膜对入射光具有折射、反射、透射、干涉等光学行为，双光束干涉原理可以较好地描述油膜厚度与其反射率、消光系数等的理论关系(Lu et al.，2013)。采用激光作为双光束干涉法的探测光源，主要是考虑激光光源在频率、振动方向与相位差等要素上的高稳定性，这是产生清晰干涉条纹的必要条件(钟锡华，2012)。光干涉原理被用于油膜的激光测量，通过获取稳定的激光干涉条纹，实现对油膜厚度的估算。Kukhtarev 等(2011)利用单模 Nd:YAG 激光器发射 1064nm 的相干性激光[图 2.10(a)]，使经油膜表面直接反射与透过油膜表面再反射的激光形成干涉条纹[图 2.10(b)与图 2.10(c)]。干涉条纹信息暗含着油膜的厚度信息与形态信息，水体通常呈现为黑色背景，通过干涉图样中的强度分布情况还可以测定油滴的大小。

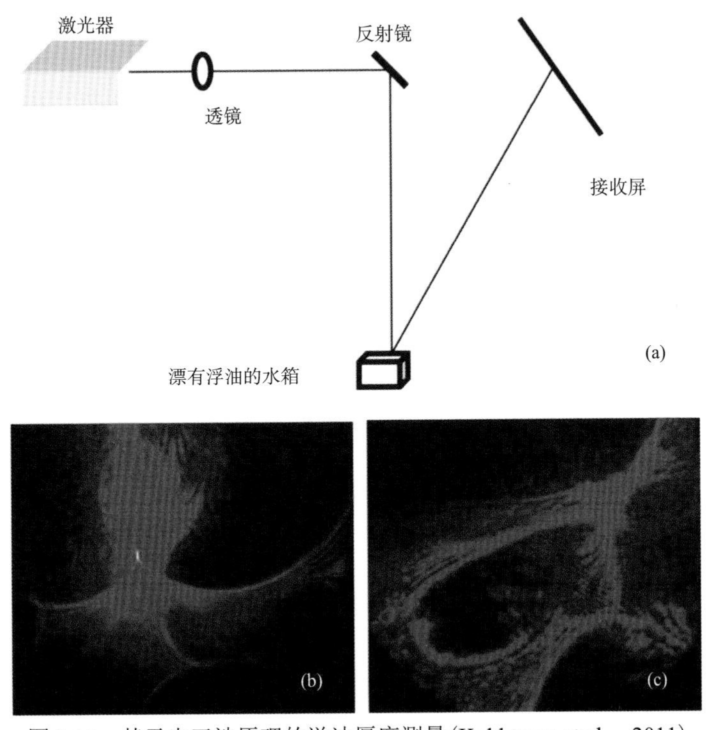

图 2.10　基于光干涉原理的溢油厚度测量(Kukhtarev et al.，2011)

(a)为激光双光束干涉法测量油膜示意图，油膜与拍摄点之间的距离为 6m；(b)和(c)为 1064nm 波长的油膜干涉条纹照片

在海面镜面反射观测方向上，短波红外的线偏振度(degree of linear polarization，DoLP)与海表折射率具有稳定的关系。短波红外激光能克服气溶胶

和水体背景的影响，可用于海洋微表层的探测反演。基于此，Ottaviani 等(2019)利用 2010 年墨西哥湾溢油事件的机载激光雷达数据，在镜面反射观测条件下获取了溢油区域的线偏振度，依此反演得到激光扫描轨迹线上的海洋表层折射率，从而评估不同海洋溢油折射率的空间分布差异(图 2.11)。

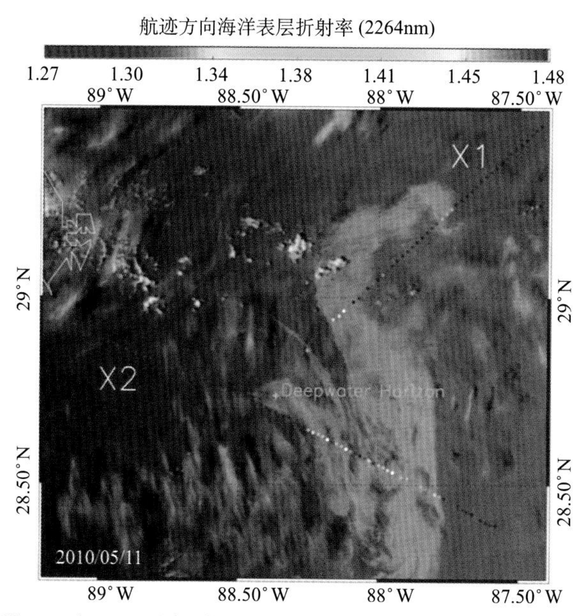

图 2.11　激光雷达 RSP(2264nm)扫过“深水地平线”钻井平台溢油区两个飞行轨迹线下(X1 和 X2)的海洋表层折射率的反演结果(背景图像来自 MODIS Aqua 传感器)

图2.12为星载激光卫星CALIPSO (Cloud-Aerosol Lidar and Infrared Pathfinder Satellite Observation)于 2010 年 5 月 27 日过境墨西哥湾大型溢油事故海域时，主要载荷 CALIOP (Cloud-Aerosol Lidar with Orthogonal Polarization)通过不断向海洋发射激光脉冲形成星下点轨迹(图 2.12 中的黄线)，获取的 532nm 与 1064nm 双波长衰减后向散射信号剖面。图 2.12(a)中呈现的是 2010 年 5 月 27 日的 MODIS Aqua 假彩色合成影像。图 2.12(b)和图 2.12(c)展现了 CALIOP 532nm 通道与 1064nm 通道获取的激光衰减后向散射剖面，需注意的是图 2.12(b)虚线框中强散射信号并不是来自水下溢油物质的真实信号，这种在光电学中被称为“鬼影”的噪声是 532nm 通道低通滤波器模数转换异常引起的(Hu et al.，2007)。CALIOP 在 1064nm 波长的性能表现优越[图 2.12(c)]，可以得到高信噪比的海表激光信号剖面，不同溢油污染物的海表激光信号差异可从海平面零千米上下的散射信号中进行深入探究[图 2.12(c)]。

对于卫星激光脉冲信号而言，高异质性的海面溢油通常为粗糙反射体，其表面粗糙程度(即海面溢油异质性强弱)对激光的后向散射信号产生影响。CALIOP

接收到的激光返回信号反映了不同溢油上散斑的强弱，散斑越多代表散射作用越强，散斑越少则代表激光对目标物的穿透性越好。去除大气与海面白冠(whitecaps)的影响之后，对 CALIOP 1064nm 通道获取的衰减后向散射系数进行垂直方向上的积分，得到的激光积分剖线与 MODIS 1240nm 波段(乳化油浓度的最优估算波段之一)的反射率剖线进行比较(图 2.13)。光学遥感对海面溢油的识别与分析表明，溢油乳化物和油膜在卫星激光反射信号中均有较强的后向散射特征(图 2.13)，所以有望利用星载激光数据实现高异质性海面溢油的遥感量化。

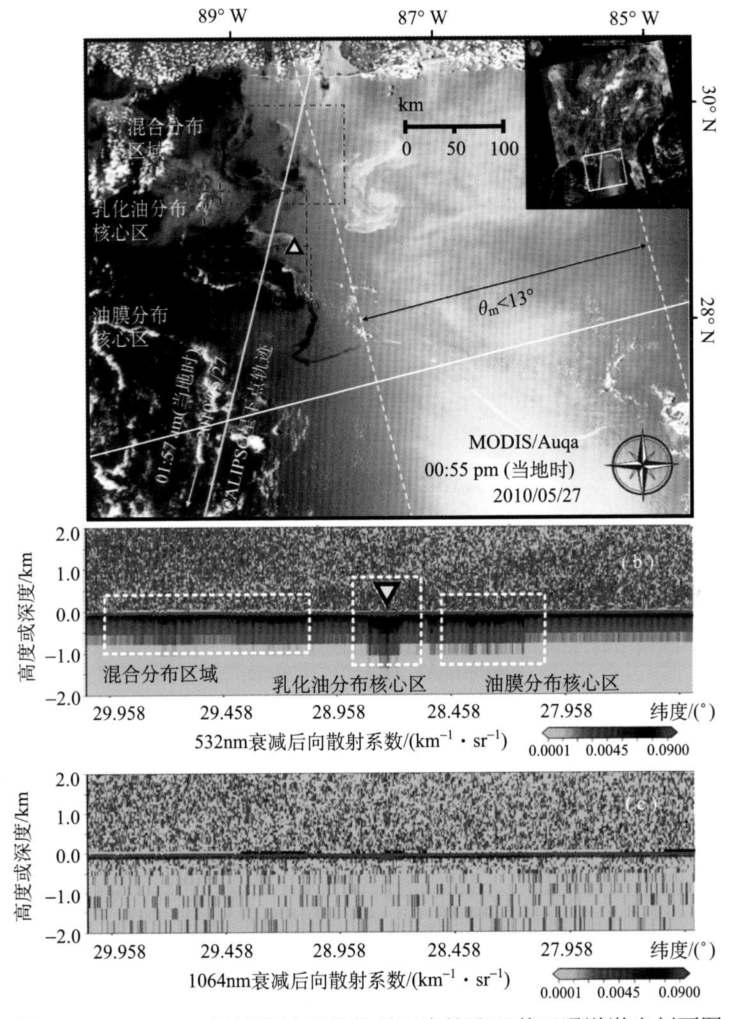

图 2.12　CALIPSO 过境溢油区域的星下点轨迹及其双通道激光剖面图

(a) 黄色三角标符是英国“深水地平线”油井位置，黄色 CALIPSO 激光线由北向南扫过溢油区域；(b) 532nm 通道的总衰减后向散射系数在垂直高度上的分布；(c) 1064nm 通道的总衰减后向散射系数在垂直高度上的分布

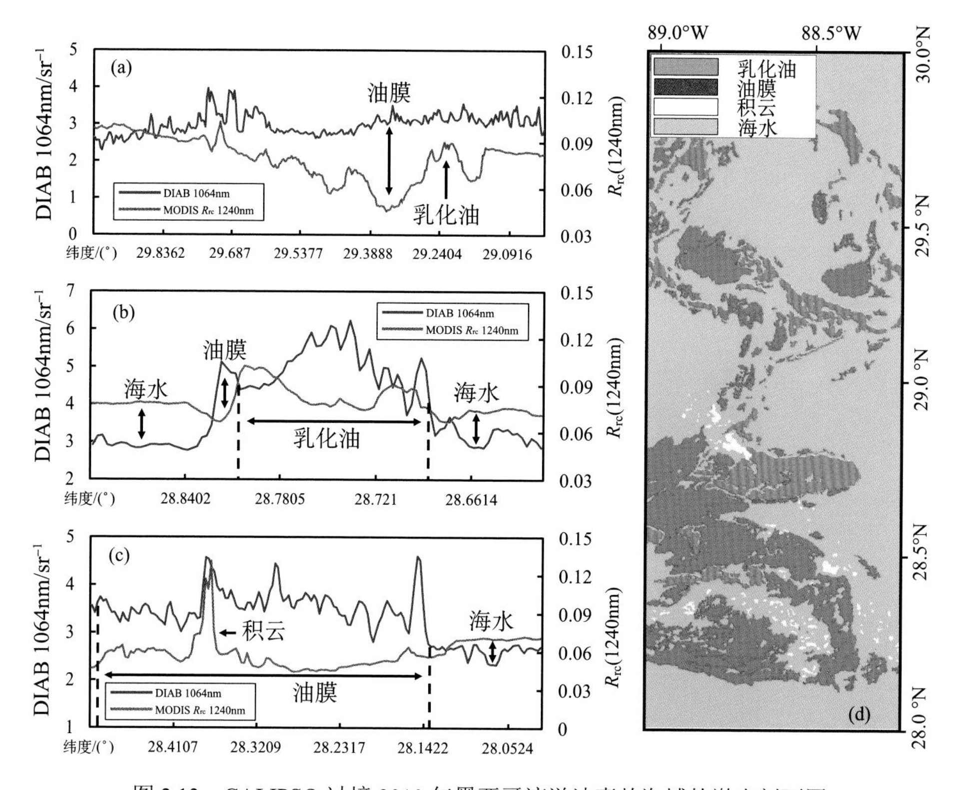

图 2.13　CALIPSO 过境 2010 年墨西哥湾溢油事故海域的激光剖面图

(a)、(b)和(c)为沿激光星下点轨迹由北向南依次得到的 CALIPSO 激光海洋表层积分信号线(红色)与 MODIS 红外信号剖线(灰色)；(d)为 MODIS 弱耀光条件下的溢油分类图

2.4.2　溢油的激光诱导荧光特征与应用

石油及其大部分产品在紫外线照射下均可发出荧光(图 2.14)。石油的发光现象取决于其化学成分，石油中的多环芳烃和非烃类都会发光，而饱和烃则完全不发光(宋继梅和唐碧莲，2000)。荧光会因油品内部的组分不同而略有差异。轻质油的荧光为淡蓝色，含胶质较多的石油则呈现黄绿色，含有沥青较多的石油表现为褐色。因此，激光诱导荧光也可用于海面溢油的探测，且可以评估其中的成分与浓度(王春艳等，2006)。

激光技术推动了荧光分析法在应用层面的进展(陆霄露和邓康耀，2008；冯巍巍等，2011；陈宇男等，2019)。在可见光和紫外波段，用激光诱导荧光测量被吸收的激光光子(图 2.14 和图 2.15)具有较高的灵敏度。水体中的物质，如溢油、黄色物质或藻类等，吸收激光光子后会发出与其化学成分相对应的荧光光谱。在激光器发出的激光束照射下，海洋溢油会吸收光能量从而发出荧光信号、拉曼散射信号及瑞利散射信号(图 2.15)。Lennon 等(2006)在法国布列塔尼海岸的试验场

中倾倒了 $10m^3$ 的原油，在 500m 空中对溢油进行了激光荧光雷达和 CASI 高光谱仪的同步观测，通过比较激光诱导拉曼信号的变化，实现油膜厚度的估算(图 2.15)。

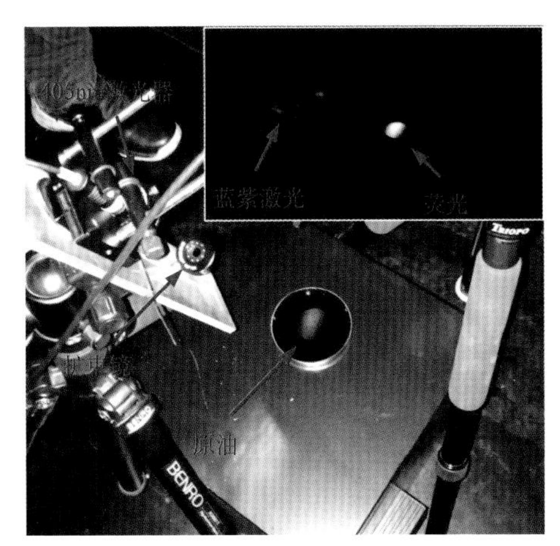

图 2.14　原油在 405nm 激光激发下的荧光特征

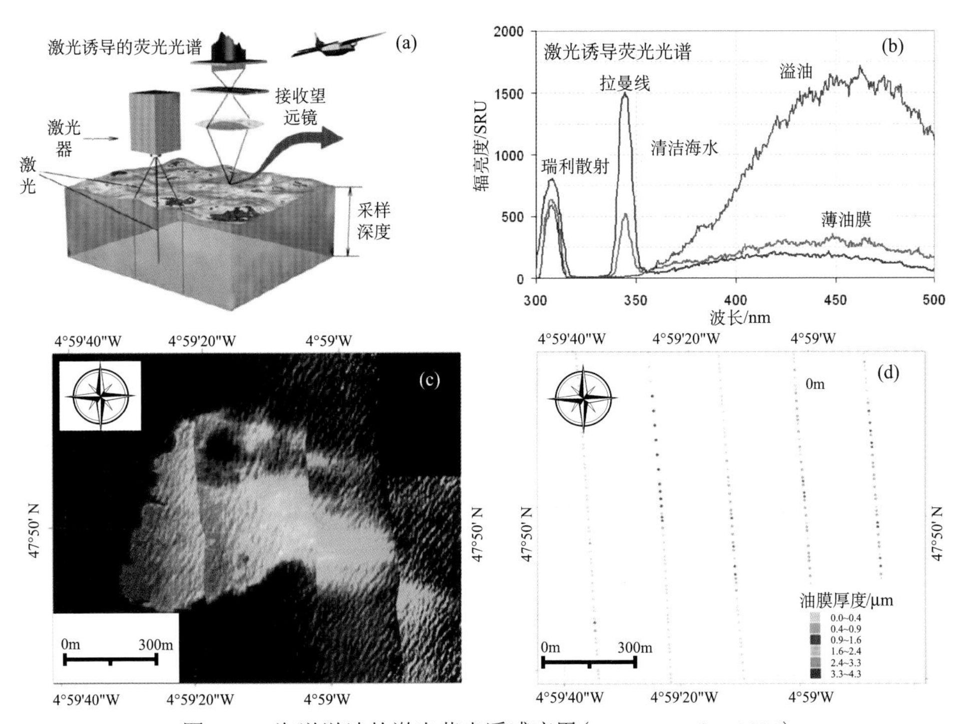

图 2.15　海洋溢油的激光荧光遥感应用(Lennon et al.，2006)

(a) 激光诱导荧光的示意图；(b) 激光诱导荧光实验光谱；(c) CASI 高光谱假彩色溢油合成图像；(d)基于激光荧光雷达的油膜厚度反演

2.5　海洋溢油的紫外遥感探索

紫外遥感在海洋溢油监测领域有较大潜力(Catoe and Orthlieb，1971；Wagner et al.，2000；Yin et al.，2010；Fingas and Brown，2014，2017；李羿轩等，2020；黄慧等，2019)。原油及不同油品的油膜具有较高的紫外反射特征(方四安等，2010)，在紫外图像上表现为高亮度像元(Yin et al.，2010)。基于溢油与背景海水的紫外反射差异对比，可实现海洋溢油的探测。此外，紫外波段对薄油膜的响应更为灵敏，可以探测到最薄厚度为 0.1μm 的薄油膜。

2.5.1　不同溢油类型的紫外反射差异

室外光谱测量实验表明，油膜在近紫外波段(320～400nm)的反射率高于洁净水体，反射特性受油膜种类和厚度的影响，不同油种油膜的反射率曲线差异明显(图 2.16)。基于模拟实验，获取了不同类型乳化油和不同厚度(非乳化)油膜的紫外图像(中心波长 385nm，带宽 26nm)及其高光谱反射率，并对不同目标的紫外辐射亮度进行统计。实验结果如图 2.17 所示，除水包油外，不同厚度的油膜和油包水状溢油乳化物在紫外图像上均明显亮于背景水体，但不同溢油类型间的紫外亮度较为接近，难以通过紫外波段进行溢油种类的区分。其中，油膜，尤其是薄油膜在紫外波段的高反射特征，源自入射光在其表面发生的多光束干涉现象。

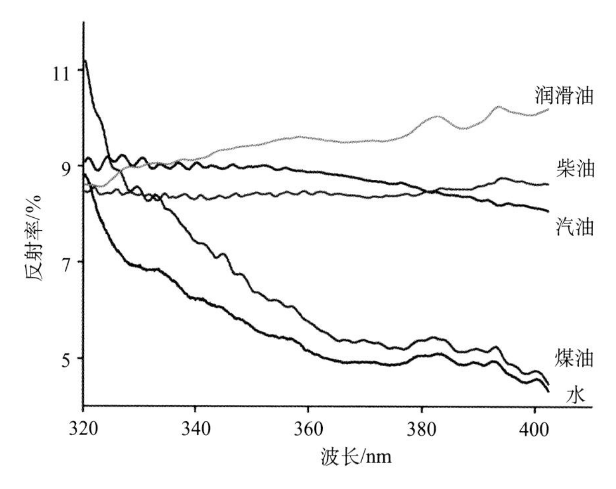

图 2.16　多种油膜(油膜厚度：400μm)和水的反射率光谱(320～400nm)(方四安等，2010)

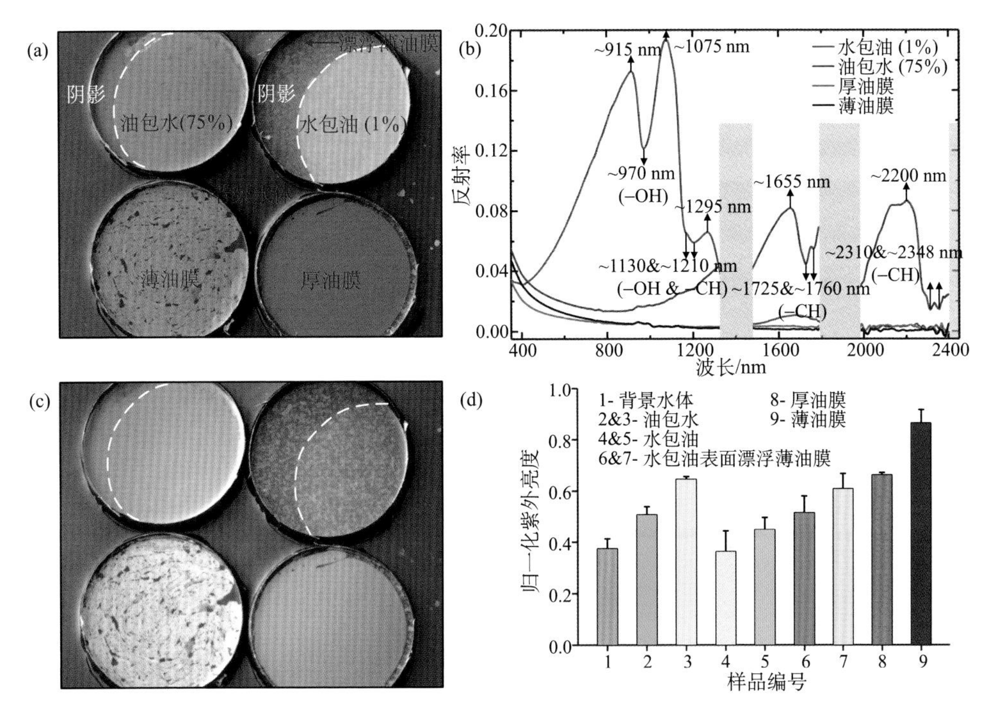

图 2.17　溢油紫外地面观测实验(Suo et al., 2021)

(a)样品的真彩色照片，依次为体积浓度 75%的油包水、体积浓度 1%的水包油、薄油膜与厚油膜，注意水包油表面有薄油膜析出；(b)样品的反射光谱，灰色条带代表大气吸收；(c)样品的紫外图像；(d)样品的归一化紫外亮度统计图

2.5.2　海洋溢油的机载紫外图像特征

早期研究尝试将紫外与红外相机搭载于飞机，获取溢油的紫外与红外图像，用于估算油膜的相对厚度，最后发现紫外波段探测到的溢油面积比红外波段探测的结果大 50%(Wagner et al.，2000)，这是由于紫外波段对薄油膜的响应更加灵敏。尹达一等(Yin et al.，2010)设计了一种新型紫外推扫式相机(也包含红光和绿光波段)，在沿海水域进行了校飞实验，图像结果证实：相比可见光波段，紫外波段对海面溢油油膜具有更高的探测效能，在紫外图像上，油膜表现为亮对比特征(图 2.18)。

美国的 AVIRIS 机载可见光/红外成像光谱仪，包含一个中心波长在 380.21nm 的近紫外波段。2010 年墨西哥湾“深水地平线”溢油事件发生后，AVIRIS 被用于对溢油区域进行机载观测。以 2010 年 5 月 17 日获取的 AVIRIS 影像为例(图 2.19)，区域 1 中的溢油形成薄油膜和油包水状溢油乳化物(通过可见光-近红外-短波红外光谱特征鉴别)，在紫外图像上均可见，表现为亮特征，但是无法进行区分，因为油包水状溢油乳化物上漂浮有一层薄油膜；区域 2 中的溢油形成水包油和油包水状溢油乳化物，对应紫外图像上仅可见油包水状溢油乳化物，表现为亮特征。综上，溢油在机载紫外图像上的特征与地面实验观测到的结果基本一致。

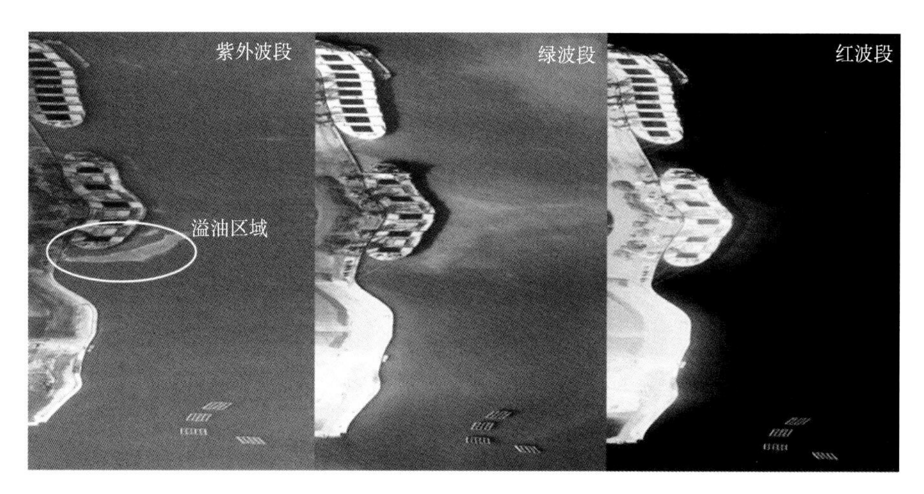

图 2.18　紫外、可见光单波段的航空校飞图像（Yin et al.，2010）

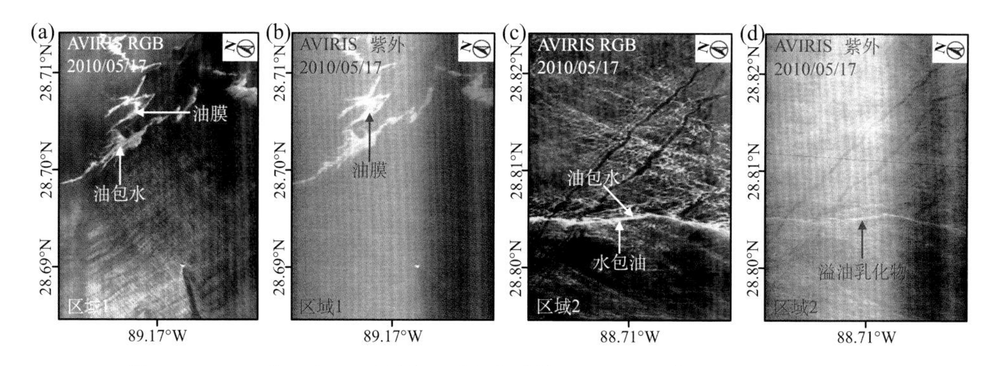

图 2.19　2010 年 5 月 17 日墨西哥湾溢油的 AVIRIS 影像（Suo et al.，2021）

(a) 和 (c) 为彩色合成影像；(b) 和 (d) 为对应的紫外波段灰度影像

2.5.3　海洋溢油的卫星紫外图像特征

2018 年，中国成功发射了海洋一号 C 卫星（Haiyang-1C，HY-1C），其搭载的紫外成像仪（ultraviolet imager，UVI）具有超大视场、高信噪比、多档观测等特点，为溢油的紫外遥感研究提供了宝贵的卫星紫外数据。HY-1C 星 UVI 载荷于 2020 年 4 月 20 日，在印尼沿海观测中，获取了海洋溢油的卫星紫外图像。与地面实验和机载紫外图像不同的是，海洋溢油在 UVI 图像上的 355nm 和 385nm 波段均表现为暗对比特征（图 2.20）。

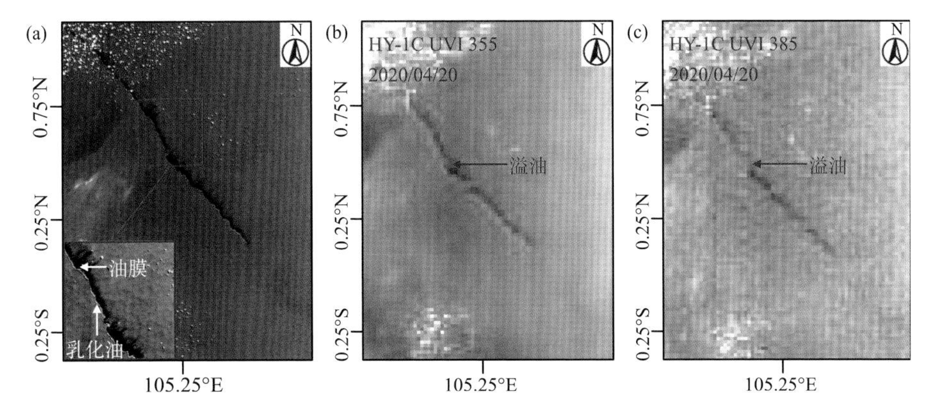

图 2.20　2020 年 4 月 20 日印尼沿海溢油事件的 HY-1C 影像(Suo et al.，2021)

(a)为 CZI 彩色合成影像；(b)和(c)为对应的 UVI 灰度影像

海面溢油的卫星紫外图像与地面或机载紫外图像特征的差异主要由传感器的瞬时视场角(instantaneous field of view，IFOV)、观测距离和目标大小等差异造成，这也是一种遥感尺度效应的体现。油膜表面干涉光和耀光反射差异共同影响着紫外遥感图像上的油-水对比，对于机载紫外传感器，可以分辨油膜表面干涉光的增反效应，因而油膜表现为亮特征；对于空间分辨率较低的星载紫外传感器，则无法区分这一细微差异，油-水对比首先遵循海面油膜太阳耀光反射的变化规律。2020 年 4 月 20 日印尼沿海的这处溢油位于弱耀光区，因而表现为暗对比特征(油膜耀光反射原理详见第 6 章)。

参 考 文 献

陈宇男, 杨瑞芳, 赵南京, 等. 2019. 基于激光诱导荧光的溢油厚度定量检测实验研究[J]. 光谱学与光谱分析, 39(11): 3646-3652.

方四安, 黄小仙, 尹达一, 等. 2010. 海洋溢油模拟目标的紫外反射特性研究[J]. 光谱学与光谱分析, 30(3): 738-742.

冯巍巍, 王锐, 孙培艳, 等. 2011. 几种典型石油类污染物紫外激光诱导荧光光谱特性研究[J]. 光谱学与光谱分析, 31(5): 1168-1170.

黄慧, 张德钧, 王超, 等. 2019. 漂浮透明油品的紫外反射光谱特性研究[J]. 光谱学与光谱分析, 39(8): 2377-2381.

李晓龙, 赵朝方. 2020. 激光雷达探测海洋物质垂直分布的应用及发展趋势[J]. 红外与激光工程, 49(S2): 1-10.

李羿轩, 李博, 林冠宇, 等. 2020. 海面溢油的紫外辐射特性[J]. 光学学报, 40(8): 1-8.

陆霄露, 邓康耀. 2008. 采用激光诱导荧光法测量油膜厚度的研究[J]. 内燃机学报, 26(1): 92-95.

陆应诚, 胡传民, 孙绍杰, 等. 2016. 海洋溢油与烃渗漏的光学遥感研究进展[J]. 遥感学报,

20(5): 1259-1269.

宋继梅, 唐碧莲. 2000. 原油样品的三维荧光光谱特征研究[J]. 光谱学与光谱分析, 20(1): 115-118.

王春艳, 江华鸿, 高居伟, 等. 2006. 基于三维同步荧光光谱确定原油样品浓度的新方法[J]. 光谱学与光谱分析, 26(6): 1080-1083.

钟锡华. 2012. 现代光学基础[M]. 北京: 北京大学出版社.

Asanuma I, Muneyama K, Sasaki Y, et al. 1986. Satellite thermal observation of oil slicks on the persian gulf[J]. Remote Sensing of Environment, 19(2): 171-186.

Brekke C, Solberg A H S. 2005. Oil spill detection by satellite remote sensing[J]. Remote Sensing of Environment, 95(1): 1-13.

Cai G, Wu J, Xue Y, et al. 2007. Oil spill detection from thermal anomaly using ASTER data in Yinggehai of Hainan, China[J]. IGARSS: 2007 IEEE International Geoscience and Remote Sensing Symposium, (1-12): 898-900.

Catoe C E, Orthlieb F L. 1971. Remote sensing of oil spills[J]. Journal of the Remote Sensing Society of Japan, (1): 71-84.

Cross A. 1992. Monitoring marine oil pollution using AVHRR data: Observations off the coast of Kuwait and Saudi Arabia during January 1991[J]. International Journal of Remote Sensing, 13(4): 781-788.

Fingas M, Brown C. 1997. Remote sensing of oil spills[J]. Sea Technology, 38(9): 37-46.

Fingas M, Brown C. 2014. Review of oil spill remote sensing[J]. Marine Pollution Bulletin, 83(1): 9-23.

Fingas M, Brown C. 2017. A review of oil spill remote sensing[J]. Sensors, 18(1): 91.

Hengstermann T, Reuter R. 1990. Lidar fluorosensing of mineral oil spills on the sea surface[J]. Applied Optics, 29(22): 3218-3227.

Hu C, Feng L, Holmes J, et al. 2018. Remote sensing estimation of surface oil volume during the 2010 Deepwater Horizon oil blowout in the Gulf of Mexico: Scaling up AVIRIS observations with MODIS measurements[J]. Journal of Applied Remote Sensing, 12(2): 026008.

Hu C, Li X, Pichel W G, et al. 2009. Detection of natural oil slicks in the NW Gulf of Mexico using MODIS imagery[J]. Geophysical Research Letters, 36(1): 1-5.

Hu Y, Powell K, Vaughan M, et al. 2007. Elevation information in tail (EIT) technique for lidar altimetry[J]. Optics Express, 15(22): 14504-14515.

Innman A, Easson G, Asper V L, et al. 2010. The effectiveness of using MODIS products to map sea surface oil[C]. OCEANS 2010 MTS/IEEE Seattle.

Jackson C R, Alpers W. 2010. The role of the critical angle in brightness reversals on sunglint images of the sea surface[J]. Journal of Geophysical Research Atmosphere, 115(C9).

Jiao J, Lu Y, Hu C, et al. 2021. Quantifying ocean surface oil thickness using thermal remote sensing[J]. Remote Sensing of Environment, 261: 112513.

Karpicz R, Dementjev A, Kuprionis Z, et al. 2006. Oil spill fluorosensing lidar for inclined onshore or shipboard operation[J]. Applied Optics, 45(25): 6620-6625.

Kukhtarev N, Kukhtareva T, Gallegos S C. 2011. Holographic interferometry of oil films and droplets in water with a single-beam mirror-type scheme[J]. Applied Optics, 50(7): B53-B57.

Leifer I, Lehr W J, Simecek-Beatty D, et al. 2012. State of the art satellite and airborne marine oil spill remote sensing: Application to the BP Deepwater Horizon oil spill[J]. Remote Sensing of Environment, 124(9): 185-209.

Lennon M, Babichenko S, Thomas N, et al. 2006. Detection and mapping of oil slicks in the sea by combined use of hyperspectral imagery and laser induced fluorescence[J]. EARSeL eProceedings, 5(1): 120-128.

Lu Y, Shi J, Hu C, et al. 2020. Optical interpretation of oil emulsions in the ocean – Part II: Applications to multi-band coarse-resolution imagery[J]. Remote Sensing of Environment, 242: 111778.

Lu Y, Shi J, Wen Y, et al. 2019. Optical interpretation of oil emulsions in the ocean – Part I: Laboratory measurements and proof-of-concept with AVIRIS observations[J]. Remote Sensing of Environment, 230: 111183.

Lu Y, Sun S, Zhang M, et al. 2016a. Refinement of the critical angle calculation for the contrast of oil slicks under sunglint[J]. Journal of Geophysical Research Oceans, 121(1): 148-161.

Lu Y, Tian Q, Wang X, et al. 2013. Determining oil slick thickness using hyperspectral remote sensing in the Bohai Sea of China[J]. International Journal of Digital Earth, 6(1): 1-18.

Lu Y, Zhan W, Hu C. 2016b. Detecting and quantifying oil slick thickness by thermal remote sensing: A ground-based experiment[J]. Remote Sensing of Environment, 181: 207-217.

Nord M E, Ainsworth T, Lee J S, et al. 2009. Comparison of compact polarimetric synthetic aperture radar modes[J]. IEEE Transactions on Geoscience and Remote Sensing, 47(1): 174-188.

Ottaviani M, Chowdhary J, Cairns B. 2019. Remote sensing of the ocean surface refractive index via short-wave infrared polarimetry[J]. Remote Sensing of Environment, 221: 14-23.

Raney R K. 2006. Dual-polarized SAR and stokes parameters[J]. IEEE Geoscience and Remote Sensing Letters, 2006, 3(3): 317-319.

Salisbury J W, D'Aria D, Sabins F F. 1993. Thermal infrared remote sensing of crude oil slicks[J]. Remote Sensing of Environment, 45(2): 225-231.

Shih W C, Andrews A B. 2008. Modeling of thickness dependent infrared radiance contrast of native and crude oil covered water surfaces[J]. Optics Express, 16(14): 10535-10542.

Solberg A H S. 2012. Remote sensing of ocean oil-spill pollution[J]. Proceedings of the IEEE, 100(10): 2931-2945.

Souyris J C, Imbo P, Fjortoft R, et al. 2005. Compact polarimetry based on symmetry properties of geophysical media: The π/4 mode[J]. IEEE Transactions on Geoscience and Remote Sensing, 43(3): 634-646.

Suo Z, Lu Y, Liu J, et al. 2021. Ultraviolet remote sensing of marine oil spills: A new approach of HaiYang-1C satellite[J]. Optics Express. 29, 13486-13495.

Svejkovsky J, Hess M, Muskat J, et al. 2016. Characterization of surface oil thickness distribution patterns observed during the Deepwater Horizon（MC-252）oil spill with aerial and satellite remote sensing[J]. Marine Pollution Bulletin, 110(1): 162-176.

Svejkovsky J, Muskat J. 2012. Open water multispectral aerial sensor oil spill thickness mapping in Arctic and high sediment load conditions[C]// Final Report for Bureau of Safety and Environmental Enforcement Contract, M10PC00068.

Tseng W Y, Chiu L S. 2003. AVHRR observations of Persian Gulf oil spills[C]. Proceedings of IGARSS '94 - 1994 IEEE International Geoscience and Remote Sensing Symposium.

Vasilescu J, Marmureanu L, Carstea E, et al. 2010. Oil spills detection from fluorescence lidar measurements[J]. University Politehnica of Bucharest Scientific Bulletin, Series A: Applied Mathematics and Physics, 72(2): 149-154.

Wagner P, Hengstermann T, Zielinski O. 2000. MEDUSA: An airborne multispectral oil spill detection and characterization system[C]. Proceedings of SPIE, 4130: 610-620.

Xing Q, Li L, Lou M, et al. 2015. Observation of oil spills through Landsat thermal infrared imagery: A case of Deepwater Horizon[J]. Aquatic Procedia, 3: 151-156.

Yin D, Huang X, Qian W, et al. 2010. Airborne validation of a new-style ultraviolet push-broom camera for ocean oil spill pollution surveillance[J]. Proceedings of SPIE - The International Society for Optical Engineering, 78250I-78250I-11.

Zhang B, Perrie W, Li X, et al. 2011. Mapping sea surface oil slicks using RADARSAT-2 quad-polarization SAR image[J]. Geophysical Research Letters, 38: L10602.

Zhou Y, Jiang L, Lu Y, et al. 2017. Thermal infrared contrast between different types of oil slicks on top of water bodies[J]. IEEE Geoscience and Remote Sensing Letters,（99）: 1-4.

第3章　海洋溢油的光学辐射传输过程

进入海洋的石油有复杂多样的类型，这些溢油污染对入射太阳光具有反射、散射、吸收、干涉等不同的光学作用过程，在可见光、近红外、短波红外都有独特的光谱响应特征，也有特定的偏振特性。当海洋溢油被卫星光学传感器观测时，又因耀光反射差异、像元混合等因素，导致卫星光学遥感图像中的海洋溢油特征更加复杂。本章将详细介绍海洋溢油光学遥感目标类型、溢油的光辐射传输过程与差异、光学遥感的技术特点与优势等。

3.1　海洋溢油的光学遥感目标类型

海洋溢油在风化漂移过程中，会形成不同的溢油类型，具有复杂的目视特征，如银色亮油膜、彩虹亮油膜、条纹状油、铁饼状油、沥青球、“巧克力色奶油冻”、褐色油与黑色浮油等(Bonn Agreement，2017；Salem，2003；Lu et al.，2009，2013)。海洋天然烃渗漏过程中，一部分渗漏烃物质被海水溶解形成富烃的海水柱，一部分会浮到海面形成薄油膜(银色亮油膜、彩虹亮油膜等)；此外，气态烃还会在海表低层大气中富集(Solomon et al.，2009；Whelan et al.，1994；Bradley et al.，2011)。天然烃渗漏虽然不会对海洋环境构成显著危害，也不作为海洋溢油污染的来源，但其主要表现形式与海洋溢油风化过程中的部分污染类型相似，如都存在银色亮油膜、彩虹亮油膜等。海洋溢油污染的现场监测中，常基于颜色、形态和物理属性等差异来进行分类与估算(详见波恩协议内容)，但这种目视分类难以直接用于海洋溢油的卫星光学遥感研究与应用。海洋溢油的光学遥感特征与海面目视特征具有较大的分异，这种分异主要体现在如下几个方面。

1. 尺度效应

尺度效应主要由卫星光学传感器与人眼(地面或低空光学设备)的分辨率及观测距离等造成。例如海面的彩虹亮油膜，其表面对入射光具有多光束干涉作用，能形成彩色干涉条纹。在近距离的目视观察或低空照片中，由于人眼和相机的分辨率相对较高，可以观察到这种彩色的反射干涉光；但光学卫星传感器因其空间分辨率、观测距离等因素，难以区分这种细微的干涉光差异(米级高空间分辨率光学遥感影像上有可能观察到)；这种甚薄油膜在光学卫星影像上的变化规律，主要体现为太阳耀光反射差异的特征(具体原理与应用见第6章)。除此之外，这种遥感尺度效应在溢油油膜的紫外遥感中也有明显体现，如在低空近距离紫外(350～380nm)成像中，表层油膜对入射光的多光束干涉作用会使这类紫外图像上的溢油油膜为亮特征；在星载紫外传感器成像过程中，如果不是高空间分辨率图像，溢油油膜的紫外图像特征依然遵循海面油膜太阳耀光反射的变化规律。

2. 混合像元

海洋溢油在风化漂移过程中，不同厚度的油膜、不同类型与浓度的乳化油等与海水常常混合在一起，形成具有高空间异质性分布特征的海洋溢油污染。这种高异质性的混合往往是三维混合形式，在水平和垂直层面都有不同溢油类型的混合。因此，在低空间分辨率的光学卫星上，如在美国墨西哥湾 2010 年“深水地平线”溢油事件的 MODIS、MERIS、Landsat 等影像中，海洋溢油为混合像元存在形式，难以精细地区分，只能判定像元内的主要溢油污染类型。有研究表明，对于海洋溢油污染，光学传感器空间分辨率要达到 2m 及以上，才能对不同的污染类型有清晰的区分能力。此外，太阳耀光反射虽有利于海洋溢油探测，但也给其识别、分类与定量估算带来不利影响；耀光反射强弱除了与观测几何有明显的关系外，还与溢油海面粗糙度和折射率有密切关系，而这也与海面溢油的异质性和类型密切相关。

3. 光谱差异

海洋溢油的目视特征展现了不同溢油污染类型在可见光(380～760nm)范围内的光学特征，而近红外与短波红外(760～2500nm)波段内的光谱特征无法体现。主要包括如下两点：① 近红外-短波红外的光谱反射特征，如不同类型和浓度的溢油乳化物反射特征，水包油状乳化物(OW)的主要反射信号在近红外范围，油包水状乳化物(WO)的主要反射信号在短波红外范围；② 近红外-短波红外的诊断性光谱吸收特征，如“—CH”和“—OH”的精细光谱吸收特征在高光谱遥感数据上能明显体现(Leifer et al.，2012；Shi et al.，2018；Lu et al.，2019，2020)，而多光谱数据无法识别这种诊断性光谱吸收特征。

4. 大气影响

利用星载与机载光学传感器观测海面溢油时，光学遥感图像会受到大气的影响(大气分子与气溶胶的吸收与散射影响)，需要对其进行准确的大气校正，以获得来自溢油内部的散射反射光信号，才能有效地进行海面溢油的光学遥感识别、分类与估算。海洋光学卫星数据的遥感反射率(remote sensing reflectance，R_{rs}，单位为 sr^{-1})产品需要进行精确的大气校正，包括瑞利散射校正和气溶胶校正，利用暗像元法(即假定近红外波段离水信号为零值)来外推其他波段的气溶胶信号，实现海洋光学数据的大气校正。海面溢油、浒苔、马尾藻等异常目标的存在会影响大气校正方法的使用，通常只计算相对简单的瑞利散射信号，生成瑞利校正反射率(R_{rc}，无量纲)产品，用于海洋溢油与藻类等的遥感应用与分析。

海洋溢油污染与天然烃渗漏的风化过程十分复杂，能形成具有多种目视特征的溢油污染类型，不同类型的污染对入射光还具有不同的光学作用过程，如反射、吸收、散射、干涉等。基于可探测目标的光学作用过程和光学响应特征，如亮油膜与彩虹亮油膜对入射光具有干涉作用，棕色浮油和慕斯状浮油对入射光具有强后向散射作用，海洋溢油污染与天然烃渗漏光学遥感分类目标已经明确，即溢油污染形成的海面油膜、黑色浮油与溢油乳化物(图3.1)，天然烃渗漏形成的海面油膜与近海表大气碳氢化合物气体异常(陆应诚等，2016)。

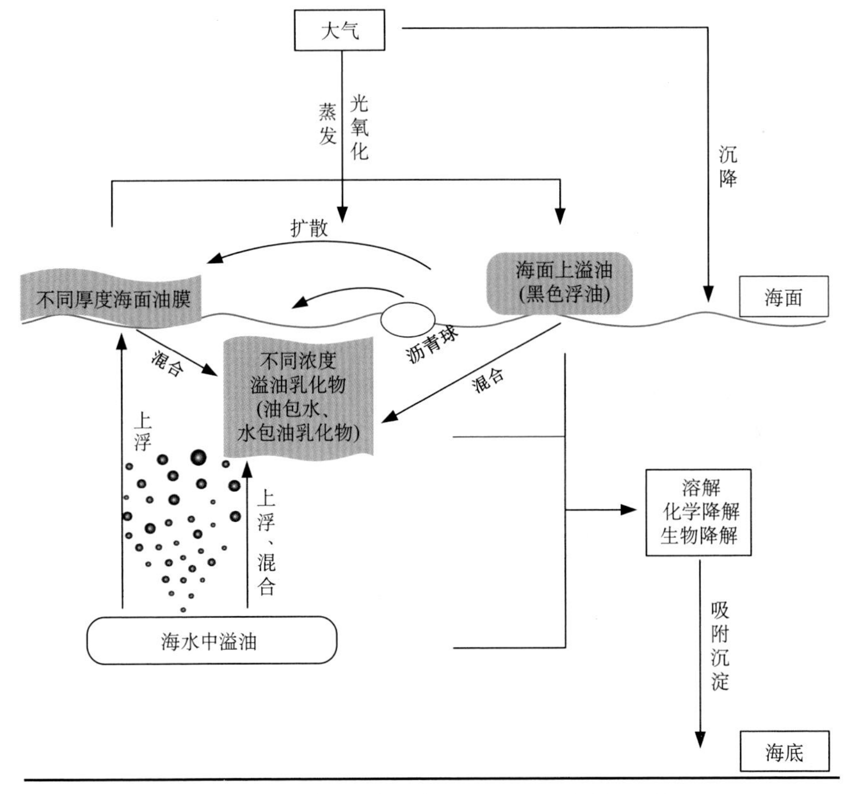

图3.1　海洋溢油污染风化过程及光学遥感监测目标

光学遥感(多/高光谱)具备对上述目标进行识别、分类与估算的能力，不仅有助于灾害损失评估，还有助于应急处理策略制定，具有积极的防灾减灾意义。以美国墨西哥湾北部海域为例，这里既存在大量的天然烃渗漏状况，也发生过诸如

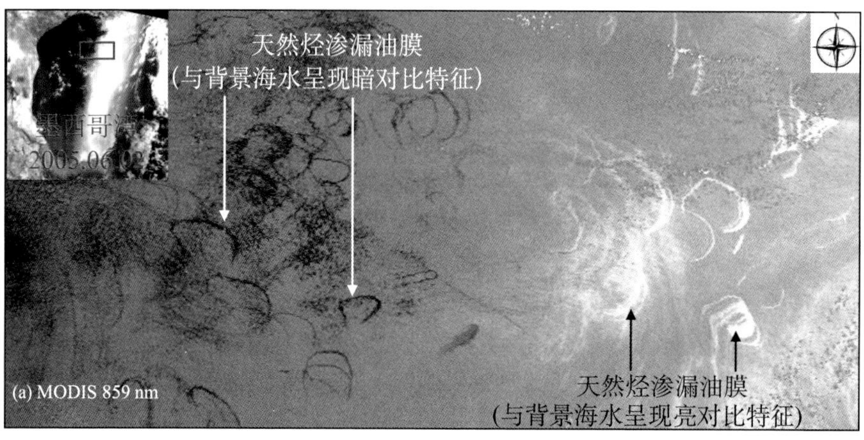

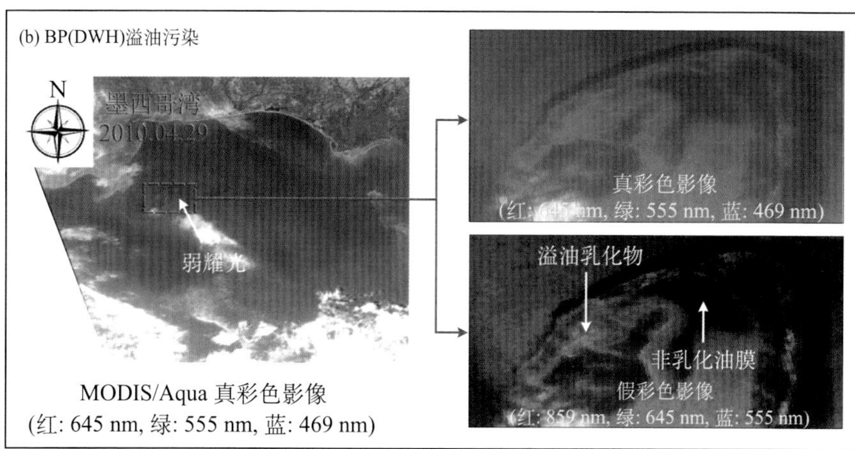

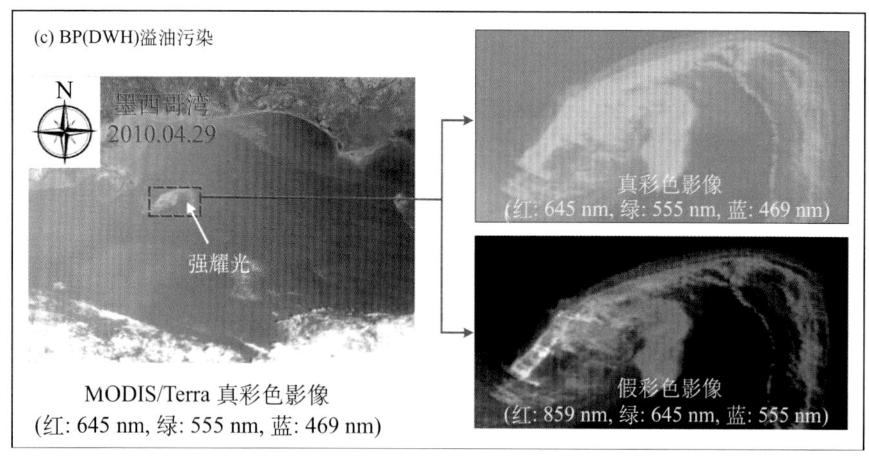

图 3.2　美国墨西哥湾天然烃渗漏油膜和 2010 年 BP(DWH)溢油污染的 MODIS 光学卫星数据特征

(a)天然烃渗漏形成的海面薄油膜 MODIS 图像，在不同太阳耀光条件下，与背景海水呈现亮或暗的对比特征；(b)弱耀光条件下 BP(DWH)溢油不同污染类型的 MODIS 图像特征；(c)强耀光条件下 BP(DWH)溢油不同污染类型的 MODIS 图像特征

2010 年英国石油公司“深水地平线”钻井平台爆炸引发的大型溢油污染事件。以美国中分辨率成像光谱仪(MODIS)数据为例(图 3.2)：该海域天然烃渗漏形成的海面油膜能被 MODIS 光学卫星观测到，在不同耀光条件下，这些烃渗漏油膜与背景海水呈现暗对比或亮对比特征[图 3.2(a)]；2010 年英国石油公司的“深水地平线”钻井平台爆炸导致的特大型海洋溢油污染也能被 MODIS 探测到，在弱耀光反射条件下，真彩色与假彩色合成图像中色调差异显著，反映了不同溢油污染类型(乳化油与非乳化油膜)的光谱反射差异[图 3.2(b)]；即使是同一天获取的 MODIS 影像，因强耀光反射，真彩色与假彩色合成图像中色调也有较大改变，耀光反射对不同溢油污染类型的图谱特征产生了明显的影响[图 3.2(c)]。厘清海洋溢油污染的光辐射传输过程，阐明不同溢油污染类型的光学响应机理与图谱特征，是推进海洋溢油光学遥感研究与应用的基础。

3.2　溢油海面的光学辐射传输过程

海面上会形成复杂多样的溢油类型，而天然烃渗漏在海面的存在形式会与溢油污染的某些类型近似，因此在本节分析中，也将天然烃渗漏的光学辐射传输过程一并阐明。

卫星光学遥感获取的海面信号组成复杂(Wang and Bailey，2001；Zhang and Wang，2010；Hu et al.，2000，2009；Lu et al.，2016)，具体描述如下(图 3.3)。太阳下行辐照度(F_0，W/m^2)照射到海面的过程中，会被大气分子和气溶胶散射，其后向散射信号主要由瑞利散射与气溶胶散射构成，其辐亮度分别为 L_r 与 L_a[$W/(m^2 \cdot nm \cdot sr)$]，能被光学传感器所探测；海面白冠反射率贡献在粗空间分辨率光学遥感研究中可以忽略；在介质面(无油海面与溢油海面)的菲涅耳反射作用下，太阳直射光的反射信号可被光学传感器所探测，即“无油海面”或“溢油海面”反射太阳耀光的辐亮度[L_g，$W/(m^2 \cdot nm \cdot sr)$]；大气散射的前向能量经过介质面反射后，再被光学传感器探测到，即介质面反射的天空散射光辐亮度[L'_g，$W/(m^2 \cdot nm \cdot sr)$]。海洋的离水辐亮度[$L_w$，$W/(m^2 \cdot nm \cdot sr)$]、海洋溢油与烃渗漏目标的离油辐亮度[$L_{oil}$，$W/(m^2 \cdot nm \cdot sr)$]、近海表碳氢化合物气体的后向散射辐亮度[$L_{CH}$，$W/(m^2 \cdot nm \cdot sr)$]是开展目标定量遥感的重要参数[图 3.3(a)]。在海洋光学遥感研究与应用中，来自海洋本身的信号相对较弱，因此准确的大气校正是实现光学遥感精确反演的前提。

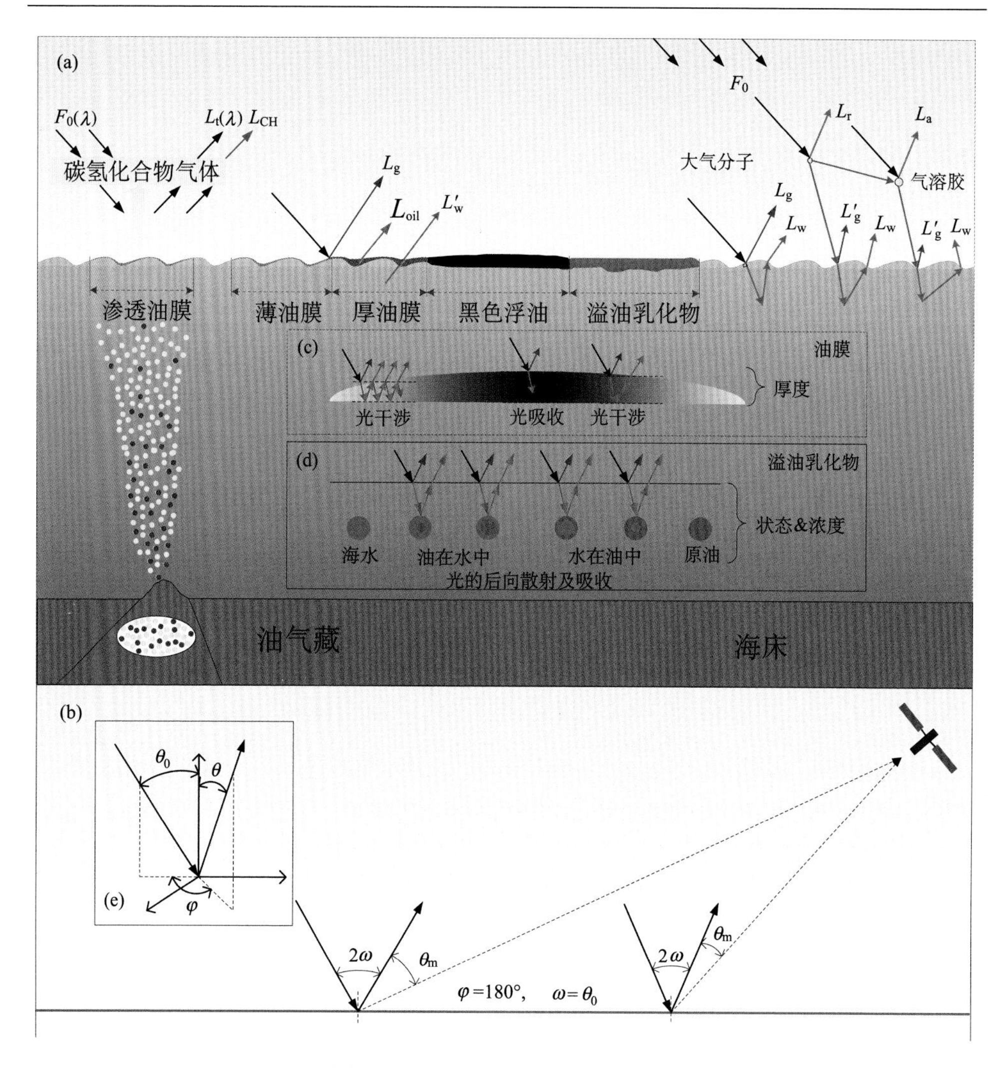

图 3.3 海洋溢油的光学作用过程

(a)海洋溢油与烃渗漏光学遥感目标及其辐射传输过程；(b) 海面耀光反射信号强度的表征；(c) 入射光在不同厚度油膜中的作用过程；(d)入射光在不同类型溢油乳化物中的作用过程

卫星光学传感器所探测的辐亮度[L_t，W/(m^2·nm·sr)]可表达为

$$L_t=L_r+L_a+TL_g+t(L_w+L'_g) \tag{3-1}$$

$$L_g=F_0T_0L_{GN} \tag{3-2}$$

式中，T_0为太阳入射光到海面的直射透过率；T 和 t 分别为海面与大气反射光信号到达光学传感器的直射透过率和漫射透过率(不考虑海面白冠反射等影响)；L_{GN}(sr^{-1})为介质面菲涅耳反射率。这种类似镜面的介质面具有很强的方向性反射

特性，在不同波段与不同观测几何(太阳天顶角、传感器天顶角与相对方位角)条件下，上述信号具有较大差异(Hu et al.，2009；Zhang and Wang，2010；Jackson and Alpers，2010；Lu et al.，2016)。

此外，对于卫星光学传感器获取的海面观测数据，首先需要考虑无油海水面或溢油海面的菲涅耳反射影响，尤其是太阳直射辐射的菲涅耳反射，会形成不同的太阳耀光信息[图 3.3(b)](Hu et al.，2009；Jackson and Alpers，2010；Zhang and Wang，2010；Sun et al.，2015；Lu et al.，2016；Sun and Hu，2016)。烃渗漏形成的海面薄油膜，在不同的观测角度条件下[图 3.2(a)]，会表现出比背景水体亮或暗的图像特征(Hu et al.，2003；Chust and Sagarminaga，2007；Adamo et al.，2009)，这是由于油膜与海水表面具有不同的粗糙度和折射率，由 Cox-Munk 模型可知靠近镜面反射点的油膜，其耀光反射率高于背景水体，距离镜面反射点较远的油膜，其耀光反射率低于背景水体(Jackson and Alpers，2010；Lu et al.，2016)。在油膜与周边无油海水辐亮度或反射率亮暗对比转变的中间区域，油膜与背景水体具有相同的亮度特征而难以被光学传感器识别。有研究表明在 MODIS 影像上该现象大致出现在 θ_m 介于 12°～13°的位置(Wen et al.，2018)，传感器探测矢量方向与水面的太阳反射光矢量方向的夹角 θ_m 可定义为

$$\cos\theta_m=\cos\theta_0\cos\theta-\sin\theta_0\sin\theta\cos\varphi \tag{3-3}$$

式中，θ_0 为太阳天顶角；θ 为传感器天顶角；φ 为两者相对方位角。θ_m 越小，传感器接收到的水面耀光信号越强，反之越弱(Hu et al.，2009)。溢油海面耀光反射有利于溢油探测的同时，也给不同溢油污染的光学遥感识别、分类与定量估算带来不利影响。如何准确计算不同溢油海面的耀光反射率，是海洋溢油光学遥感亟待解决的一个重要挑战。

不同海洋溢油类型对入射光的光学作用过程不同[图 3.3(c)和(d)]。由于不同厚度油膜对入射光的干涉作用差异、不同溢油乳化物后向散射差异，加上溢油对入射光的诊断性光谱吸收特征，也会导致光谱响应特征的差异，这是海洋溢油污染光学遥感识别与分类的重要依据。

3.3　光学遥感的技术特点与优势

相对海洋现场观测而言，遥感技术的优势是不言而喻的，如时效性、大范围同步观测、低成本等。合成孔径雷达与光学遥感是海洋溢油污染与烃渗漏监测的两种主要技术手段，此外，还包括热红外、激光荧光的部分应用研究。经过多年的研究与应用发展，光学遥感技术用于该领域的基础理论不断完善，应用实践也进一步丰富；相较微波雷达而言，光学遥感具有不同的成像机理与响应特征，展

现了独特的应用特点。

1. 对不同海面溢油具有识别与分类的能力

海洋溢油污染与天然烃渗漏会形成复杂多样的目标类型，这些目标对入射光具有不同的光学作用过程，产生了特定的图像特征与光谱响应特征，从而能被光学遥感(多/高光谱)技术识别。海洋溢油与烃渗漏的光学遥感分类目标已经明确，即溢油污染形成的黑色浮油、海面油膜与油水乳化物，烃渗漏形成的海面油膜与近海表大气烃异常。这些不同目标对入射光的反射和吸收差异，在星载或机载的多/高光谱图像上均能得到展现，从而实现复杂海洋溢油类型的识别与分类。因此，光学遥感技术不仅能为海洋溢油污染灾损评估与应急处理策略制定提供重要支撑，也能为烃渗漏的海面异常探测提供方法参考。

2. 对海面溢油具有遥感定量估算的优势

不同海洋溢油类型，如海面油膜与溢油乳化物，对入射太阳光具有不同的反射、干涉、散射、吸收等光学作用过程。不同类型的溢油污染，不仅具有特定的光谱响应特征，且因溢油的厚度、浓度等不同，其光谱反射率也会产生相应的变化，这是光学遥感技术用于量化海洋溢油的基础。光学遥感技术不仅能发现海洋溢油，基于不同类型的溢油污染进行识别，还可以进一步量化不同溢油污染类型的关键参数(厚度、浓度等)，促进溢油量的遥感估算。

3. 较低的使用成本和丰富的数据

光学卫星的成本较低，在轨光学卫星的数量远远大于微波雷达卫星。光学遥感的数据源获取更为方便，不同空间分辨率、光谱分辨率、时间分辨率的光学遥感数据众多，能有效获取大量公开、免费数据，因此利用卫星光学遥感数据开展海洋溢油污染监测的使用成本较低。

4. 光学遥感灵活的应用方式

光学遥感虽然受制于云雾等天气状况，但多星组网能提供更多的观测时间窗口，高空间分辨率能提供更精细的观测能力，且具有灵活的应用方式。例如，在2018年1月中国东海“桑吉”轮溢油污染的监测中，高空间分辨率的光学遥感数据(Sentinel-2 MSI)就从云缝中有效监测到了溢油，并识别了不同溢油污染类型。此外，随着2018年中国海洋水色业务卫星(HY-1C/D)的陆续发射，利用双星组网观测和高空间、多时相、高辐射分辨率的海岸带成像仪(coastal zone imager，CZI)有效监测了中国近海的多次溢油。机载光学传感器的发展，为海洋监测提供更为迅速、精确的技术手段，且能实现低空云下观测，有效克服云雾对光学卫星数据的影响。光学传感器的多平台、多模式数据采集能力必然能为海洋溢油污染监测提供灵活高效的应用方式。

参考文献

陆应诚，胡传民，孙绍杰，等. 2016. 海洋溢油与烃渗漏的光学遥感研究进展[J]. 遥感学报，20(5): 1259-1269.

Adamo M, De Carolis G, De Pasquale V, et al. 2009. Detection and tracking of oil slicks on sun-glittered visible and near infrared satellite imagery[J]. International Journal of Remote Sensing, 24(24): 6403-6427.

Bonn Agreement. 2017. Bonn Agreement Aerial Surveillance Handbook[R].

Bradley E S, Leifer I, Roberts D A, et al. 2011. Detection of marine methane emissions with AVIRIS band ratios[J]. Geophysical Research Letters, 38: L10702.

Chust G, Sagarminaga Y. 2007. The multi-angle view of MISR detects oil slicks under sun glitter conditions[J]. Remote Sensing of Environment, 107(1-2): 232-239.

Hu C, Carder K L, Muller-Karger F E. 2000. Atmospheric correction of SeaWiFS imagery over turbid coastal waters: A practical method[J]. Remote Sensing of Environment, 74(2): 195-206.

Hu C, Li X, Pichel W G, et al. 2009. Detection of natural oil slicks in the NW Gulf of Mexico using MODIS imagery[J]. Geophysical Research Letters, 36(1): L01604.

Hu C, Muller-Karger F E, Taylor C, et al. 2003. MODIS detects oil spills in Lake Maracaibo, Venezuela[J]. Eos Transactions American Geophysical Union, 84(33): 313-321.

Jackson C R, Alpers W. 2010. The role of the critical angle in brightness reversals on sunglint images of the sea surface[J]. Journal of Geophysical Research Atmosphere, 115(C9).

Leifer I, Lehr W J, Simecek-Beatty D, et al. 2012. State of the art satellite and airborne marine oil spill remote sensing: Application to the BP Deepwater Horizon oil spill[J]. Remote Sensing of Environment, 124(9): 185-209.

Lu Y, Li X, Tian Q, et al. 2013. Progress in marine oil spill optical remote sensing: Detected targets, spectral response characteristics, and theories[J]. Marine Geodesy, 36(3): 334-346.

Lu Y, Shi J, Hu C, et al. 2020. Optical interpretation of oil emulsions in the ocean – Part II: Applications to multi-band coarse-resolution imagery[J]. Remote Sensing of Environment, 242: 111778.

Lu Y, Shi J, Wen Y, et al. 2019. Optical interpretation of oil emulsions in the ocean – Part I: Laboratory measurements and proof-of-concept with AVIRIS observations[J]. Remote Sensing of Environment, 230: 111183.

Lu Y, Sun S, Zhang M, et al. 2016. Refinement of the critical angle calculation for the contrast reversal of oil slicks under sunglint[J]. Journal of Geophysical Research Oceans, 121(1): 148-161.

Lu Y, Tian Q, Qi X, et al. 2009. Spectral response analysis of offshore thin oil slicks[J]. Spectroscopy and Spectral Analysis, 29(4): 986-989.

Salem F M F. 2003. Hyperspectral remote sensing: A new approach for oil spill detection and analysis[D].USA: George Mason University, 1-48.

Shi J, Jiao J N, Lu Y C, et al. 2018. Determining spectral groups to distinguish oil emulsions from Sargassum over the Gulf of Mexico using an airborne imaging spectrometer[J]. ISPRS Journal of Photogrammetry and Remote Sensing, 146: 251-259.

Sun S, Hu C. 2016. Sun glint requirement for the remote detection of surface oil films[J]. Geophysical Research Letters, 43(1): 309-316.

Sun S, Hu C, Tunnel J W. 2015. Surface oil footprint and trajectory of the Ixtoc-I oil spill determined from Landsat/MSS and CZCS observations[J]. Marine Pollution Bulletin, 101(2): 632-641.

Solomon E A, Kastner M, Macdonald I R, et al. 2009. Considerable methane fluxes to the atmosphere from hydrocarbon seeps in the Gulf of Mexico[J]. Nature Geoscience, 2(8): 561-565.

Wang M, Bailey S W. 2001. Correction of sun glint contamination on the SeaWiFS ocean and atmosphere products[J]. Applied Optics, 40(27): 4790-4798.

Wen Y, Wang M, Lu Y, et al. 2018. An alternative approach to determine critical angle of contrast reversal and surface roughness of oil slicks under sunglint[J]. International Journal of Digital Earth, 11(9): 972-979.

Whelan J K, Kennicutt M C, Brooks J M, et al. 1994. Organic geochemical indicators of dynamic fluid flow processes in petroleum basins[J]. Organic Geochemistry, 22(3-5): 587-615.

Zhang H, Wang M. 2010. Evaluation of sun glint models using MODIS measurements[J]. Journal of Quantitative Spectroscopy and Radiative Transfer, 111(3): 492-506.

第 4 章　油膜的光谱特征与响应机理

海面(非乳化)油膜具有丰富的目视特征，这些目视特征可以用于海面或低空的溢油监测，但由于遥感的尺度效应，这些目视特征难以直接作为卫星光学遥感的依据。开展海面油膜的多平台、多源光学遥感监测，还需明晰不同厚度油膜的光谱响应特征和主要光学作用过程，以及可估算的最大厚度。本章介绍国内外海面油膜的相关光学机理研究，阐述薄油膜对入射光的详细光学作用过程(不含偏振)，为海面油膜的光学遥感估算提供参考。

4.1　海面油膜的光学遥感监测重点

海面油膜的来源极其复杂，各种溢油类型(原油、成品油、压舱水排放等)、天然烃渗漏，甚至生物合成，都会在水面形成复杂多样、具有不同目视特征的油膜。如图 4.1 所示，随着呈黑褐色的原油在海面开始扩散，油膜厚度不断变薄，其色泽也开始趋于复杂多样，厚度异常薄的甚薄油膜，其目视特征常常有彩虹亮

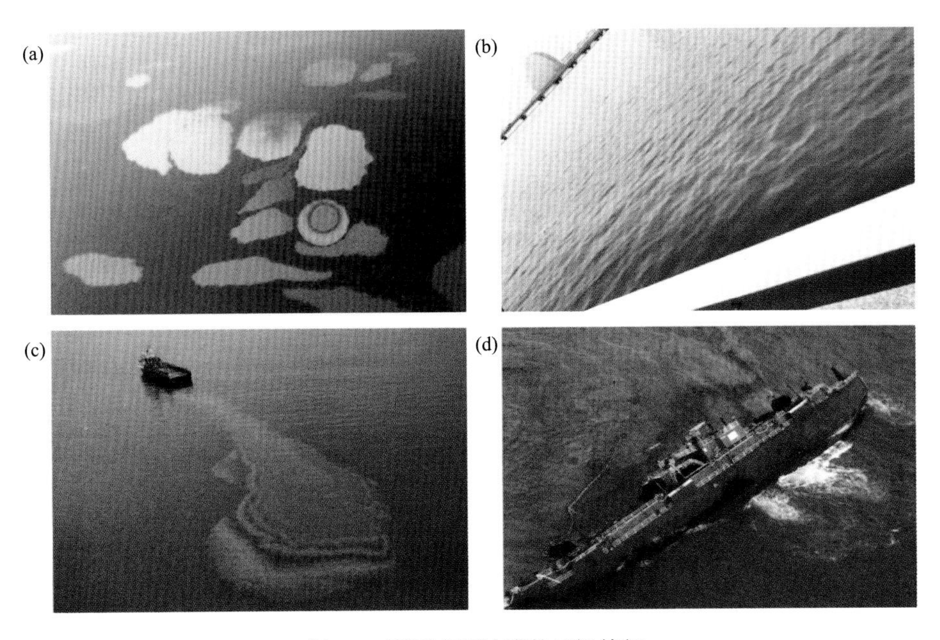

图 4.1　不同来源油膜的目视特征

(a)美国墨西哥湾天然烃渗漏油膜；(b)城市水面油膜；(c)船只渗漏油膜；(d)船只倾覆导致的原油泄漏

油膜、品色亮油膜、黄绿色亮油膜、浅绿色亮油膜、银色亮油膜以及透明油膜等多种(Lu et al.，2009a)。如此多样的彩色目视特征，是因为油膜对入射光具有干涉作用过程,不同的干涉反射光能被人眼或近距离光学传感器(如相机)所观测到，如图 4.1 所示。从光学卫星遥感的角度看，不同类型油膜的光学辐射传输过程复杂、差异显著，但因为遥感的尺度效应，这种光干涉现象很难被光学卫星观测到。

依据目视特征的差异，可以将油膜区分为两种光学油膜类型，即“甚薄油膜”与“薄油膜”。在海洋(原油)溢油污染扩散中，会形成淡褐色、深褐色和黑色油膜(尚未乳化)，厚度要明显大于“甚薄油膜”，具有一定厚度的油膜对入射太阳光具有光干涉作用；此外，其对入射光的吸收与反射作用更为明显。如图 4.2 所示，这种油膜的目视特征会随厚度的变化而变化，可见光与近红外光谱范围内的油膜光谱反射率会随厚度的增加而降低，因此其厚度的光学遥感估算可行(陆应诚等，2008)。

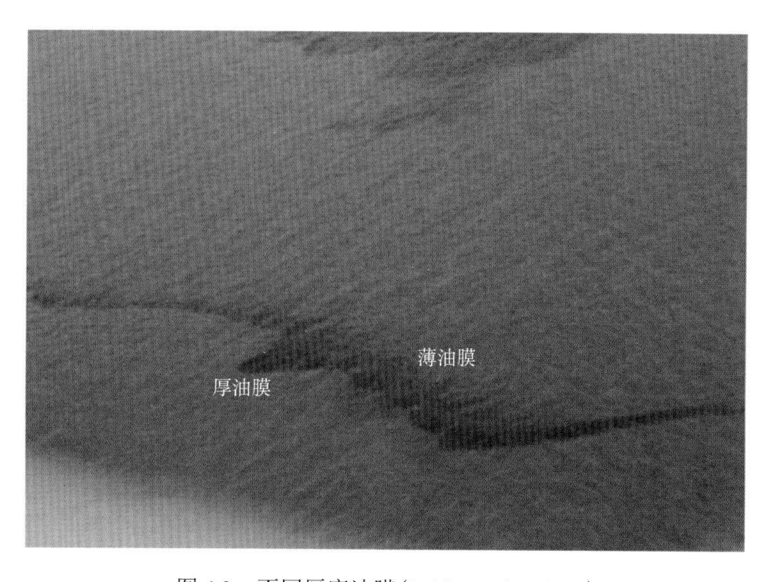

图 4.2　不同厚度油膜(Leifer et al.，2012)

“甚薄油膜”与“薄油膜”主要差异在于其形成机理及目视特征(颜色)。“甚薄油膜”可来自海洋天然烃渗漏，也可在其他各种溢油污染扩散中形成，当然微生物合成也可形成(一种生物油膜，目视特征为亮灰色油膜)。“甚薄油膜”目视特征主要为银色亮薄膜(silver sheen)、彩虹色薄膜(rainbow sheen)、几乎不可见的单分子膜等，这些目视特征是因其对入射光的多光束干涉作用形成；而“薄油膜”的颜色特征则主要由其对入射光的吸收作用和干涉作用形成。“甚薄油膜”对入射光具有较强的多光束干涉作用，但由于近距离观测与卫星光学遥感的瞬时视场角差异及光学遥感尺度效应的存在，这种多光束干涉作用形成的目视特征差异(亮灰色、银色、彩虹色等)难以为光学卫星遥感所探测。这种“甚薄油膜”能对局部的海面粗糙度进行调制，加上油膜与背景海水在折射率上的差异，在不同太阳耀光反射下的卫星光学遥感影像中，“甚薄油膜”在图像上会表现出比背景水体“亮”或“暗”的对比特征(详见第 6 章)。此外，需要注意的是，这种“甚薄油膜”会对海面布拉格后向散射信号进行调制，因此会在微波雷达图像中形成“暗像元”对比特征(图 4.3)。

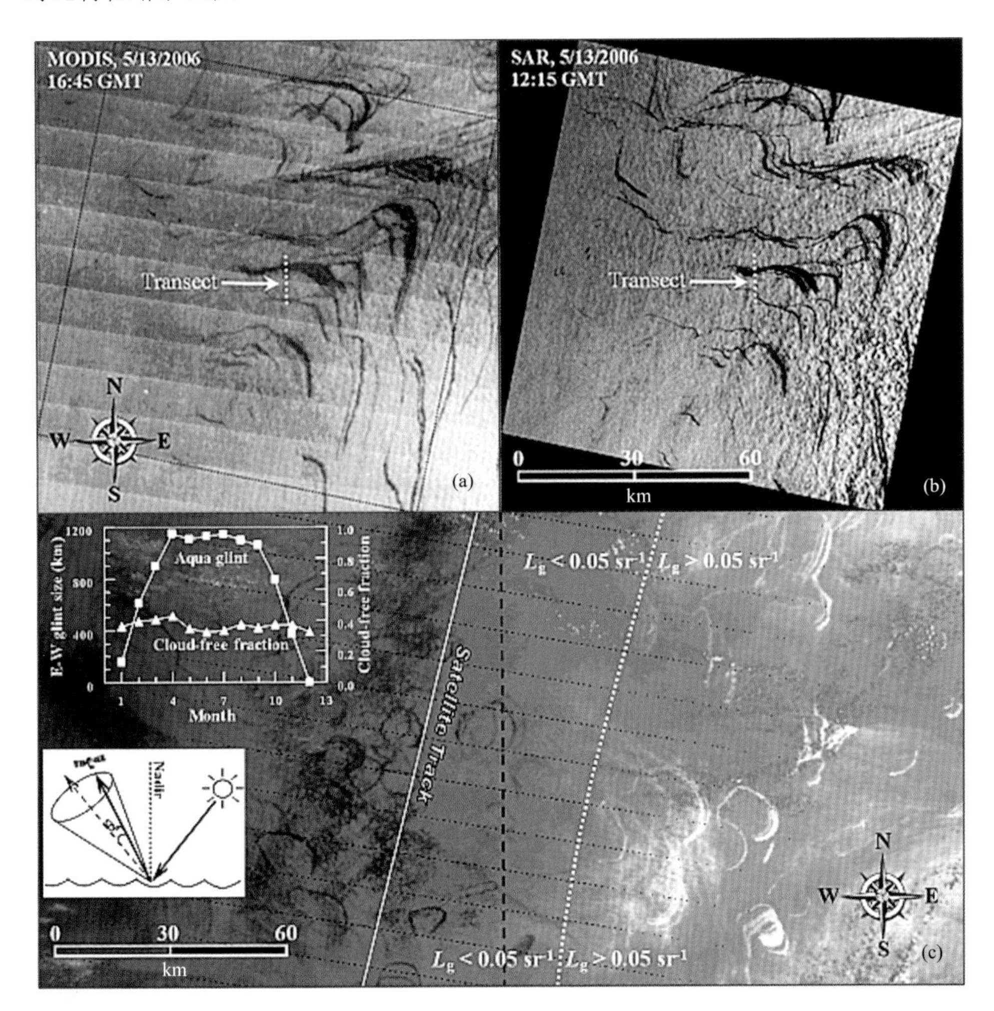

图 4.3　烃渗漏油膜被光学和微波雷达遥感探测(Hu et al.，2009)

(a) MODIS 图像中弱耀光反射区，油膜与背景海水呈现“暗对比”特征；(b) 在同一天观测到的合成孔径雷达图像中，甚薄油膜会对海面布拉格后向散射信号形成较强的调制作用，油膜在微波雷达图像中表现为“暗像元”特征；(c) 在不同太阳耀光反射条件下，油膜与背景海水的亮度对比会出现反转的情况，即在弱耀光条件下为“暗对比”，强耀光条件下为“亮对比”

综上，海面油膜光学遥感应用的重点主要体现在如下两点：①不同厚度的油膜具有淡褐色、褐色、黑色等颜色特征，随油膜厚度的变化，其光谱反射率会产生变化，利用光学遥感技术可以估算油膜的厚度，从而估算油膜的溢油量；在卫星光学遥感图像中，会因太阳耀光反射的差异，对油膜厚度反演产生诸多不确定性问题，这是当前海洋溢油光学遥感应用研究的关键问题之一。②在不同强度太阳耀光反射条件下，"甚薄油膜"也会表现出比背景水体"亮"或"暗"的(辐亮度或反射率)对比特征；针对此种"甚薄油膜"，其光学遥感应用研究关注的重点在于探测识别与面积估算，其厚度的光学遥感反演估算并不是研究的重点。

4.2 油膜反射光谱实验与数据分析

4.2.1 甚薄油膜光谱反射比

甚薄油膜的目视特征常常表现为彩虹色薄膜、银色薄膜等多种色彩特征，这种色彩差异是甚薄油膜厚度变化对入射光干涉作用形成的视觉特征。这种油膜厚度变化范围约为 0.04～5.0μm，当油膜厚度扩散至单分子时，目视特征上表现为几乎不可见的亮灰色油膜。陆应诚等(2009)利用中国辽河油田"葵东-102"原油在辽东湾双台子河口的实验场地进行野外现场光谱采集，通过定量滴入原油样品至海水中，让其在水面自然扩散，模拟这种甚薄油膜从彩虹亮油膜扩散到几乎不可见灰色油膜的过程，并利用 ASD 地物光谱仪采集其辐亮度(L_{oil})、水面上行辐亮度(L_{water})与标准反射白板辐亮度(L_{board})数据，给出甚薄油膜扩散过程中具有不同色彩目视特征油膜的光谱反射比($R=L_{\text{oil}}/L_{\text{board}}$，无量纲)。不同目视特征甚薄油膜光谱反射比在 350～1000nm 范围内的光谱曲线如图 4.4 所示。甚薄油膜的光谱总体上具有以下特点：①甚薄油膜的光谱形态特征与背景光谱形态特征近似(所有光谱数据均未剔除菲涅耳反射，仅用于对比分析)，无诊断性光谱特征；②光谱反射率都高于背景海水光谱反射率，当甚薄油膜的目视色彩为彩虹亮油膜时，反射率达到最高(也即薄膜层多光束干涉作用产生的反射光信号最强)。"甚薄油膜"光谱反射率大小与油膜厚度没有必然关系。

4.2.2 不同厚度油膜光谱反射率

随着油膜厚度的持续增加，目视特征逐渐从彩虹色薄膜，变成棕色、褐色与黑色油膜，表明油膜对入射光的吸收随着厚度的增加而逐渐增强。国内外的研究者分别以浑浊水体和清澈水体为实验背景水体，测量了不同厚度油膜(平均厚度)的光谱反射率，分析了随油膜厚度变化的光谱反射率变化响应特征。

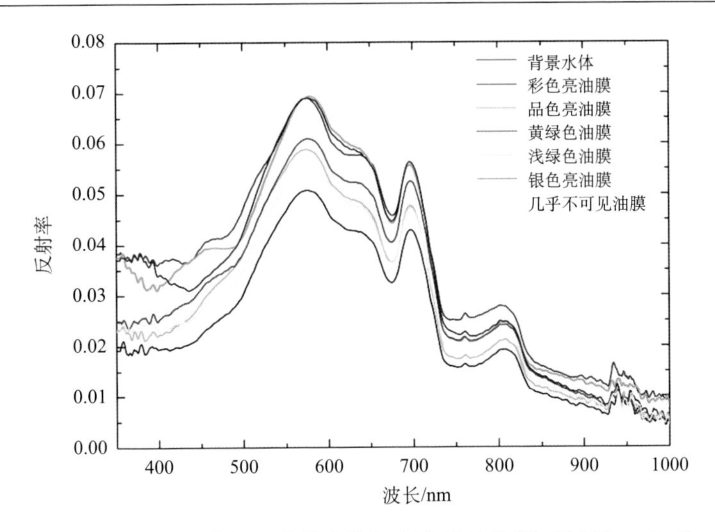

图 4.4　不同目视特征“甚薄油膜”光谱反射率(陆应诚等，2009)

1. 浑浊水体背景

针对不同厚度的油膜，开展油膜光谱响应室内实验，模拟海面油膜厚度连续变化的情况，测量并分析不同厚度油膜的光谱反射率变化特征及其与油膜厚度的相关统计关系(陆应诚等，2008)。在黑色的观测容器中，首先倒入海水样品(采样点位于辽东湾盘锦海域，采样时间为 2007 年 9 月高潮水位时间)，随后在海水样品表面滴入“葵东-102”原油，形成厚度不断变化的原油油膜(可将滴入的原油量转换为等效油膜厚度)。在两盏 500W 的溴钨灯的照射下(两盏灯高度相同，光线焦点都集中于容器水面中心点)，使用 ASD 地物光谱仪(FieldSpec-FR)进行光谱测量。光谱仪的光谱测量范围为 350～2500nm，光谱分辨率为 3nm(350～1050nm)和 10nm(1000～2500nm)，光谱采样间隔为 1.4nm，最后将光谱反射率数据重采样到 1nm。实验中地物光谱仪视场角为 25°，探测器垂直对准变化的油膜，高度为 10cm，对应探测面积为 15.4cm^2，小于容器杯口面积，测量过程中避开了溢油表面的镜面反射(图 4.5)。

具体实验步骤如下：

(1) ASD 光谱仪初始化，先测量暗电流及白板反射，再测量实验背景光谱反射；

(2) 滴入一滴原油样品，滴入点位于容器水面中心点附近，1～2min 后其扩散静止，测量海水样品表面油膜的光谱反射；

(3) 重复滴入原油样品，每次滴入一滴，扫描时间设定为 1s，每次测量重复 5 次，每滴入一滴原油到测量完成的时间控制在 3min 以内；

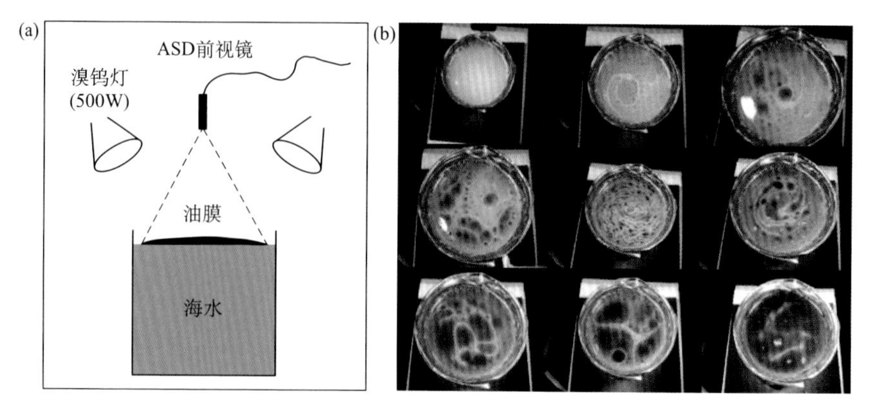

图 4.5　不同厚度油膜室内光谱测量实验

(a) 光谱测量装置示意图；(b) 不同厚度油膜样品

(4) 对各样品的 5 条光谱曲线，首先求平均，再做 9 点平滑处理，降低噪声的干扰。

利用式(4-1)计算得到样品的光谱反射率 R_u(sr^{-1})：

$$R_u = L_{sample} / (L_{board} \times \pi) \tag{4-1}$$

式中，L_{board}、L_{sample} 分别为 100%反射白板、样品的光谱辐射亮度。在实验中，当滴入烧杯的原油达到 48 滴时，油膜的光谱反射率已经变为低值，变化很小，此时油膜的特征也基本类似于厚油膜特征。选取前 48 滴实验数据，加上实验背景数据，共 49 组光谱数据。油膜的反射光谱是海水与油膜的混合光谱，实验表明在海水和油膜的混合光谱中，表面油膜在同等厚度的情况下，油膜光谱反射率基本保持不变。这也说明实验中油膜与海水的混合状况满足线性混合光谱模型，油膜的反射光谱与滴入表面的油量具有直接关系。实验统计表明，1mL 的原油可以滴定 115～120 滴，每滴的体积 V 介于 $\frac{1}{120}$ ～ $\frac{1}{115}$ mL 之间，假设油膜均匀分布，并且扩散的面积不变($15.4cm^2$)，前 48 滴的等效油膜厚度则可以计算出来，不同厚度油膜的光谱反射率数据如图 4.6 所示。

室内油膜实验中，随着滴入油量的增加，油膜的色泽与厚度产生了相应的变化。能够很好描述薄油膜存在状态与光谱特点的是前 48 次滴定实验观测数据，在此之后的油膜厚度大于 56μm，油膜接近原油的色泽，其光谱曲线逼近原油光谱反射率，不再随油膜厚度的变化而变化。薄油膜的光谱反射曲线随厚度增加表现出以下变化特征：在小于 1150nm 的光谱范围内，薄油膜的整体光谱曲线随油膜厚度的增加而降低；在大于 1150nm 的光谱范围内，油膜的光谱曲线几乎不随薄油膜厚度的变化而变化。具体而言，在 350～400nm 的近紫外波段范围内，薄油膜的光谱曲线波动剧烈；400～1150nm 光谱范围内，反射率随着薄油膜厚度增加而降低，但是浑浊水体背景的光谱特征仍然可以得到体现；1150～2500nm 光谱范围内，1150～1800nm 范围内薄油膜的光谱曲线没有太大变化，而 1800～2500nm 范围内的噪声增加，都高于实验背景。

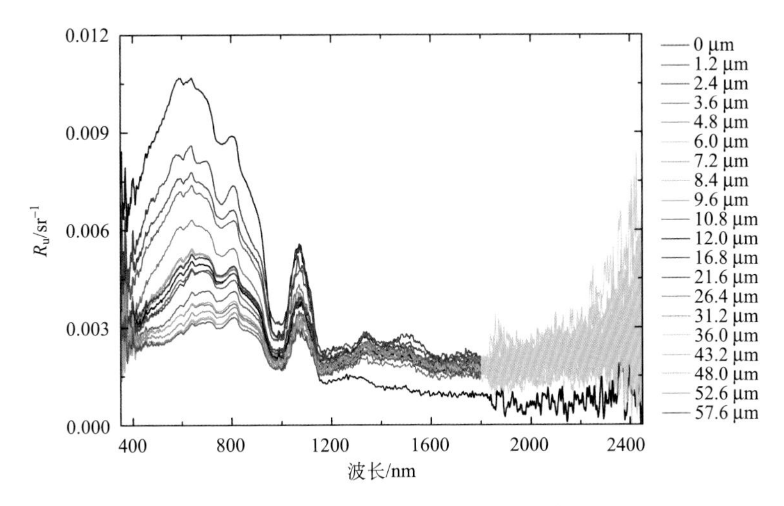

图 4.6　不同厚度油膜的光谱反射率(陆应诚等，2008)

2. 清洁水体背景

Wettle 等(2009)选择了两种油品(吉普斯兰原油和西北陆架轻质凝析油)，在光学暗室中完成了清洁水体背景下，不同厚度油膜的光谱反射率测量，具体实验设计如图 4.7 所示。带有灯碗的卤素灯倾斜照射，其与液面垂直法线的夹角为 30°

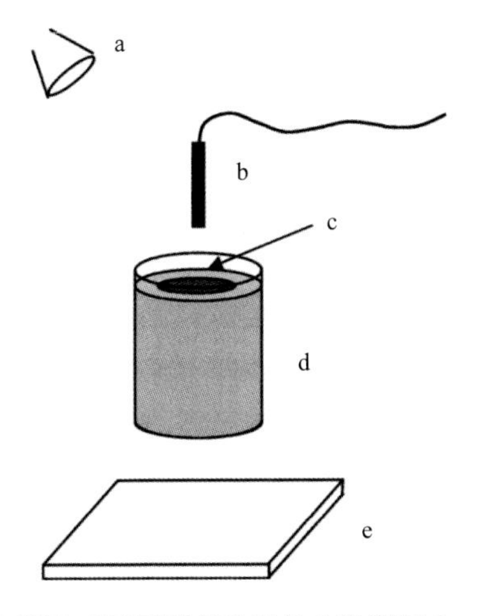

图 4.7　清洁水体背景下不同厚度油膜的光谱测量(Wettle et al.，2009)

a 为卤素灯；b 为 ASD 探头；c 为水面漂浮油膜；d 为透明玻璃烧杯；e 为反射率为 3%的灰板

(图 4.7 中 a)，ASD 地物光谱仪探头(图 4.7 中 b)垂直观测。清水表面漂浮有不同厚度的油膜，油膜厚度可以通过滴入油量和容器的面积计算得出(图 4.7 中 c)；玻璃容器底部放置反射率为 3%的灰板(图 4.7 中 e)。利用该模拟实验，获取了吉普斯兰原油和西北陆架轻质凝析油形成的不同厚度油膜的反射光谱与透过光谱。

不同厚度吉普斯兰原油和西北陆架轻质凝析油的油膜光谱反射率差异显著(图 4.8)：随着吉普斯兰原油油膜厚度的增加(最大油膜厚度为 133μm)，其光谱反射率在蓝绿光波段(470～570nm)显著下降；而西北陆架轻质凝析油油膜光谱反射率并不随油膜厚度的变化而变化，这种差异主要由不同油品对入射光的吸收特征差异造成。通过吉普斯兰原油和西北陆架轻质凝析油的光谱透过率(图 4.9)可知，西北陆架轻质凝析油在可见光范围内具有非常高的透过率(可以认为是透明的)，弱吸收特征使其可见光范围内油膜光谱反射率随厚度变化的趋势不明

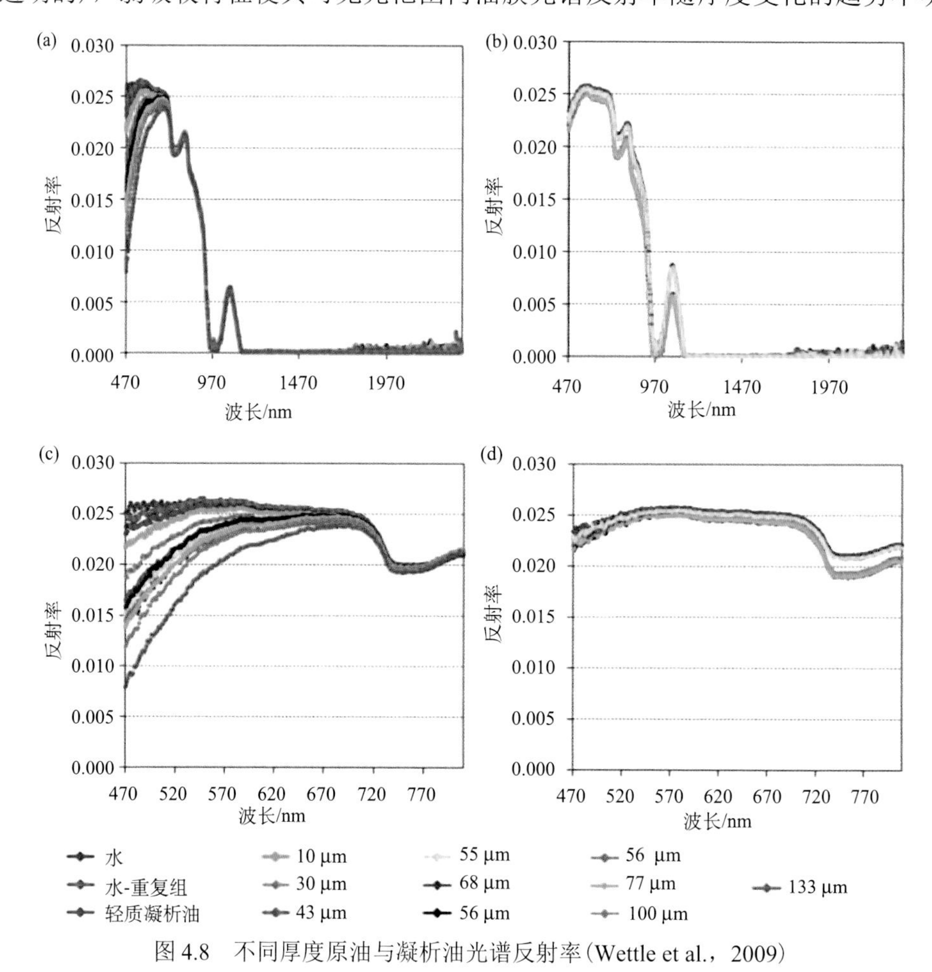

图 4.8　不同厚度原油与凝析油光谱反射率(Wettle et al.，2009)

(a)吉普斯兰原油和(b)西北陆架轻质凝析油的可见光、近红外、短波红外光谱反射率；(c)吉普斯兰原油和(d)西北陆架轻质凝析油的可见光与近红外光谱反射率

显；吉普斯兰原油透过率在可见光范围内较低，对入射光具有强吸收作用，其光谱反射率在可见光范围内会随着油膜厚度的增加而降低。不同油膜光谱反射率随厚度增加而降低，不仅取决于油品的光谱吸收特征，还取决于水体背景反射信号的强弱，即是否有足够的背景散射信号去展现溢油对入射光的吸收随厚度的变化。因此，在浑浊水体背景下(图 4.6)最优的估算波段范围位于黄红光波段；而清水背景下(图 4.8)，油膜厚度光学遥感估算的最优波段在蓝绿光波段(Lu et al.，2013)。

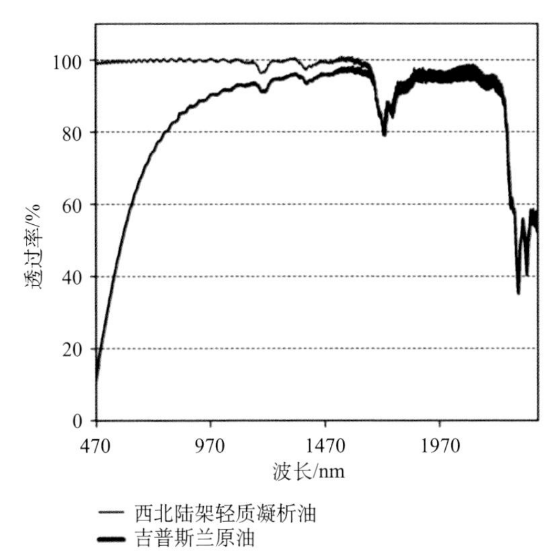

图 4.9　吉普斯兰原油和西北陆架轻质凝析油的光谱透过率(Wettle et al.，2009)

4.3　不同厚度油膜的光学作用过程

海面油膜对入射光具有反射、干涉与吸收作用，如果将平静海水表面均匀分布的漂浮油膜视为一张平行平板，则自上而下垂直分布有空气、油膜和海水三种不同的介质层。三种介质的折射率明显不同，空气折射率为 1.0，海水折射率为 1.33～1.34，不同油品的折射率为 1.38～1.6。入射光从空气进入油膜层后，即从光疏介质进入光密介质；而光线透过油膜层进入海水，则是从光密介质进入光疏介质，此时入射光会在油膜层内会发生明显的折射、反射和吸收过程。油膜可以用多层平板模型来描述，其辐射传输过程可以用光干涉原理来解释，甚薄油膜层(彩虹色亮油膜)主要是多光束干涉作用，而薄油膜层则是双光束干涉与光吸收共同作用的结果。

4.3.1　不同厚度油膜对入射光的光干涉作用

海面入射太阳光是典型的平行光，平静海面上漂浮的不同厚度油膜(甚薄油膜与薄油膜）对入射太阳光具有反射、干涉与吸收等光学作用过程，不同厚度油膜对上述入射光的作用过程中也各有侧重（偏振反射在本章不做讨论，详见第 6 章）。

平静海面上的甚薄油膜，可以视为光滑表面上的一层折射率和厚度都相对均匀的透明介质膜，当光束入射到薄膜上时，将在薄膜内产生多次反射，并且在薄膜的表面上以一系列互相平行的光束射出。如图 4.10 所示，空气折射率为 n_1，甚薄油膜折射率为 n_2，海水折射率为 n_3；入射光矢量强度为 $\boldsymbol{E}_0$，波数 $k=2\pi/\lambda$。甚薄油膜对入射光产生多次反射，第一次反射光的电场强度为 $\boldsymbol{E}_1$，第二次为 $\boldsymbol{E}_2$，多次反射光的电场强度为 $\boldsymbol{E}_n$，则甚薄油膜反射率 R_1 可以写成如下形式：

$$R_1=\frac{|\boldsymbol{E}_1+\boldsymbol{E}_2+\cdots+\boldsymbol{E}_n|^2}{|\boldsymbol{E}_0|^2} \tag{4-2}$$

甚薄油膜目视特征为亮灰色、银色、彩虹色等，这些目视特征正是多次反射在人眼或近景图像中的多光束干涉效应导致的，类似常见的彩色肥皂泡原理。本质上，甚薄油膜对入射光具有多光束干涉作用，也会在光谱反射率上体现出增反效应（图 4.4）。

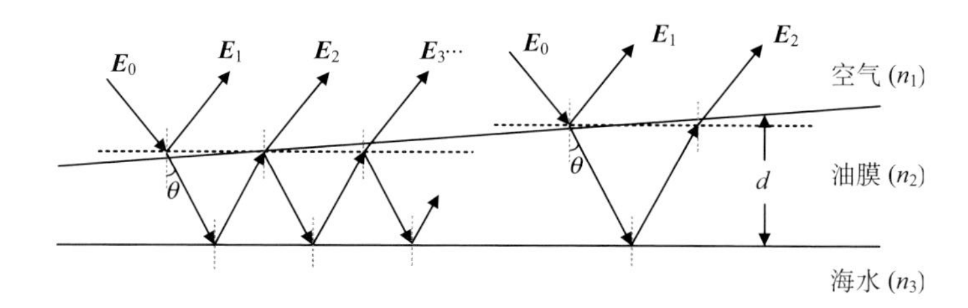

图 4.10　不同厚度油膜对入射光的干涉作用（Lu et al.，2013）

当油膜厚度逐渐增加，从甚薄油膜变成具有一定厚度的油膜时，油膜反射率逐渐低于背景水体，可见光-近红外光谱范围内的反射率也逐渐降低。这是由于随着油膜厚度的增加，油膜对入射光的干涉作用逐渐从多光束干涉变成双光束干涉（图 4.10）；在此过程中原油对入射光的吸收作用不可忽视，厚度越大，光吸收作用越强，据此发展出了基于双光束干涉的海面油膜厚度估算模型。双光束干涉作用下油膜反射率（R_2）的简单形式可以表达为

$$R_2=\frac{|\boldsymbol{E}_1+\boldsymbol{E}_2|^2}{|\boldsymbol{E}_0|^2} \tag{4-3}$$

不同厚度油膜对入射光的双光束干涉效应也可以被激光干涉测量所验证。如图 4.11 所示，当一束激光（激光中心波长 632nm）照射入油膜时，由于油膜厚度差异，在油膜表面会形成干涉条纹。基于双光束干涉效应，可以实现油膜厚度的测

量；在光学遥感中，也正是基于同样的光学原理，构建了不同厚度油膜的光学定量反演模型。

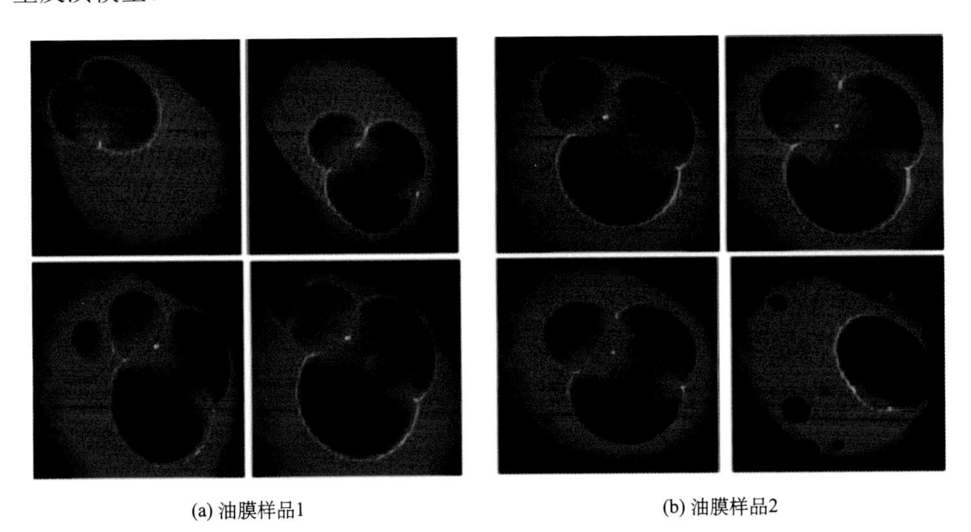

图 4.11　基于光干涉原理的油膜破碎过程观测(Kukhtarev et al.，2011)

采用 Corexit 9500 分散剂对直径约 3cm 的油膜进行处理后，每隔 3s 对油膜变化过程进行拍摄记录(左上至右下)，可以清晰地看到油膜渐渐裂解、破碎、离散的过程，右下角图中显示了油膜破裂后形成的多个小油滴

4.3.2　基于光干涉原理的油膜反射光学模型

入射太阳光从空气层进入油膜层后，再从油膜层进入下一层海水时，由于油膜折射率(1.38～1.6)大于海水折射率(～1.34)，入射光会在油膜层内发生多次折射与反射，从而产生双光束干涉效应。海面油膜可视为均匀的光学平板(图 4.10)，上面第一层是空气层(折射率为 n_1)，中间一层是油膜(折射率为 n_2，油膜厚度为 d)，最下面一层为海水层(折射率为 n_3)，入射光从空气层进入油膜层，不同时间的光之间的相关性较低，相干长度极短，该入射光的平行平板干涉可以简化为双光束干涉(马科斯・玻恩和埃米尔・沃耳夫，2005；赵建林，2002)。

设入射光电场强度为 $\boldsymbol{E}_0$，入射光从空气层射入油膜层时，油膜上表面透射率为 T_{12}，反射率为 R_{12}；油膜层内的透射光射入油膜与海水界面时，即射入油膜层下表面时，反射率为 R_{23}；油膜层内透射光经过油膜下表面反射后从油膜层的上表面再次透射入空气时，透射率为 T_{21}。如图 4.12 所示，入射光在油膜上表面的第一次反射光的电场强度为 $\boldsymbol{E}_1 = R_{12}\boldsymbol{E}_0$；第一次透射入油膜的光的电场强度为 $T_{12}\boldsymbol{E}_0$，油膜层中该透射光经油膜下表面反射后光的电场强度为 $T_{12}R_{23}\boldsymbol{E}_0$；油膜层中透射光经油膜下表面的反射，又经过油膜上表面透射至空气层，其电场强度为

$\boldsymbol{E}_2$，考虑到 $\boldsymbol{E}_1$ 和 $\boldsymbol{E}_2$ 在传播路径上有长度为 Δ 的差别，两束光之间存在相位延迟 $k\Delta$，若光束在油膜层传播过程中的消光系数为 α，从油膜下表面反射回空气的光束在油膜中传播路径长度为 s，则透射光电场强度为 $\boldsymbol{E}_2 = T_{12}R_{23}T_{21}\mathrm{e}^{\mathrm{i}k\Delta-\alpha s}\boldsymbol{E}_0$。平行平板干涉也就是反射光 $\boldsymbol{E}_1$ 与油膜出射光 $\boldsymbol{E}_2$，两者的电场强度叠加后产生双光束干涉。在探测器的焦平面上，$\boldsymbol{E}_1$ 与 $\boldsymbol{E}_2$ 叠加产生干涉，进入遥感系统的电场强度 $\boldsymbol{E} = \boldsymbol{E}_1 + \boldsymbol{E}_2$，则油膜反射率 R 可以通过计算得到，即

$$R=\frac{|\boldsymbol{E}|^2}{|\boldsymbol{E}_0|^2}=\frac{|\boldsymbol{E}_1+\boldsymbol{E}_2|^2}{|\boldsymbol{E}_0|^2}=|R_{12}+T_{12}R_{23}T_{21}\mathrm{e}^{\mathrm{i}k\Delta-\alpha s}|^2 \tag{4-4}$$

其中：

$$\begin{cases}\Delta=2n_2 d\cos\theta \\ s=\dfrac{2d}{\cos\theta}\end{cases} \tag{4-5}$$

式(4-4)可以展开为

$$R={R_{12}}^2+2R_{12}T_{12}R_{23}T_{21}\cos(k\Delta)\mathrm{e}^{-\alpha s}+(T_{12}R_{23}T_{21})^2\mathrm{e}^{-2\alpha s} \tag{4-6}$$

式(4-6)即为基于双光束干涉的油膜厚度遥感定量模型，描述了油膜反射率与油膜厚度、入射光折射角、各界面反射率、透过率等之间的理论关系(陆应诚等，2011；Lu et al.，2013)。

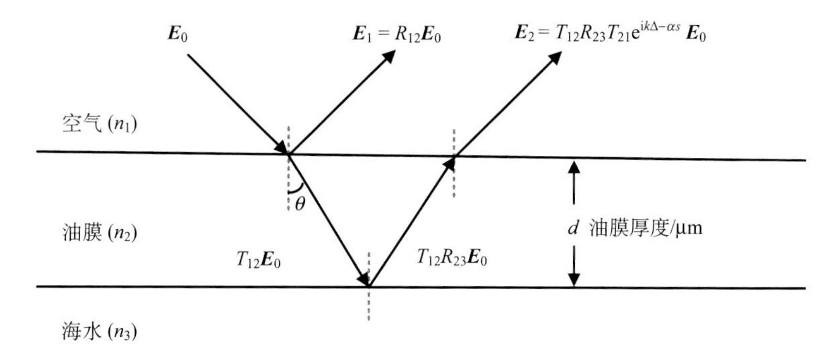

图 4.12　油膜反射光的双光束干涉(陆应诚等，2011；Lu et al.，2012)

4.4　油膜厚度的光学遥感估算建模

4.4.1　基于统计关系的油膜厚度估算

基于室内浑浊水背景模拟实验光谱数据(图 4.6)，统计油膜厚度(换算为等效厚度)及其光谱反射率在 350～2500nm 范围内的相关系数(图 4.13)。可见光-近红

外(400～1150nm)范围内均具有较高的相关性，随油膜厚度增加对入射光吸收不断增强，在 645nm 附近相关系数达到-0.82，1050nm 附近相关系数可以达到-0.87。在近红外到短波红外(1150～2500nm)范围内，油膜反射率与其厚度无明显相关性。

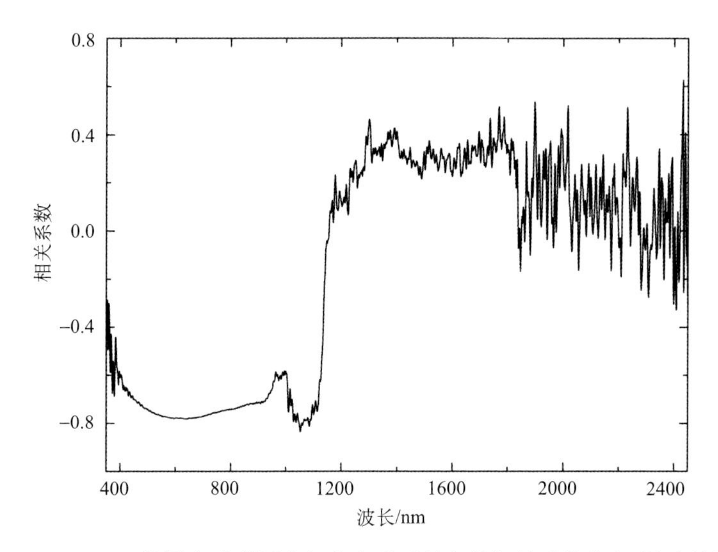

图 4.13　350～2500nm 范围内油膜厚度与其光谱反射率的相关系数分布(陆应诚等，2008)

选取蓝光波段(中心波长 450nm)、绿光波段(中心波长 550nm)、红光波段(中心波长 645nm)和近红外波段(中心波长 1050nm)，给出上述四个波段油膜光谱反射率与油膜厚度变化的统计关系(图 4.14)。四个典型波段的油膜光谱反射率均与油膜厚度呈很强的幂函数关系(横轴为油膜厚度，纵轴为油膜光谱反射率)。典型波段的统计分析表明，以 550nm 为中心的绿光波段与以 645nm 为中心的红光波段具有较好的拟合精度，同时在这两个波段油膜厚度变化造成的光谱差异也更大，反射率变化量均大于 2%，是对油膜光谱响应最佳的两个波段。

4.4.2　基于双光束干涉原理的理论建模

双光束干涉原理能描述不同厚度油膜对入射光的作用过程，该原理已经被油膜厚度激光干涉测量方法所验证。但考虑到双光束干涉原理模型过于复杂，难以直接用于海洋溢油光学遥感反演，所以将双光束干涉模型进一步通过参数化和数值逼近，得出简化形式以适用于遥感光学反演。

1. 光传输模型参数化表达

式(4-6)可以写成如下形式：

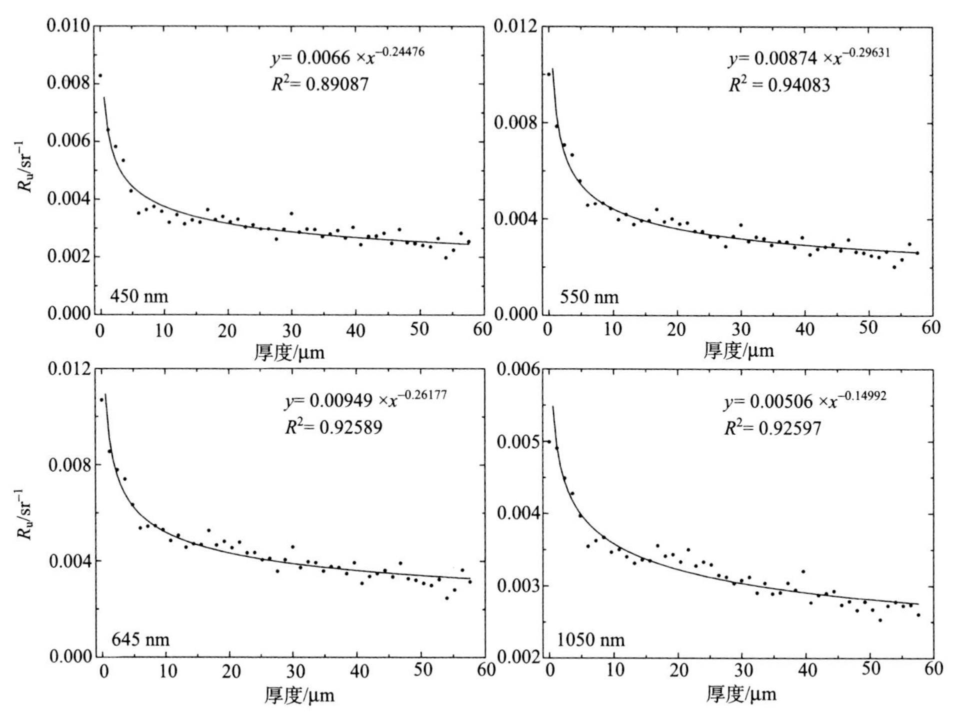

图 4.14　450nm、550nm、645nm 和 1050nm 四个波段反射率对油膜厚度的变化响应与统计分析（陆应诚等，2008）

$$R=A_0+A_1\mathrm{e}^{-A_2 d}\cos\left(A_3 d\right)+A_4\mathrm{e}^{-2A_2 d} \tag{4-7}$$

其中：

$$\begin{cases} A_0={R_{12}}^2 \\ A_1=2R_{12}T_{12}R_{23}T_{21} \\ A_2=\dfrac{\alpha s}{d}=\dfrac{2\alpha}{\cos\theta} \\ A_3=\dfrac{k\Delta}{d} \\ A_4=(T_{12}R_{23}T_{21})^2 \end{cases} \tag{4-8}$$

2. 数值模拟与逼近

基于室内模拟实验数据，选择不同厚度油膜在 400～760nm 范围内的光谱反射率（图 4.15），根据此数据，可以计算出式(4-7)中的三个参数，即 A_0 、$A_1\mathrm{e}^{-A_2 d}\cos\left(A_3 d\right)$ 和 $A_4\mathrm{e}^{-2A_2 d}$ 。

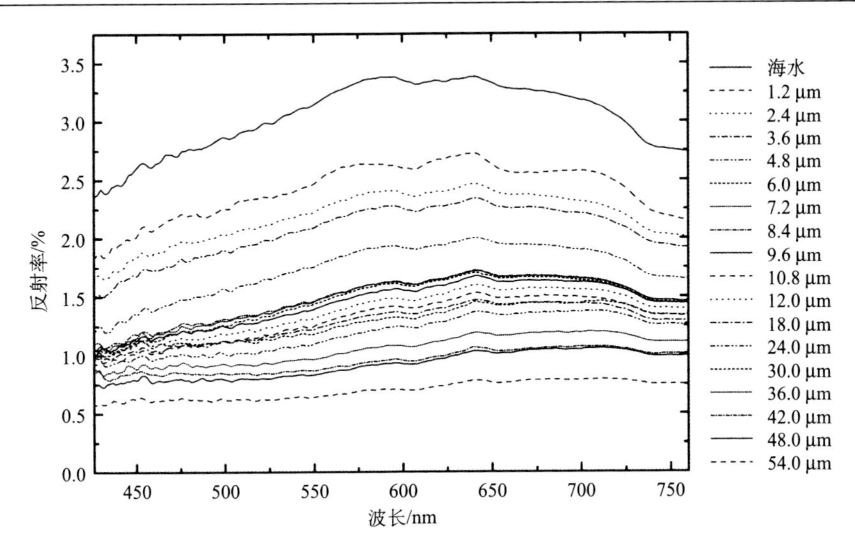

图 4.15　不同厚度油膜在 400～760nm 波段光谱反射率(陆应诚等，2011；Lu et al.，2012)

式(4-7)中的三个参数，A_0 是一个与油膜上表层反射(R_{12})直接相关的固定参数，$A_1\mathrm{e}^{-A_2 d}\cos(A_3 d)$ 和 $A_4\mathrm{e}^{-2A_2 d}$ 则与油膜厚度(d)密切相关。余弦函数 $\cos(A_3 d)$ 在 –1～1 之间变化，因此 $A_1\mathrm{e}^{-A_2 d}\cos(A_3 d)$ 的数值具有震荡性变化特点(图 4.16)。

将上述三个参数的数值变化特征放在一起比较(图 4.17)，不难发现，上述具有震荡性变化特征的 $A_1\mathrm{e}^{-A_2 d}\cos(A_3 d)$ 参数相对较小，可以忽略。式(4-7)可以进一步写成如下形式：

$$R=a_0+a_4^{-2a_2 d} \tag{4-9}$$

其中：

$$\begin{cases} a_0=R_{12}^2 \\ a_2=\dfrac{\alpha s}{d}=\dfrac{2\alpha}{\cos\theta} \\ a_4=(T_{12}R_{23}T_{21})^2 \end{cases} \tag{4-10}$$

将上述公式中油膜厚度(d)分别逼近 0(无油海水，$a_0=R_{\text{water}}$)与无穷大(即光不能透过，$a_0=R_{\text{oil-max}}$)，则可以推导出如下形式：

$$R=R_{\text{oil-max}}+(R_{\text{water}}-R_{\text{oil-max}})\mathrm{e}^{-2\alpha d} \tag{4-11}$$

式中，R 为油膜反射率(无量纲)；R_{water} 为背景水体反射率(无量纲)；$R_{\text{oil-max}}$ 为可测的最厚油膜反射率(无量纲)；α 为该油种的消光系数；d 为油膜厚度(Lu et al.，2011，2012)。该模型归一化的形式在实际应用中还需要考虑介质面太阳耀光能量的剔除(具有较强的方向性反射差异)。

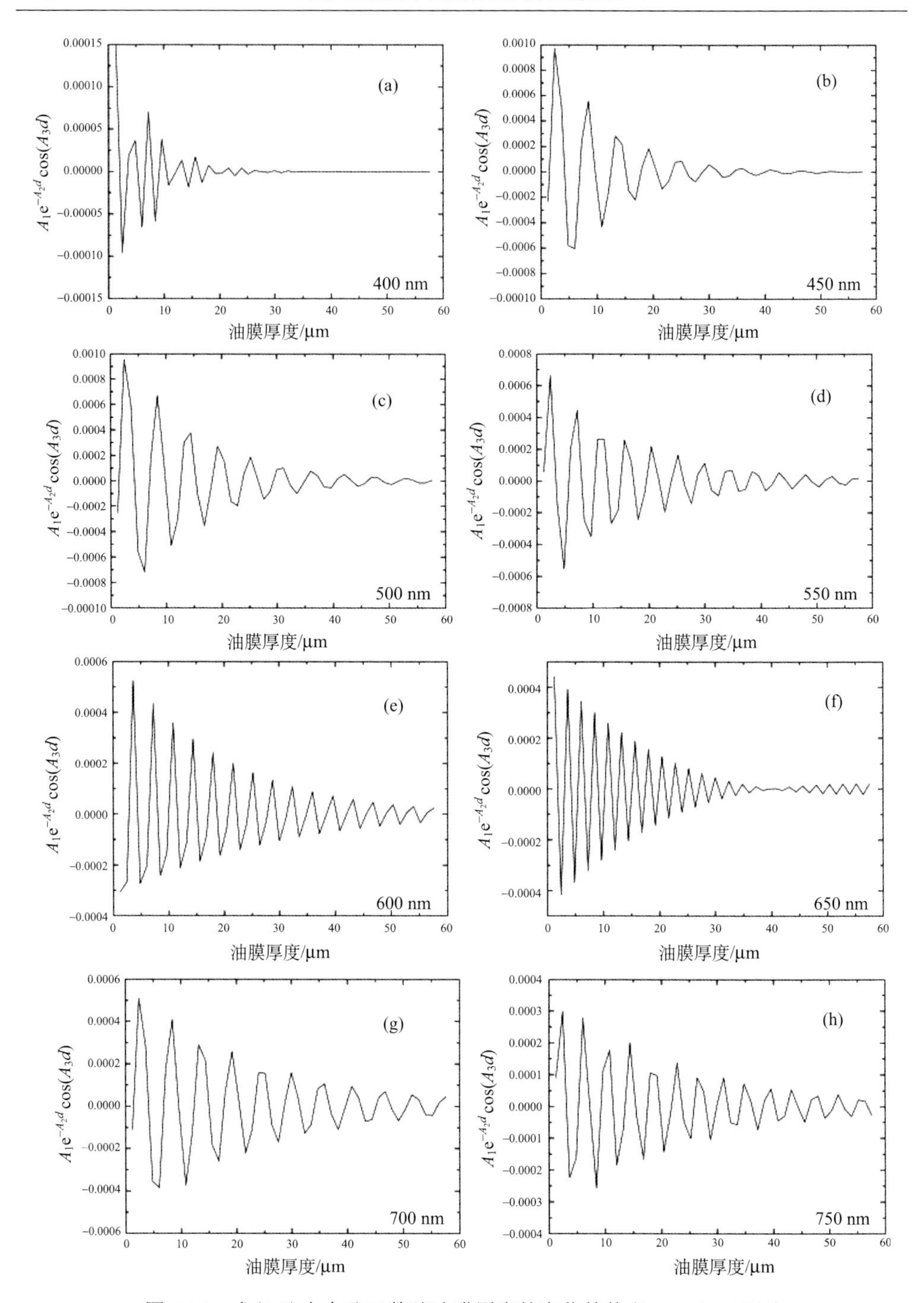

图 4.16　式(4-7)中余弦函数随油膜厚度的变化趋势(Lu et al., 2012)

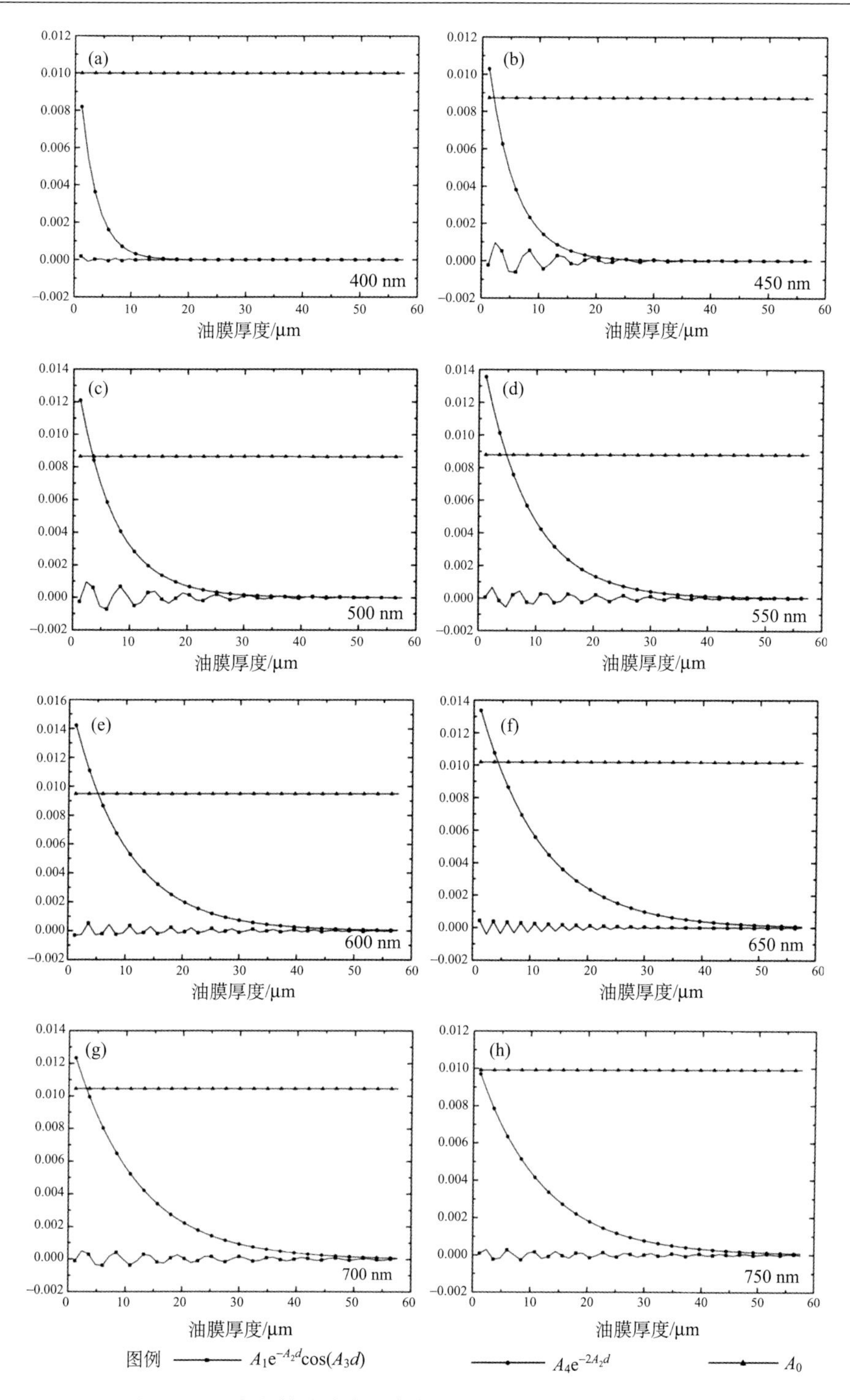

图 4.17　三个参数随油膜厚度变化的变化趋势(Lu et al.，2012)

4.4.3 基于比尔-朗伯定律的油膜厚度估算

基于室内反射率-透过率观测数据（图 4.8 和图 4.9），Wettle 等（2009）根据比尔-朗伯定律，给出了不同厚度油膜的透过率（$T_{oil}=10^{-ad}$）和反射率（$R_{oil}^{d}=T_{oil}^{d}\times R_{DW}$），从而推导出油膜厚度估算方法：

$$R_{oil}^{d}=10^{-ad}\times R_{DW} \tag{4-12}$$

式中，R_{oil}^{d} 为油膜反射率（无量纲）；R_{DW} 为实验水体的反射率（无量纲）；T_{oil} 为不同厚度油膜的透过率；a 为油膜的吸收系数；d 为油膜厚度。基于双光束干涉原理与基于比尔-朗伯定律的油膜厚度估算模型，在理论本质上是近似的，都进一步指向了油膜厚度探测的关键参数——油种的吸收系数或消光系数（消光系数也可被认为是前向散射系数与吸收系数之和）。这些油膜厚度估算机理模型，为光学遥感估算（非乳化）油膜的厚度奠定了理论基础，但还需要开展更深入的遥感应用研究与验证。

参 考 文 献

马科斯 • 玻恩, 埃米尔 • 沃耳夫. 2005. 光学原理. 7 版[M]. 杨葭荪, 等译. 北京: 电子工业出版社.

陆应诚, 田庆久, 李想. 2011. 基于浮油膜双光束干涉模型的油膜厚度遥感反演理论[J]. 中国科学: 地球科学, 41(4): 541-548.

陆应诚, 田庆久, 齐小平, 等. 2009. 海面甚薄油膜光谱响应研究与分析[J]. 光谱学与光谱分析, 29(4): 986-989.

陆应诚, 田庆久, 王晶晶, 等. 2008. 海面油膜光谱响应实验研究[J]. 科学通报, 53(9): 1085-1088.

赵建林. 2002. 高等光学[M]. 北京: 国防工业出版社: 35-40.

Hu C, Li X, Pichel W G, et al. 2009. Detection of natural oil slicks in the NW Gulf of Mexico using MODIS imagery[J]. Geophysical Research Letters, 36(1): L01604.

Kukhtarev N, Kukhtareva T, Gallegos S C. 2011. Holographic interferometry of oil films and droplets in water with a single-beam mirror-type scheme[J]. Applied Optics, 50(7): B53-B57.

Leifer I, Lehr W J, Simecek-Beatty D, et al. 2012. State of the art satellite and airborne marine oil spill remote sensing: Application to the BP Deepwater Horizon oil spill[J]. Remote Sensing of Environment, 124(9): 185-209.

Lu Y, Li X, Tian Q, et al. 2012. An optical remote sensing model for estimating oil slick thickness based on two-beam interference theory[J]. Optics Express, 20(22): 24496-24504.

Lu Y, Tian Q, Li X. 2011. The remote sensing inversion theory of offshore oil slick thickness based on a two-beam interference model[J]. Science China Earth Sciences, 54(5): 678-685.

Lu Y, Tian Q, Qi X, et al. 2009a. Spectral response analysis of offshore thin oil slicks[J].

Spectroscopy and Spectral Analysis, 29(4): 986-989.

Lu Y, Tian Q, Song P, et al. 2009b. Study on extraction methods of offshore oil slick by hyperspectral remote sensing[J]. Journal of Remote Sensing, 13(4): 686-690.

Lu Y, Tian Q, Wang X, et al. 2013. Determining oil slick thickness using hyperspectral remote sensing in the Bohai Sea of China[J]. International Journal of Digital Earth, 6(1): 1-18.

Wettle M, Brando V E, Dekker A G. 2004. A methodology for retrieval of environmental noise equivalent spectra applied to four Hyperion scenes of the same tropical coral reef[J]. Remote Sensing of Environment, 93(1-2): 188-197.

Wettle M, Daniel P J, Logan G A, et al. 2009. Assessing the effect of hydrocarbon oil type and thickness on a remote sensing signal: A sensitivity study based on the optical properties of two different oil types and the HYMAP and Quickbird sensors[J]. Remote Sensing of Environment, 113(9): 2000-2010.

第5章　溢油乳化物的光谱特征与响应机理

溢油乳化物是海洋溢油风化过程中的典型类型，也是危害较大的一种溢油污染类型，是海洋溢油遥感监测关注的重点。光学遥感技术对海洋溢油乳化物具有独特的技术应用优势，能识别不同溢油乳化物类型并估算溢油乳化物浓度。本章介绍不同海洋溢油乳化物的类型分异，详细阐述其实验制备、光谱实验观测和固有光学属性测量，以厘清溢油乳化物的光谱响应特征与响应原理，为海洋溢油污染的多源光学遥感监测应用提供参考。

5.1　海洋溢油乳化物的类型与差异

溢油进入海洋后，在风、浪、流等海洋环境动力作用下，会发生一系列的风化迁移过程(扩散、漂移、乳化、蒸发、溶解、吸附沉淀等)，其数量、组成、理化性质等方面不断地发生变化。在现场目视监测中，除了不同厚度的油膜，还存在慕斯状、褐色、橘黄色、条纹状等颜色与形态特征的溢油乳化物(图5.1)。其对入射光具有不同的吸收、散射、折射特征，因此可以基于其光学遥感特征分异来归纳总结。

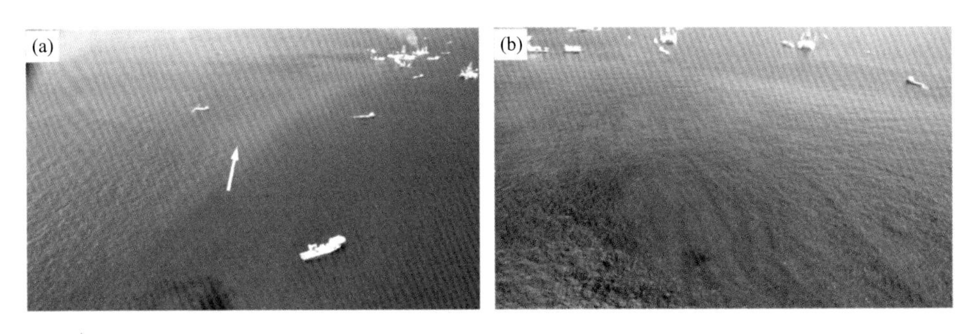

图5.1　2010年美国墨西哥湾BP溢油形成的不同类型乳化物照片(Leifer，2010)

(a)水包油状乳化物；(b)油包水状乳化物

原油与海水是两种完全不同的介质。在海洋环境动力作用下，当海水以小液滴的形式分散存在于连续的原油中，会形成油包水状溢油乳化物(WO)；如连续的海水中存在分散的原油小液滴，则为水包油状溢油乳化物(OW)。油包水状溢油乳化物是一种黏稠的溢油污染类型，对海洋环境、海洋动物等影响最大；而水包油状溢油乳化物是一种分散于水体中的小油滴，会在海洋环境中逐渐消散。除了自然分散外，在溢油事故发生后的应急处理中，喷洒分散剂也是要将油包水状乳化物、厚油膜等分散成小油块或水包油状乳化物。水包油状乳化物会存在于海表一定厚度的水体中，而油包水状乳化物常常会漂浮在海洋表层，如图 5.2 所示。

图 5.2　油包水状乳化物现场照片(Clark et al.，2010)

除了上述类型的不同，溢油乳化物还具有一定的体积浓度差异；也可用“油水混合比”来表述(Clark et al.，2010；Leifer et al.，2012)，但此定义在遥感图像分析层面会引起歧义(易和混合像元相关研究混淆)，因此本书将统一使用“体积浓度”定义，即油的体积占溢油乳化物总体积的比例，简称浓度(Lu et al.，2019，2020)。稳定的油包水状溢油乳化物具有棕色、橘黄色或黄色等不同颜色，其状态也被称为“巧克力冻”或“慕斯状”(Palmer et al.，1994；Salem，2003)，不仅难以自然消解，更难以清除和回收。稳定的油包水状溢油乳化物一旦形成，表面活性剂和溢油回收设备也难以有效地发挥作用，使灾害应急处理的效率降低、成本增大，对环境危害尤其显著，需要对其快速并准确地监测并识别(Zhong and You，2011)。利用光学遥感技术识别油包水状、水包油状溢油乳化物，估算其体积浓度，具有重要的应用价值。

针对海洋溢油乳化物的光学遥感机理研究，较有代表性的工作为美国地质调查局(United States Geological Survey，USGS)和南京大学分别开展的。美国地质调查局开展了一系列的溢油污染模拟实验，并在墨西哥湾溢油区域进行飞行观测，获取了大量的机载高光谱（AVIRIS）观测数据，取得了一系列的研究成果。虽然上述工作取得了重要的进展，但美国地质调查局在海洋溢油乳化物实验模拟、光谱分析、定量估算中仍存在明显的不足：不能准确制备不同状态的溢油乳化物，无法厘清油包水状和水包油状乳化物的光谱响应特征差异，给机载高光谱数据的识别分类与定量估算带来较多的不确定因素。南京大学在长期的海洋溢油光学遥感研究中，精确地制备了不同状态与浓度的溢油乳化物，从而阐明了其光谱响应特征与差异。相关研究还促进了 AVIRIS 图像用于海洋溢油的定量分析，也促进了多源卫星光学遥感数据中对海洋溢油的理解与后续定量工作。本章将基于南京大学的系列研究工作，进行详细的介绍。

5.2 溢油乳化物的高光谱观测实验

由于海洋溢油高异质性特征及受耀光反射影响，难以直接从光学遥感资料中解析出样品级光谱特征，因此需要从模拟实验出发，完成不同类型乳化油的样品级光谱测量与分析。不同类型、不同浓度乳化油制备及其光谱测量主要由如下几个方面的工作构成。

5.2.1 设备与材料

开展溢油乳化物高光谱模拟实验，需要制备不同类型、不同浓度梯度的实验样品，并进行室内高光谱观测实验。所需的实验设备及材料情况如下。

1. *原油样品*

原油是一种黑褐色、带有刺激性气味的黏稠状液体，性质因产地而异，黏度范围宽，凝固点差别大，不溶于水，但可与水混合形成乳状液。图 5.3 是常见的几种原油（仪扬油、G1 油、卡斯油）及润滑油的目视特征，实验中选用黏度适中的仪扬原油（产自江苏油田）制备油水乳化物样品。

2. *高速分散机*

乳化过程是指海面原油与海水在风、浪、流等环境动力的作用下不断混合，最终形成油包水状（WO）或水包油状（OW）乳化物的过程（Lu et al.，2019）。为了实现海洋溢油乳化物的实验室制备，尝试使用搅拌器、振荡摇床、超声波设备、高速分散机等设备来模拟溢油乳化物形成过程中受到的各种外力作用，最终选取 FS-1100D 型高速剪切机来实现实验室中的溢油乳化过程。该剪切机转速调整范围为 100～10000r/min，并装配直径 60mm 的分散盘，分散盘会在高速运动中形成剪切力，以便油水液体达到迅速混合并乳化的状态(图 5.4)。

图 5.3　原油样品(石静，2019)

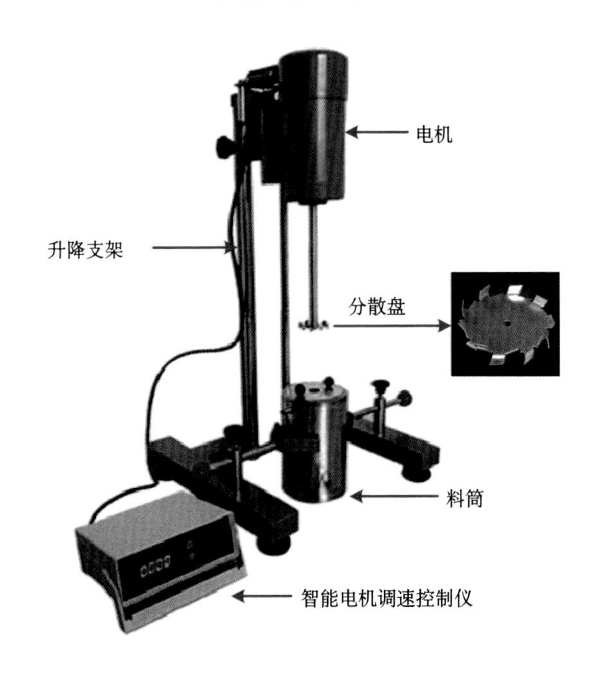

图 5.4　高速剪切机(石静，2019)

3. 乳化剂

因表面张力的差异，油与水互不相溶。为了改变各成分之间的表面张力，实验过程中加入微量的乳化剂，使原油与水能够形成均匀稳定的分散体系。乳化剂的使用不仅能够提高乳化物的稳定性，还能决定乳化物的类型(水包油状或油包水状)。如果乳化剂分子的亲水基比亲油基大，则表现为亲水性，易形成水包油状乳化物；反之，如果乳化剂分子的亲油基比亲水基大，则表现为亲油性，易形成油包水状乳化物。一般用“亲水亲油平衡值”(hydrophilic lipophilic balance，HLB)来指示乳化剂的乳化能力。HLB值越大，则亲水作用越强，可形成稳定的水包油状乳化物；相反，HLB越小，亲油作用越强，则会形成稳定的油包水状乳化物。制备溢油乳化物样品时，采用Tween-80和Span-80两种乳化剂(图5.5)，Tween-80为淡黄色至橙色的黏稠液体，是一种亲水性的乳化剂，HLB值为15.0；Span-80为黄色油状液体，是一种亲油性的表面活性剂，HLB值为4.3。

Tween-80

Span-80

图5.5　乳化剂样品照片(石静，2019)

4. 光学暗室

溢油乳化物高光谱观测室内实验在南京大学国际地球系统科学研究所光谱实验室进行(图5.6)。为避免外部光源对实验环境的干扰，该实验室密闭不透光；实验室四壁及天花板装有黑色绒布，地面铺设黑色地垫，具备较强的散射光吸收能力，减少了房间内部散射光对光谱测量实验的干扰。

5.2.2　实验室制备

海洋溢油乳化物不仅有类型的差异，还具有一定的体积浓度差异，即油的体积占油水乳化物总体积的比例(Lu et al.，2019)。实验室制备溢油乳化物的难点在于如何保证乳化体的稳定性，从而不影响其光谱测量的准确性。多次实验表明，油包水状、水包油状乳化物在稳定状态下的HLB值分别为6.0和14.0，可通过Tween-80与Span-80两种乳化剂的混合来获得。其中，两种乳化剂混合后的HLB值计算公式如下：

图 5.6　实验用光学暗室

$$HLB_{AB}=(HLB_A\times W_A+HLB_B\times W_B)/(W_A+W_B) \tag{5-1}$$

式中，W_A 和 W_B 分别表示乳化剂 A 和 B 的量；HLB_A 和 HLB_B 分别为 A 和 B 的 HLB 值；HLB_{AB} 为混合后乳化剂的 HLB 值。

以 200mL 油包水状乳化物、1000mL 水包油状乳化物样品为例，其制备步骤分别如下。

1. 油包水状乳化物

(1) 向盛有清水的玻璃烧杯中加入 0.96g Tween-80 乳化剂，用玻璃棒搅拌均匀；

(2) 将盛有仪扬原油的广口瓶（容量为 2.5L）置于高速分散机下搅拌(600r/min)，同时缓慢加入 5.04g Span-80 乳化剂；

(3) 用滴管向广口瓶中加入步骤(1)制备的水样，保持转速为 600r/min；

(4) 待两者混合均匀后，将转速调为 6000r/min，持续 30min 后，即形成稳定的油包水状乳化物[图 5.7(a)]。调整油水比例，重复上述步骤，制备出不同体积浓度的油包水状乳化物样品[图 5.7(b)]。如图 5.7(c)所示，将稳定的乳化液置于玻片之间，分散于原油中的小水滴再次聚集后可见。

2. 水包油状乳化物

(1) 向盛有清水的玻璃烧杯中加入 18.13g Tween-80 乳化剂，用玻璃棒搅拌均匀；

(2) 将 1.87g Span-80 乳化剂加入到盛有油样的玻璃烧杯中，用玻璃棒搅拌均匀；

(3) 将步骤 (1) 中制备的水样倒入广口瓶中，置于高速分散机下搅拌(600r/min)，并缓慢加入(2)中制备的油样[图 5.8(a)]；

图 5.7　油包水状乳化物样品制备(Lu et al.，2019；石静，2019)

(a)稳定的油包水状乳化物样品，呈棕色黏稠状，体积浓度为 50%；(b)不同体积浓度的油包水状乳化物样品；(c)油包水状乳化物液滴置于玻片间，内部分散的小水滴会聚集可见

(4)待两者混合均匀后，将转速调为 6000r/min，持续 15～20min 后，可形成稳定的水包油状乳化物；

(5)加入清水以制备体积浓度小于 3%的水包油状乳化物，此时高速分散机转速为 3000r/min，搅拌均匀即可[图 5.8(b)]。如图 5.8(c)所示，将稳定的水包油状乳化物滴在白纸上，由于纸对油和水的吸收能力不同，当水扩散后，可见小油滴被包裹在水中，且随体积浓度的增大，其中的油含量逐渐增加。表明上述步骤可以成功制备不同浓度的水包油状乳化物。

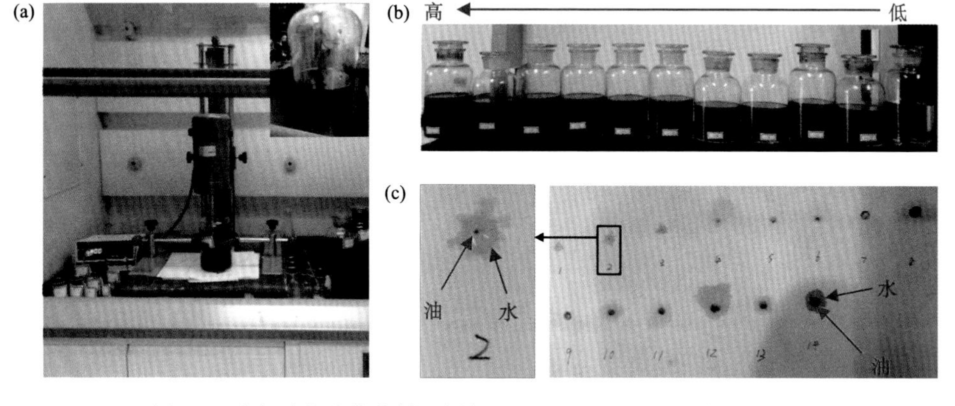

图 5.8　水包油状乳化物样品制备(Lu et al.，2019；石静，2019)

(a)高速剪切机及通风橱，插图为黑色仪扬原油；(b)无油水体及稳定的水包油状乳化物样品，体积浓度范围为 0.025%～3%；(c)水包油状乳化物液滴置于白纸上，其中 1 号代表无油清水，因为纸张对油和水的吸附能力差异，水体会在油滴周围扩散。随着数字增大，浓度逐渐增加

采用上述步骤，制备两组油水乳化物样品。一组样品用于统计分析和建模，包括 10 个稳定的油包水状乳化物样品，体积浓度为 45%～95%；11 个稳定的水包油状乳化物样品，体积浓度为 0.025%～3%。另一组样品用于验证，包括 10 个稳定的油包水状乳化物样品，体积浓度为 45%～95%；8 个稳定的水包油状乳化物样品，体积浓度为 0.025%～1.2%。另备两个原油样品，两个无油水体样品，共 43 个样品用于后续的光谱测量实验，制备明细见表 5.1。

表 5.1　不同类型与浓度的油水乳化物样品制备明细(Lu et al., 2019；石静, 2019)

序号	油/mL	水/mL	HLB	Span-80/g	Tween-80/g	体积浓度/%	类型	重复组
1	200	0	0	0	0	100	原油	√
2	190	10	6.0	5.04	0.96	95	WO	√
3	180	20	6.0	5.04	0.96	90		√
4	170	30	6.0	5.04	0.96	85		√
5	160	40	6.0	5.04	0.96	80		√
6	150	50	6.0	5.04	0.96	75		√
7	140	60	6.0	5.04	0.96	70		√
8	130	70	6.0	5.04	0.96	65		√
9	120	80	6.0	5.04	0.96	60		√
10	100	100	6.0	5.04	0.96	50		√
11	90	110	6.0	5.04	0.96	45		√
12	30	970	14.0	1.87	18.13	3	OW	
13	18	982	14.0	1.87	18.13	1.8		
14	15	985	14.0	1.87	18.13	1.5		
15	12	988	14.0	1.87	18.13	1.2		√
16	9	991	14.0	1.87	18.13	0.9		√
17	6	994	14.0	1.87	18.13	0.6		√
18	3	997	14.0	1.87	18.13	0.3		√
19	2	998	14.0	1.87	18.13	0.2		√
20	1	999	14.0	1.87	18.13	0.1		√
21	0.5	999.5	14.0	1.87	18.13	0.05		√
22	0.25	999.75	14.0	1.87	18.13	0.025		√
23	0	1000	0	0	0	0	水	√

5.2.3　光谱反射率测量

1. 反射光谱数据获取

溢油乳化物反射光谱实验要获取如下几种类型的反射光谱：①不同浓度油包

水状乳化物的反射光谱；②不同浓度水包油状乳化物的反射光谱；③漂浮于水面的不同厚度的油包水状乳化物光谱。面临的最大困难在于无法模拟真实的海洋环境背景，且难以同时制备大批量的样品(每一个样品的制备都需要若干小时，且保持稳定状态的时间有限)；但考虑到乳化油的强反射、低透过等光学特征，可以利用小容量的黑色容器进行反射光谱测量，具体实验观测设计如下：用黑色胶带包裹两种不同规格的烧杯(500mL 的烧杯用于放置不同浓度的水包油状乳化物样品和不同厚度的油包水状乳化物样品[图 5.9(a)和(c)]，200mL 的烧杯用于放置不同浓度的油包水状乳化物样品[图 5.9(b)])。溢油乳化物低透过率特性会减少杯壁和杯底对目标信号的干扰。使用 ASD 地物光谱仪(FieldSpec-FR)进行光谱测量，其光谱范围为 350～2500nm，光谱分辨率为 3nm(350～1050nm)和 10nm(1000～2500nm)，光谱仪视场为 25°，以 1000W 的溴钨灯为光源，探测器头部垂直对准样品中心[图 5.9(a)和(d)]，探测面积小于容器杯口面积，光谱测量环境与仪器设置均符合光谱测量要求。具体操作步骤如下：

(1)预热溴钨灯 15min 左右，使光源输出达到稳定状态；

(2)初始化 ASD 地物光谱仪，测量暗电流及白板(100%)反射；

(3)将各样品置于实验台上，调整位置，使探测器对准样品表面中心，测量各样品的光谱辐射亮度[图 5.9(e)]，每个测量重复 5 次，共获得 215 条光谱数据。

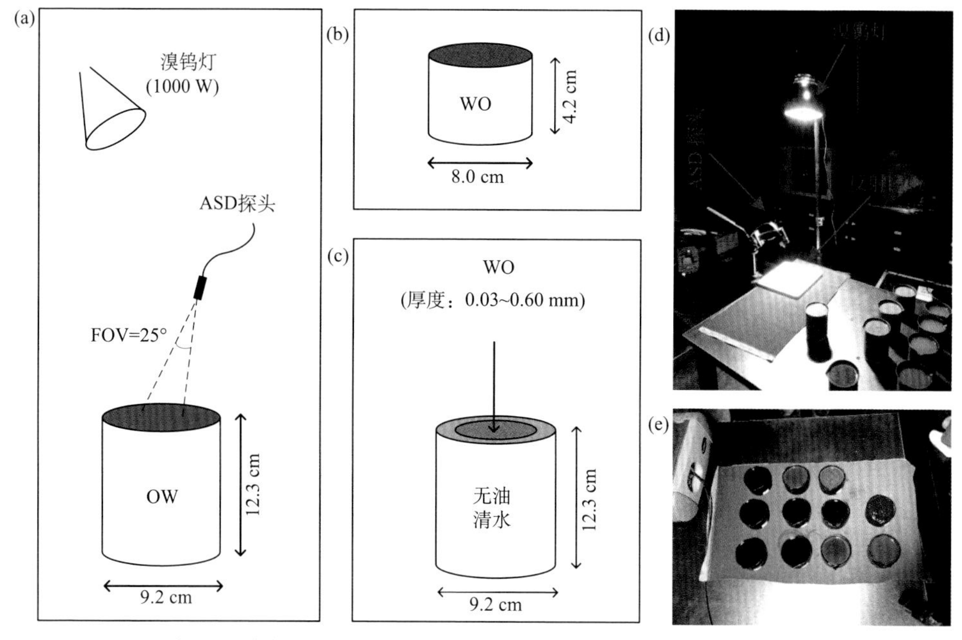

图 5.9　油水乳化物室内光谱测量(Lu et al.，2019；石静，2019)

(a)水包油状乳化物样品规格及光谱测量装置示意图；(b)油包水状乳化物样品规格；(c)不同厚度油包水状乳化物样品规格；(d)室内光谱测量装置照片；(e)不同类型油水乳化物样品照片

2. 数据预处理

将 ASD 光谱仪获取的原始数据进行数据格式转换与处理，并将各样品测量得到的 5 条光谱曲线取平均值并做 9 点平滑处理，降低噪声的干扰。最后利用式(5-2)计算得到样品的光谱反射率 R_u：

$$R_u = L_{sample} / (L_{board} \times \pi)(sr^{-1}) \tag{5-2}$$

式中，L_{board}、L_{sample} 分别为白板及样品的光谱辐射亮度，光谱详见 5.4 节。

5.3　溢油乳化物固有光学特性测量与分析

5.3.1　测量原理

介质(如水体、不同类型的溢油等)的光学特性可分为固有光学特性(inherent optical properties，IOP)和表观光学特性(apparent optical properties，AOP)两种类型。固有光学特性是与自然光场环境无关，只依赖介质本身的一种特性，如吸收系数、折射率、体散射函数等；表观光学特性不仅与介质本身有关，还依赖于外部光场的几何环境。测量不同乳化油的吸收系数不仅可以了解其固有光学特性，还能为未来模拟水体背景条件下不同溢油乳化物的辐射特性提供参考。

吸收系数是一种常用的固有光学参数，定义为单位距离上的吸收率。在不考虑非弹性散射行为的前提下，当一束辐射功率为 Φ_i 的入射光穿过光程为 R 的介质面时，一部分光子被介质内的粒子吸收，记为 Φ_a；另一部分光子散射到其他方向，记为 Φ_b；剩下的光子沿着原来的路径继续传播，记为 Φ_t；如图 5.10 所示，则 $\Phi_i=\Phi_a+\Phi_b+\Phi_t$；吸收率 $A=\Phi_a/\Phi_i$，散射率 $B=\Phi_b/\Phi_i$，透过率 $T=\Phi_t/\Phi_i$，即 $A+B+T=1$。

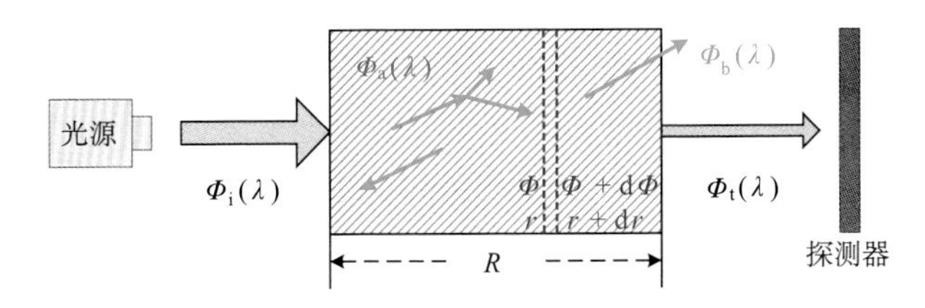

图 5.10　乳化油吸收系数测量原理(温颜沙，2019)

假设一束光穿过某一介质时的散射作用可以忽略，只考虑光吸收作用，则在单位距离 dr 上损失的辐射功率 $d\Phi$ 可忽略。如图 5.10 红色部分所示，则吸收系数可以表示为

$$a=\frac{\mathrm{d}A}{\mathrm{d}r}=\frac{-\frac{\mathrm{d}\Phi}{\Phi}}{\mathrm{d}r} \tag{5-3}$$

公式两端同时对距离 r 进行积分，可得

$$\int_0^R a\mathrm{d}r=aR=-\int_{\Phi(r=0)}^{\Phi(r=R)}\frac{\mathrm{d}\Phi}{\Phi}=-\ln\frac{\Phi_\mathrm{t}}{\Phi_\mathrm{i}} \tag{5-4}$$

$$a=-\frac{1}{R}\ln\left(\frac{\Phi_\mathrm{t}}{\Phi_\mathrm{i}}\right) \tag{5-5}$$

实际情况中散射作用是存在的，探测器能够探测到所有散射和透过的总能量，则考虑散射情况的吸收系数为

$$a=-\frac{1}{R}\ln\left(\frac{\Phi_\mathrm{t}+\Phi_\mathrm{b}}{\Phi_\mathrm{i}}\right) \tag{5-6}$$

常与吸收系数和吸收率混淆的一个概念是吸光率 D，其定义为

$$D=\lg\frac{\Phi_\mathrm{i}}{\Phi_\mathrm{t}+\Phi_\mathrm{b}}=-\lg(1-A) \tag{5-7}$$

D 是分光光度计的实际测量值(Kirk，1983)，采用分光光度计测量吸收系数时，需要进行数值转换，具体转换公式与测量方式有关。常用的吸收系数测量方法，如滤板方法，即在测量前用滤板过滤水样，对样本进行浓缩后再进行观测，这种方法是海水吸收系数测量的标准方法。在实验室内测量悬浮液中粒子的吸收系数时，一般采用分光光度计方法，这种方法有较好的精度(Mobley，2009)。本书选用的测量方法，是将溢油乳化物制成玻片样本，再用分光光度计进行观测，计算后获得不同类型、不同浓度溢油乳化物的吸收系数(Lu et al.，2019)。

5.3.2　吸收系数测量

吸收系数测量的关键是获得直射透过和散射辐射总能量，计算其与入射辐射的比值[$(\Phi_\mathrm{t}+\Phi_\mathrm{b})/\Phi_\mathrm{i}$]。利用分光光度计测量时，$\Phi_\mathrm{i}$ 即为光源发出的总能量，$(\Phi_\mathrm{t}+\Phi_\mathrm{b})$ 可通过两种方式获得。一种是将待测样品置于比色皿中，并固定在积分球内部。光线穿过待测样品后，积分球内均匀分布着直射透过和散射辐射的总能量 $(\Phi_\mathrm{t}+\Phi_\mathrm{b})$ (Nelson and Prézelin，1993；Röttgers et al.，2007；Tao et al.，2013)。这种方法操作简单，对同一个样品只需观测一次；但是考虑溢油乳化物对入射光的吸收特性与高污染特性，这种方法对积分球具有损害，且光线难以穿透装有原油和高浓度乳化油的比色皿。第二种观测方式是将待测样品制成玻片样本，先将样本紧靠积分球左侧放置，获取样本的直射透过和前向散射的总能量 $(\Phi_\mathrm{t}+\Phi_\mathrm{bf})$，如图 5.11(a)所示；再将样本紧贴积分球右侧放置，获取样本的后向散射辐射 (Φ_bb)，

如图 5.11(b)所示；最后对两次观测值进行计算，就可获得吸收系数。这种方法需对同一个样本进行前后两次观测，才能得到其吸收系数，但能够避免原油对积分球内部的影响。此外，需要注意的是，实验所使用的为 0.2mm 光程的石英比色皿，可以保证光线穿透原油和高浓度溢油乳化物。

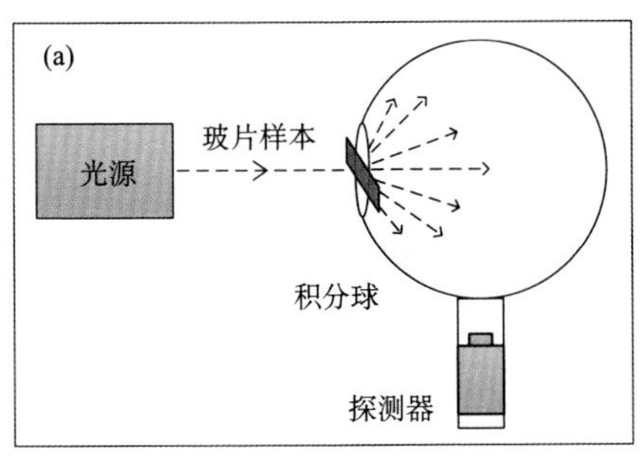

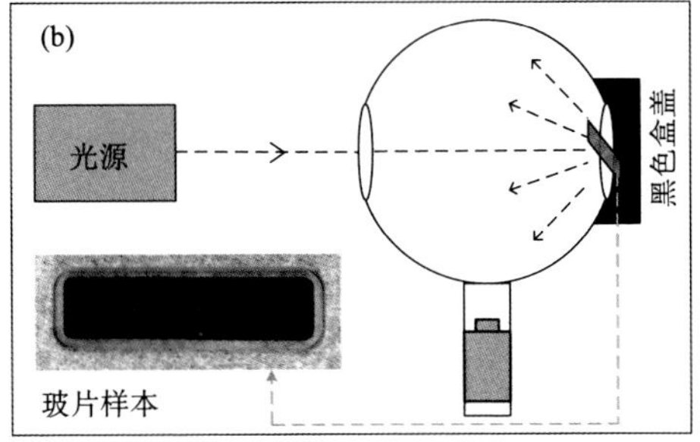

图 5.11　吸收系数观测示意图(温颜沙，2019)

待测样本均被制成玻片样本[图 5.11(b)]，共准备了 26 组样本，每组相同浓度的样本各 3 个，统计后给出平均吸收系数，以保证测量结果的稳定性。玻片前置时，仪器观测模式设为吸收系数模式，测量值为

$$D=-\lg\left(\frac{\Phi_{\mathrm{t}}+\Phi_{\mathrm{bf}}}{\Phi_{\mathrm{i}}}\right) \tag{5-8}$$

玻片后置时，仪器观测模式切换为反射率模式，测量值为

$$\mathrm{Ref}=\frac{\Phi_{\mathrm{bb}}}{\Phi_{\mathrm{i}}} \tag{5-9}$$

根据两次观测结果即可获得吸收系数 a 为

$$a=-\frac{1}{R}\ln\left(\frac{\Phi_{\mathrm{t}}+\Phi_{\mathrm{bf}}+\Phi_{\mathrm{bb}}}{\Phi_{\mathrm{i}}}\right)=-\frac{1}{R}\ln(10^{-D}+\mathrm{Ref}) \tag{5-10}$$

每次切换观测模式后，均需要先对仪器进行校零，然后再进行观测。测量完成后，针对数据中存在的异常值、噪声等问题进行预处理，得到不同溢油类型的吸收系数如图 5.12 与图 5.13 所示。

5.3.3　光吸收特征分析

不同溢油乳化物吸收系数测量实验也测量了一个蒸馏水样本，并将其与已经发表的纯水吸收系数进行比对。用于纯水吸收系数比对的数据来源于两部分：①国际海洋水色组织(International Ocean-Colour Coordinating Group，IOCCG)于 2018 年 11 月发布的固有参数测量协议，公布了 180～1230nm 纯水的吸收系数

(IOCCG Protocol Series，2018)；②Deng 等(2012)观测的 900～2400nm 纯水吸收系数。实验测量数据和验证数据的对比结果如图 5.12 所示，两者在数值上虽有一定差异，但随波长变化的整体趋势相同，本书主要探讨乳化油吸收系数的相对变化规律，因此可以忽略相对误差(Lu et al.，2019；温颜沙，2019)。

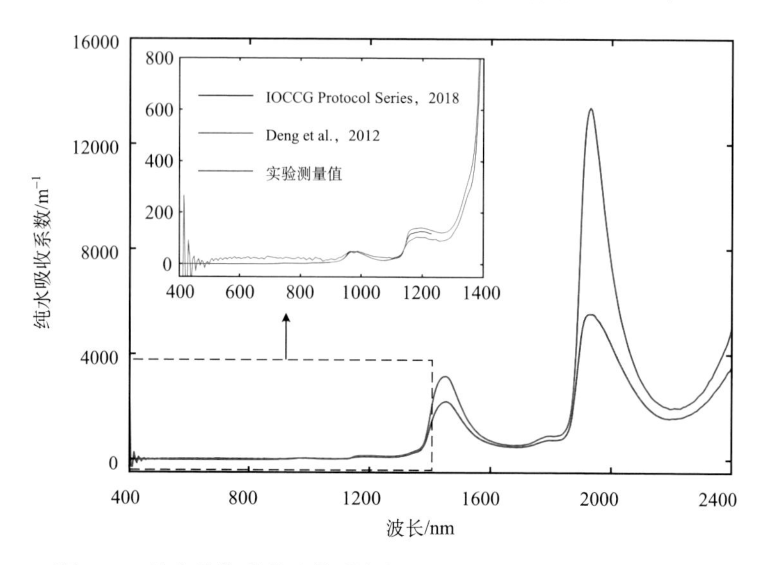

图 5.12　纯水吸收系数及其对比(Lu et al.，2019；温颜沙，2019)

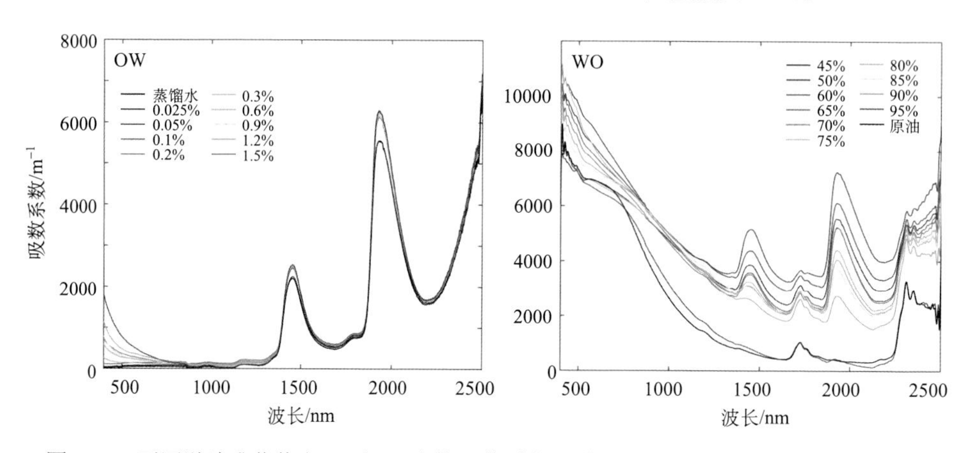

图 5.13　不同溢油乳化物(OW 和 WO)的吸收系数光谱(Lu et al.，2019；温颜沙，2019)

不同类型的溢油乳化物(OW 和 WO)吸收光谱特征存在差异。水包油状乳化物(OW)的吸收系数随着浓度变大而变大，且主要发生在 400～700nm 波段。油包水状乳化物(WO)的吸收系数随着浓度的变大而减小，几乎在所有的波长(400～2500nm)上都存在，且主要的“—C—H”键吸收特征都能显现，具体位置与光谱反射率中的诊断性光谱特征位置一一对应，在此不再赘述。需要注意的是，体积浓度(浓度)在 5%～40%的溢油乳化物并不稳定(Sebastiao and Sores，1995)，实验中此类样品出现分层现象，很难在一定时间内稳定，因此难以测量这些浓度下样品的真实光谱吸收与反射特征。

5.4　溢油乳化物的光谱响应特征分析

5.4.1　烃物质特征光谱

原油是烷烃、环烷烃、芳香烃和烯烃等多种液态烃的混合物。有机化合物在近红外光谱范围内产生吸收特征的官能团主要是含氢基团，包括“—C—H、—O—H、—N—H、—S—H”等(陆婉珍等，2000)。基团伸缩振动引起的基频吸收带位于中红外区(3300～3500nm)；基团伸缩振动和弯曲振动引起的组频(又称合频)吸收带位于近红外区(1800～2500nm)；此外，基团伸缩振动引起的泛频(又称倍频)吸收带也位于近红外区(780～1800nm)，随着泛频级数的升高，谱带的强度逐渐减小。其中一级泛频光谱特征位于 1400～1800nm 范围内，二级泛频位于 900～1200nm 范围内，三级和四级泛频则位于 780～900nm 范围内。原油的主要元素是碳和氢，分别占 83%～87%和 11%～14%，还有少量的硫、氧、氮和微量的金属元素，主要构成形式为“—C—H”，因此“—C—H”的吸收光谱特征是海洋溢油的主要光谱特征(曹鸿林，1997；陆应诚等，2016)，其在近红外谱带的中心位置包括～2300nm(组频)、～1745nm(一级泛频)、～1210nm(二级泛频)、～934nm(三级泛频)和～762nm(四级泛频)(Lu et al.，2008；冯新泸和史永刚，2002；卢涌宗和邓振华，1989；陆婉珍等，2000；陆应诚等，2016)。

5.4.2　油包水状乳化物

1. 油包水状乳化物光谱响应特征

原油对入射光具有强吸收、低反射特性，即入射光难以穿透油层再反射回到探测器，导致其光谱反射率较低，近红外光谱范围内的“—C—H”也难以展现出来(Lu et al.，2011，2013；陆应诚等，2016)。在油包水状乳化物(WO)中，作为连续相存在的原油虽是具有较强光吸收作用的光密介质，其中分散的水体小液滴却是折射率相对较低的光疏介质，当入射光从光密介质进入光疏介质时，水体小液滴会产生较强的散射反射特征。如图 5.14 所示，以体积浓度 80%的油包水状乳化物反射光谱为例，其在近红外与短波红外光谱范围内具有较高的反射率，尤其在～1655nm 和～2200nm 处；同时，“—C—H”键的吸收特征清晰可见，包括～1210nm(二级泛频)、～1725nm(一级泛频)、～1760nm(一级泛频）、～2310nm（组频）和～2348nm（组频）(Clark et al.，2010；Lammoglia and Filho，2011；Leifer et al.，2012；陆应诚等，2008；Scafutto et al.，2017；陆婉珍等，2000)；油包水状乳化物中水体小液滴“—O—H”键伸缩振动造成的一级泛频吸收，在～1445nm 处形成较宽的吸收特征(Siesler et al.，2002；Thompson et al.，2004；陆婉珍等，2000)。

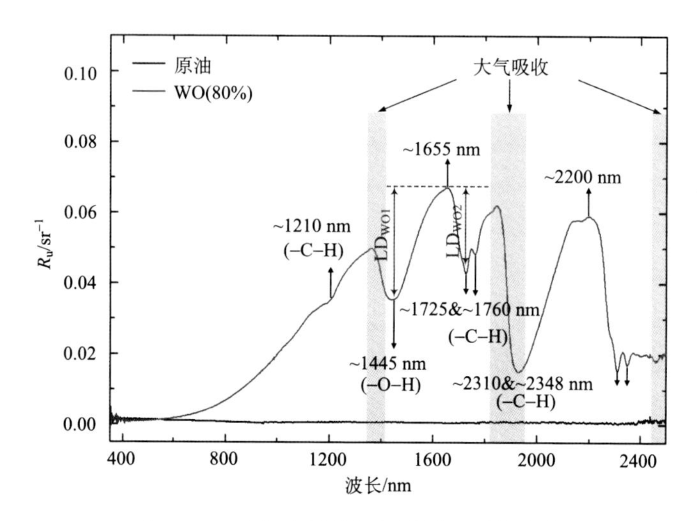

图 5.14　油包水状乳化物及原油反射光谱

2. 不同浓度的油包水状乳化物光谱特征变化

浓度变化对于油水乳化物光谱反射率的影响同样不可忽视，研究测量了浓度为45%～95%的油包水状乳化物反射光谱（图 5.15）。油包水状乳化物浓度的细微变化，会导致其近红外与短波红外范围内（600～2400nm）光谱响应的较大差异；此外，不同浓度油包水状乳化物的诊断性光谱吸收特征（“—C—H”）均清晰可辨。

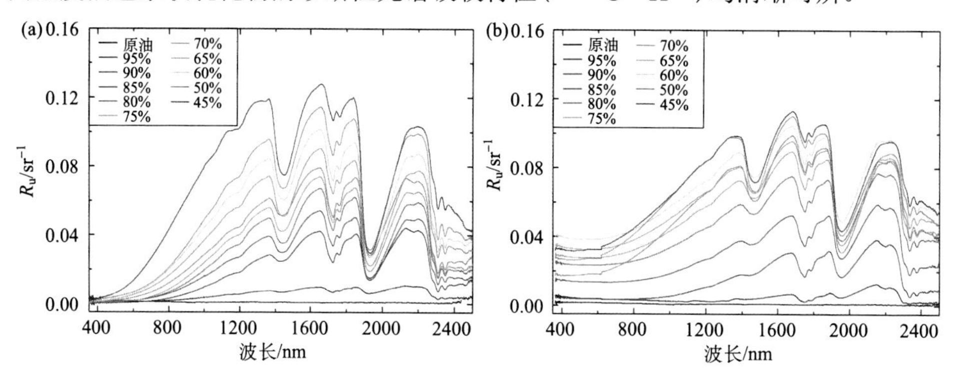

图 5.15　不同浓度的油包水状乳化物反射光谱（Lu et al.，2019）

(a)用于统计分析和建模；(b)用于验证

根据图 5.15(a)的油包水状乳化物光谱，计算其浓度与光谱反射率的相关系数(图 5.16)，在 400～2500nm 光谱范围内，两者的相关系数均为负值，表明油包水状乳化物反射率随其浓度增加而减小；在 400～600nm 范围内，因连续相原油的强吸收特性，使浓度与反射率的关系不显著；在 745～2500nm 范围内，油包水状乳化物浓度与反射率呈高度负相关，相关系数小于–0.9，表明近红外与短波红外波段适用于油包水状乳化物浓度的定量估算。

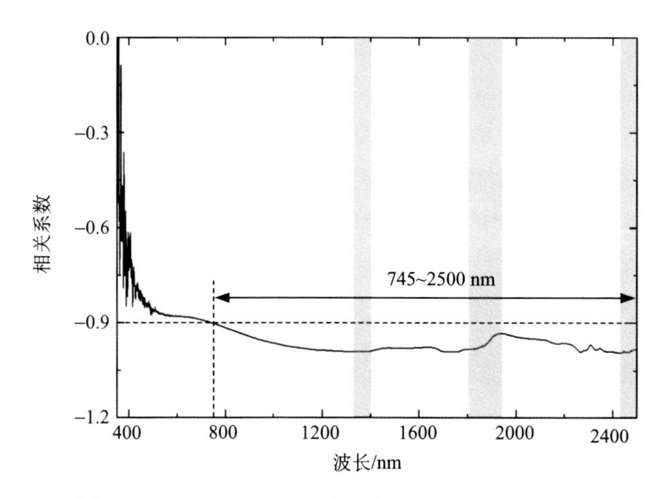

图 5.16　油包水状乳化物浓度与光谱反射率的相关系数(Lu et al.，2019)

3. 不同厚度的油包水状乳化物光谱特征变化

油包水状乳化物一般以一定的厚度漂浮在海面上，分析其光谱反射率对厚度的响应具有实际的意义。油包水状乳化物常常浓度大且黏性强，难以均匀漂浮在水面上，本书采用等效厚度(即油体积/表面积)，分析体积浓度为 80%的油包水状乳化物随等效厚度变化的光谱反射率特征(图 5.17)。油包水状乳化物等效厚度变化范围为 0.03～0.60mm(等效厚度变化间隔为 0.03mm)，结果表明：当油包水状乳化物等效厚度较小时，因受到无油水体混合光谱的影响，其反射光谱中的“—O—H”吸收特征较为明显；随着厚度的增加，“—C—H”光谱吸收特征逐渐展现，实验样品的主要光谱反射峰位于～1295nm、～1655nm 和～2200nm 波段。

根据图 5.17 光谱反射率，可以计算油包水状乳化物等效厚度与其光谱反射率的相关系数。如图 5.18(a)所示，在 400～500nm 范围内，两者呈现较弱的负相关关系，且具有一定的变动；在 900～2500nm 范围内为正相关关系，即油包水状乳化物反射率随等效厚度的增加而逐渐增大；尤其在 1282～2272nm 范围内，相关系数达到 0.8 以上，表明短波红外为指示油包水状乳化物等效厚度变化的最佳光谱响应范围。选取 1295nm、1655nm 和 2200nm 波段，进一步分析油包水状乳化物等效厚度与其反射率的统计关系[图 5.18(b)]。当油包水状乳化物厚度小于 0.25mm 时，上述三个波段处的反射率与其等效厚度均呈线性正相关关系；随着厚度的逐渐增加(0.25～0.40mm)，1655nm 与 2200nm 处的反射率还表现为单调递增；当等效厚度大于 0.40mm 时，因入射光难以穿透油层，光谱反射率趋于饱和，对于厚度的变化不再敏感。这也表明使用短波红外波段可估算的油包水状乳化物厚度范围为 0～0.40mm。

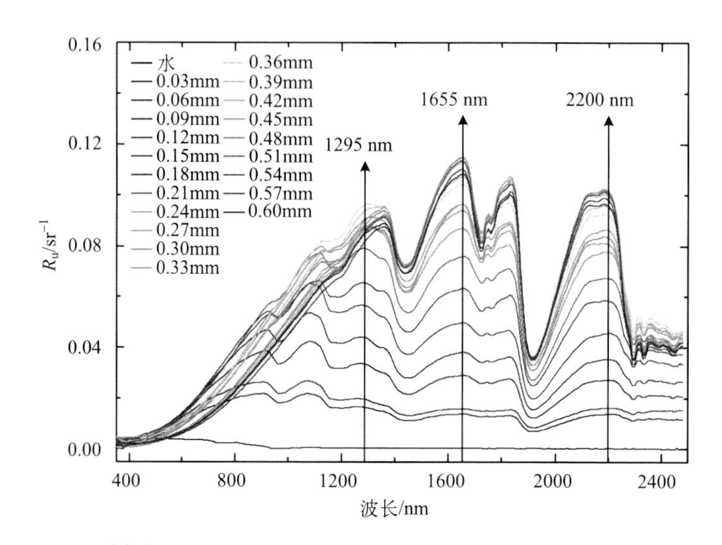

图 5.17　不同厚度的油包水状乳化物反射光谱(体积浓度为 80%)(Lu et al.，2019)

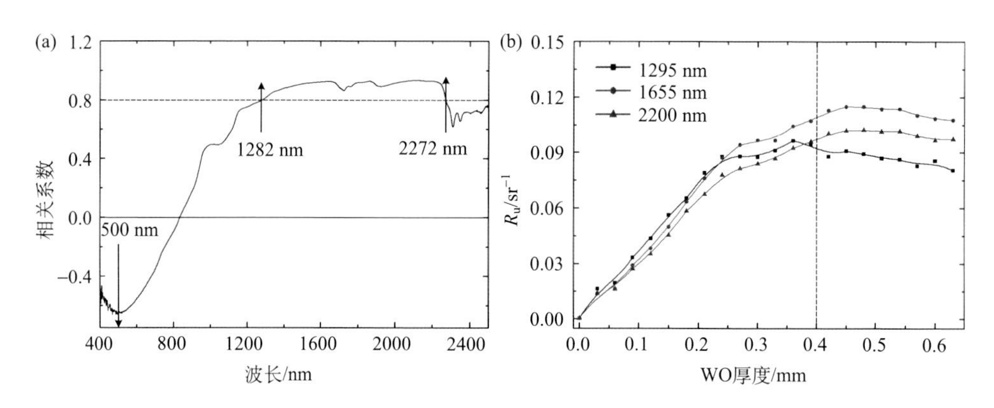

图 5.18　油包水状乳化物厚度与光谱反射率的关系(Lu et al.，2019)

(a)油包水状乳化物厚度与光谱反射率的相关系数；(b)短波红外波段处油包水状乳化物厚度与光谱反射率的关系

5.4.3 水包油状乳化物

1. 水包油状乳化物光谱响应特征

在海洋溢油的风化过程中，溢油在环境动力作用下，分散后会形成水包油状乳化物，在喷洒分散剂后的溢油中也会形成此种溢油类型。水包油状乳化物就是在连续相的水体中分散存在的原油小液滴，其连续相与分散相和油包水状乳化物截然相反。水包油状乳化物的性质也与油包水状乳化物完全不同，前者为水相液体，目视上类似高悬浮物的浑浊水体，后者往往是黏稠的“慕斯状”油污。

水包油状乳化物的光谱响应特征也与油包水状乳化物完全不同(图 5.19)，其在 400～1400nm 光谱范围内具有较高的反射率，这是因为水体中大量原油小液滴的后向散射所产生，尤其在～915nm、～1075nm 和～1295nm 处，这些相对反射峰由原油小液滴的后向散射、原油与水体的光吸收特征共同作用形成。此外，因“—O—H”的光吸收作用，在～970nm 和～1130nm 处形成明显的光谱吸收谷(Siesler et al.，2002；Thompson et al.，2004；陆婉珍等，2000；Lu et al.，2019)；因水包油状乳化物中原油小液滴“—C—H”伸缩振动的二级泛频吸收，在～1210nm 处形成了吸收特征(Clark et al.，2010；Lammoglia and Filho，2011；Leifer et al.，2012；Lu et al.，2019；Scafutto et al.，2017；陆婉珍等，2000)。

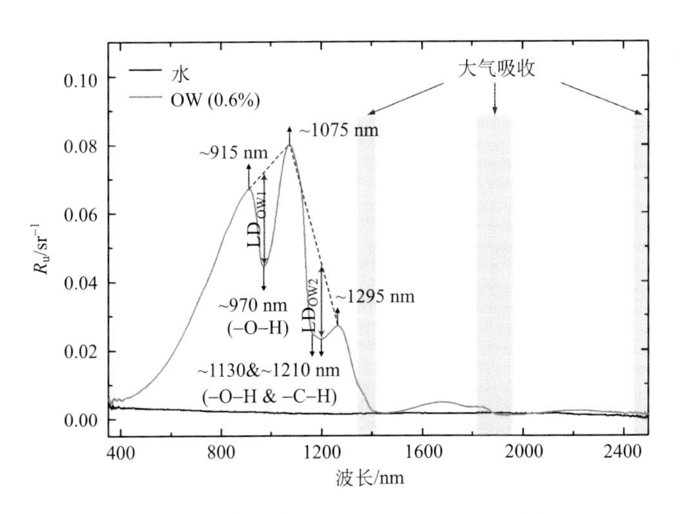

图 5.19　水包油状乳化物及无油水体反射光谱

2. 不同浓度的水包油状乳化物光谱特征变化

水包油状乳化物虽然含油量较少，但是小油滴的存在状态会产生显著的光谱响应特征；获取不同浓度水包油状乳化物的反射率光谱，对其光学遥感识别与定量估算具有重要的意义。基于实验模拟的不同浓度水包油状乳化物，其体积浓度变化范围为 0.025%～3%。原油与水体是不相溶的两种物质，在实验室模拟制备过程中，3%～40%浓度区间的油水乳化物稳定性差，难以开展其反射光谱测量。如图 5.20 所示，分别制备了两组水包油状乳化物，并测量其光谱反射率，用于光谱建模与验证。在 600～1400nm 范围内，水包油状乳化物光谱反射率随着其体积浓度的增加而增加，这与油包水状乳化物的光谱变化规律呈相反趋势(图 5.15，油包水状乳化物光谱反射率随体积浓度的增加呈下降趋势)；此外，不同浓度水包油状乳化物的特征吸收光谱均清晰可见。特别需要注意的是，1600～1800nm 的光谱反射特征，尤其是图 5.20(a)中的信号特征，这是实验样品中存在于样品表面的不稳定水包油状乳化物析出物质形成的光谱特征，即实验的不确定因素所导致的。

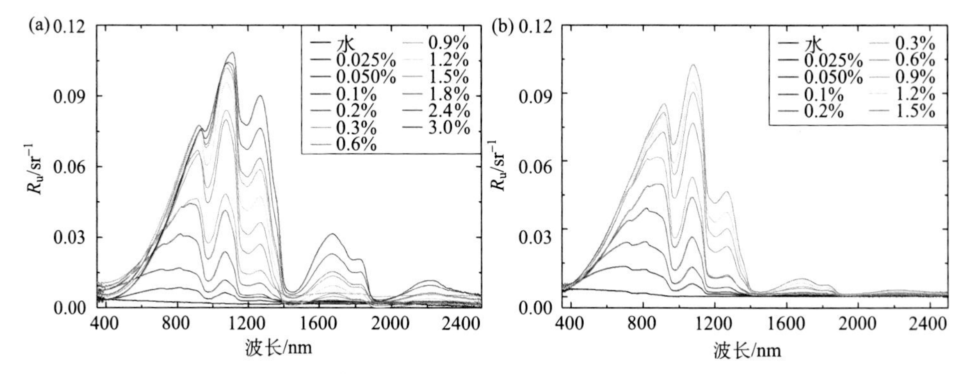

图 5.20　不同浓度的水包油状乳化物反射光谱(Lu et al.，2019)

(a)用于统计分析和建模；(b)用于验证

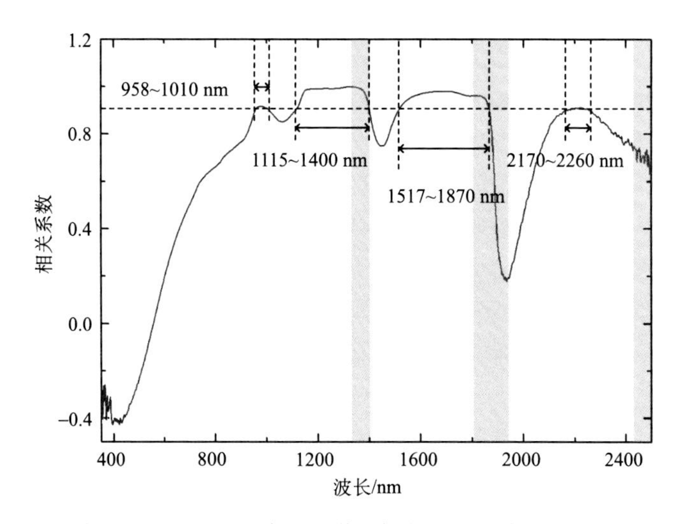

图 5.21　水包油状乳化物浓度与光谱反射率的相关系数(Lu et al.，2019)

基于水包油状乳化物光谱反射率与体积浓度的关系实验，可以给出两者的相关系数曲线(图 5.21)。在 600～2500nm 光谱范围内为正相关关系，表明水包油状乳化物反射率随其体积浓度的增加而增大；在 400～600nm 内相关系数为负数，此波段范围内因其吸收特性，使水包油状乳化物浓度与其反射率的统计关系不明显；在近红外与短波红外波段内(除去水汽吸收通道)，两者均呈较强正相关关系，尤其在 958～1010nm、1115～1400nm、1517～1870nm 和 2170～2260nm 范围内，相关系数大于 0.9，表明以上波长范围适用于水包油状乳化物体积浓度的定量估算。

5.5　不同类型溢油乳化物的高光谱观测验证

油包水状和水包油状乳化物(WO 和 OW)已经通过实验进行了阐明(Shi et al.，2018；Lu et al.，2019)，其在海洋溢油污染事件中的存在，还需要开展光学遥感的观测与验证。基于美国墨西哥湾“深水地平线”钻井平台发生的溢油事件，利用美国地质调查局(USGS)提供的 AVIRIS 机载高光谱数据，对真实海洋溢油环境中不同类型溢油乳化物进行高光谱观测验证。2010 年 5 月 17 日，AVIRIS 搭载于美国国家航空航天局(National Aeronautics and Space Administration，NASA)的 ER-2 飞机上，获取了覆盖墨西哥湾溢油海域的高光谱数据，其数据空间分辨率为 7.6m，波段范围为 350～2500nm，波段带宽为 10nm，包含了 224 个连续光谱波段，其中部分数据由 USGS 完成了大气校正工作，生成反射率产品(Clark et al.，2010；Leifer et al.，2012；Hu et al.，2018)。高光谱观测验证数据如图 5.22 所示，背景数据为同一天的 MODIS Terra 真彩色合成影像(溢油位于海面强耀光反射区，表现为亮对比特征)，观测验证数据为同一天的机载 AVIRIS 高光谱反射率数据(Run 11)。

不同类型的溢油乳化物(WO 和 OW)具有其独特的光谱响应特征，在近红外和短波红外光谱范围内的反射率高于无油海水，选取合适的波段可在图像上对溢油乳化物进行识别与提取。油包水状乳化物(WO)在短波红外波段(～1650nm)，水包油状乳化物(OW)在近红外波段附近(～865nm)具有较强的反射作用。基于此，以 2010 年 5 月 17 日的 AVIRIS 数据(Run 11)为例，以 1672nm、831.5nm 和 657.8nm 波段分别作为红、绿、蓝三通道进行组合，假彩色影像如图 5.23(a)所示，油包水和水包油状乳化物在这种方式合成的图像中分别表现为红色和绿色。对上述像元分别进行光谱采样分析[图 5.23(b)和(c)]，AVIRIS 高光谱数据能较好地展现不同类型乳化油及无油海水的反射率光谱特征，不同波段处的“—C—H、—O—H”吸收特征清晰可见，各目标的光谱变化规律与模拟实验认知一致。

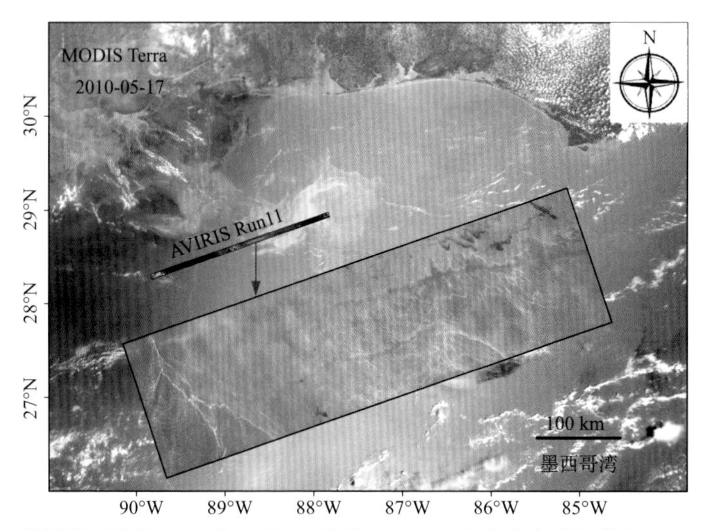

图 5.22　美国墨西哥湾 2010 年 5 月 17 日的 AVIRIS 真彩色合成影像(Lu et al.，2019)

背景为同一天的 MODIS Terra 影像

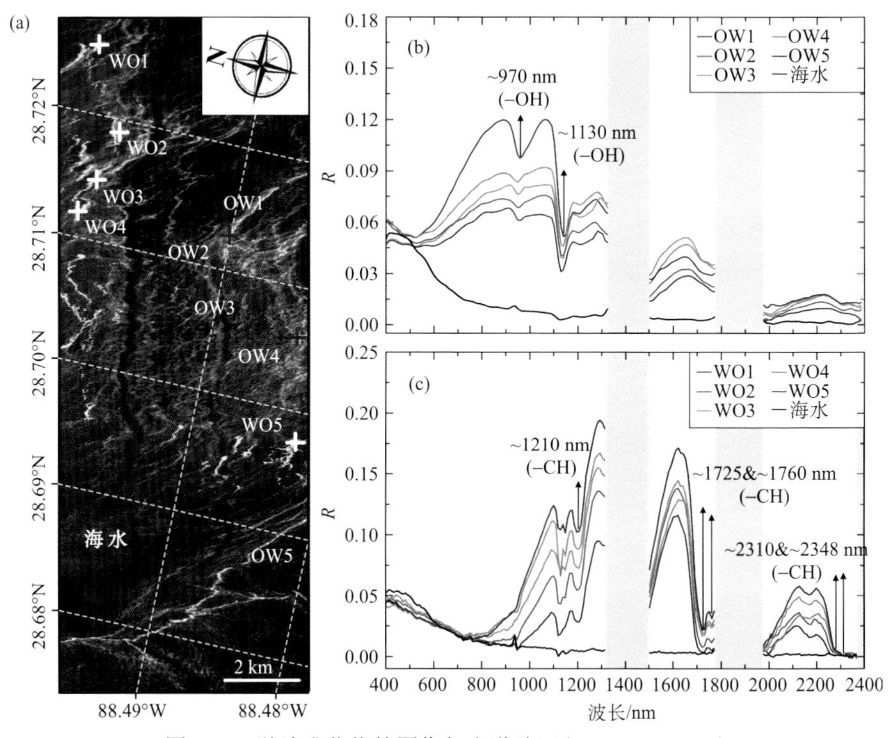

图 5.23　溢油乳化物的图像与光谱验证(Lu et al.，2019)

(a)美国墨西哥湾 2010 年 5 月 17 日的 AVIRIS 假彩色合成影像(红：1672nm，绿：831.5nm，蓝：657.8nm)，蓝色、红色和白色十字符号分别代表海水、油包水和水包油状乳化物的光谱采样点；(b)和(c)油水乳化物的 AVIRIS 光谱特征(单、双箭头分别代表“—C—H”和“—O—H”吸收特征，灰色条带代表大气吸收)

5.6　不同溢油乳化物浓度的光学统计建模

5.6.1　油包水状乳化物浓度定量估算

1. 基于光谱反射率的浓度估算

由油包水状乳化物的光谱反射率与浓度的相关关系分析可知，745～2500nm 波段适用于油包水状乳化物浓度的定量估算。结合其光谱响应特征，选取～1295nm、～1655nm 及～2200nm 三个短波红外波段，建立以其体积浓度为自变量(x)，反射率为因变量(y)的油包水状乳化物浓度估算经验模型(图 5.24)，并使用指数函数[$y=a+b\times\exp(c\times x)$]和线性函数($y=a+b\times x$)来表达浓度与反射率的统计关系(表 5.2)。结果表明，R_u(1295nm)、R_u(1655nm)及 R_u(2200nm)与油包水状乳化物浓度(45%～100%)均具有较好的统计关系，指数函数拟合效果优于线性函数拟合效果；其中指数函数拟合 R^2 均为 0.98，均方根误差(RMSE)都小于 0.0056。

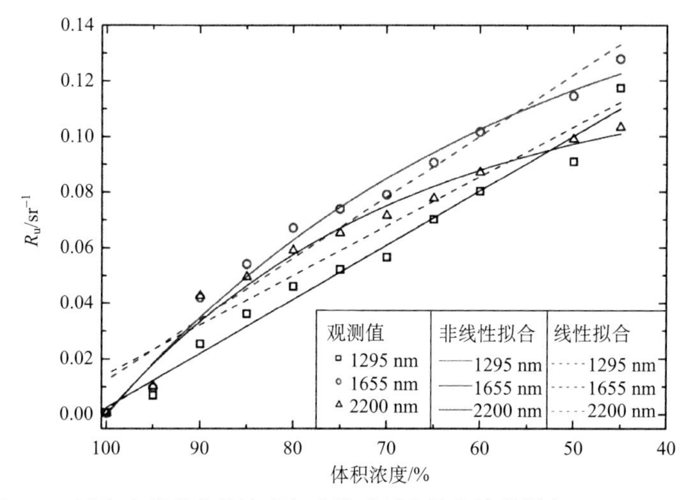

图 5.24　油包水状乳化物浓度与光谱反射率的统计分析(Lu et al.，2019)

表 5.2　油包水状乳化物浓度与光谱反射率的统计关系参数(Lu et al., 2019)

波段	拟合方程	R^2	RMSE/sr^{-1}	不确定性/%
R_u(1295nm)	$y=-5.2882+5.4875\times\exp(-3.6495\times10^{-4}\times x)$	0.98	0.00554	5.5
	$y=0.1975-0.00195\times x$	0.98	0.00521	5.4
R_u(1655nm)	$y=0.1715-0.01758\times\exp(0.02278\times x)$	0.98	0.00558	5.4
	$y=0.23174-0.0021\times x$	0.96	0.00892	7.5
R_u(2200nm)	$y=0.12244-0.0052\times\exp(0.03155\times x)$	0.98	0.00508	8.1
	$y=0.19214-0.00178\times x$	0.93	0.00931	10.5

2. 基于光谱吸收特征的浓度估算

在油包水状乳化物中，因“—O—H”及“—C—H”的吸收作用而在～1445nm和～1725nm处形成光谱吸收特征(图 5.23)，可以通过上述两波段与～1655nm波段间的反射率差值，即吸收深度(line depths，LD)，建立油包水状乳化物浓度估算经验模型(图 5.25)，并确定浓度与反射光谱吸收深度的统计关系(表 5.3)，其中，LD_{wo}可以表达为

$$LD_{wo1}=R_u(1655nm)-R_u(1445nm) \tag{5-11}$$

$$LD_{wo2}=R_u(1655nm)-R_u(1725nm) \tag{5-12}$$

结果表明，LD_{wo1}与油包水状乳化物浓度具有较好的统计关系，指数函数拟合效果优于线性函数拟合效果；随着油包水状乳化物浓度的减小，LD_{wo2}趋于稳定，线性函数拟合效果较差，同时使用指数函数可估算的油包水状乳化物浓度也不得低于～55%；对比LD_{wo1}和LD_{wo2}与浓度的统计关系，可知LD_{wo1}效果相对更佳。

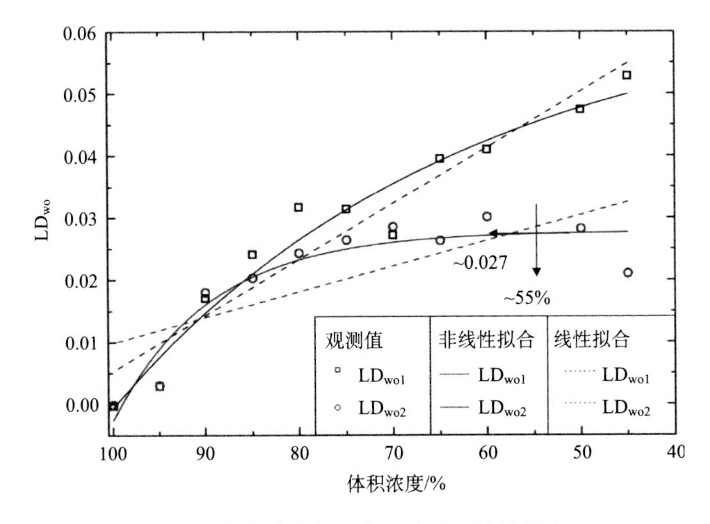

图 5.25　油包水状乳化物浓度与吸收深度的统计分析(Lu et al.，2019)

表 5.3　油包水状乳化物浓度与吸收深度的统计关系参数(Lu et al.，2019)

吸收峰	拟合方程	R^2	RMSE/sr^{-1}	不确定性/%
LD_{wo1}(1445nm)	$y=0.06534-0.0047\times\exp(0.02641\times x)$	0.95	0.00424	9.4
	$y=0.09538-9.00935\times10^{-4}\times x$	0.92	0.0052	9.4
LD_{wo2}(1725nm)	$y=0.02779-2.293\times10^{-6}\times\exp(0.09491\times x)$	0.90	0.00367	18.9
	$y=0.05105-4.11689\times10^{-4}\times x$	0.53	0.00735	18.9

3. 统计验证

选取油包水状乳化物 R_u(1295nm)、R_u(1655nm)、R_u(2200nm) 及 LD_{wo1}(1445nm) 与浓度的非线性拟合方程(表 5.2 和表 5.3)，以油包水状乳化物的体积浓度(45%～100%)为因变量，计算对应的光谱反射率或吸收深度，再与第二组光谱验证数据[图 5.15(b)]的反射率或吸收深度进行对比分析(图 5.26)，来检验浓度估算经验模型的效果。结果表明，利用～1295nm、～1655nm、～2200nm 处的反射率及～1445nm 处的吸收深度均能较好地估算油包水状乳化物的浓度(图 5.26)。利用第一组油包水状乳化物光谱[图 5.15(a)]进行建模，反演模型推导的结果与第二组数据[图 5.15(b)]进行验证，根据式(5-13)进行不确定性评估：

$$\text{Uncertainty}=\frac{\sum|C_{\text{Modeled}}-C_{\text{Prepared}}|}{\sum C_{\text{Prepared}}} \tag{5-13}$$

式中，C_{Modeled} 为模型估算浓度；C_{Prepared} 为实验室制备浓度。见表 5.2 和表 5.3，利用～1295nm、～1655nm、～2200nm 处的反射率及～1445nm 处吸收深度估算的油包水状乳化物浓度的不确定性不超过 9.4%。

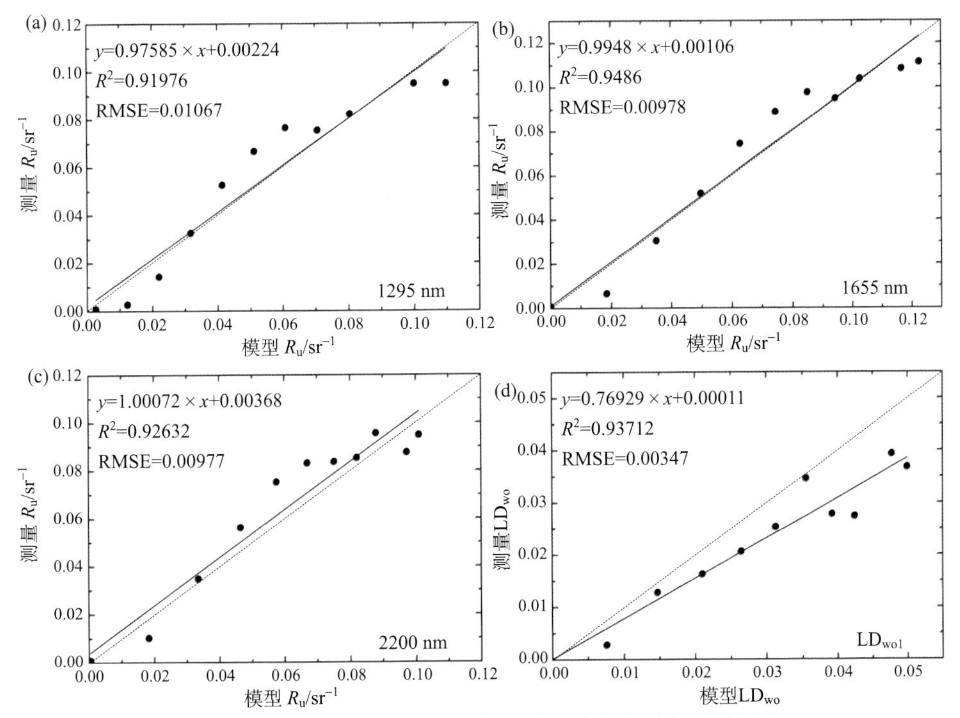

图 5.26　油包水状乳化物浓度与光谱反射率/吸收深度的统计关系验证(Lu et al.，2019)

5.6.2 水包油状乳化物浓度定量估算

1. 基于光谱反射率的浓度估算

根据水包油状乳化物光谱响应特征及其与浓度的统计关系，选取～915nm、～1075nm 及～1295nm 三个波段的光谱反射率，建立水包油状乳化物浓度估算经验模型(图 5.27 和表 5.4)。R_u(1295nm)与水包油状乳化物体积浓度具有较好的统计关系。虽然指数函数能用于以上 3 个波段的拟合分析，但随着水包油状乳化物浓度的增加，R_u(915nm)及 R_u(1075nm)趋于饱和，这种饱和特性对基于光学遥感数据的浓度估算带来了不确定性。R_u(1295nm)的非饱和特征使非线性和线性统计回归具有极好的统计关系，这也表明 1295nm 是水包油状乳化物浓度估算的最优波段。

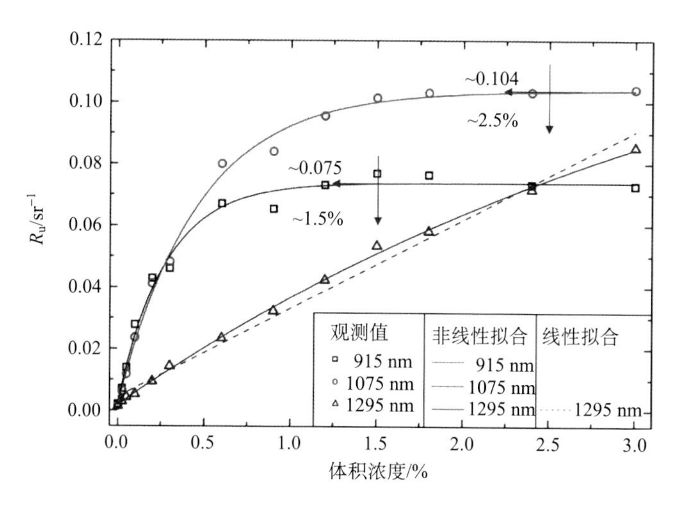

图 5.27 水包油状乳化物浓度与光谱反射率的统计分析(Lu et al.，2019)

表 5.4 水包油状乳化物浓度与光谱反射率的统计关系参数

波段	拟合方程	R^2	RMSE/sr^{-1}	不确定性/%
R_u(915nm)	y=0.7386–0.07128×exp(–3.66017×x)	0.99	0.0031	73.0
R_u(1075nm)	y=0.10397–0.10195×exp(–2.17996×x)	1.00	0.0027	5.8
R_u(1295nm)	y=0.15912–0.15729×exp(–0.25008×x)	1.00	0.0011	23.1
	y=0.004+0.028×x	0.99	0.0032	24.6

2. 基于光谱吸收特征的浓度估算

水包油状乳化物中“—O—H”或“—C—H”的光谱吸收作用，会在～970nm

和～1210nm 处形成反射光谱吸收谷(图 5.19)，利用上述两波段到两侧反射峰的基线距离(LD_{ow})，统计分析其与水包油状乳化物浓度的关系，其中 LD_{ow} 可根据式(5-14)得到：

$$LD_{ow} = R_u(\lambda_1) - R_u(\lambda_2) + \frac{\lambda_2 - \lambda_1}{\lambda_3 - \lambda_1}\left[R_u(\lambda_3) - R_u(\lambda_1)\right] \tag{5-14}$$

式中，$\lambda_3>\lambda_2>\lambda_1$，$LD_{ow1}$ 中的 λ_1、λ_2、λ_3 分别为 915nm、970nm、1075nm；LD_{ow2} 中的 λ_1、λ_2、λ_3 分别为 1075nm、1210nm、1295nm。如图 5.28 所示，随着水包油状乳化物浓度的增加，LD_{ow1} 及 LD_{ow2} 先增大后减小，浓度与吸收深度间不具备相关性，因此利用～970nm 及～1210nm 处的吸收深度估算水包油状乳化物浓度具有较大不确定性。

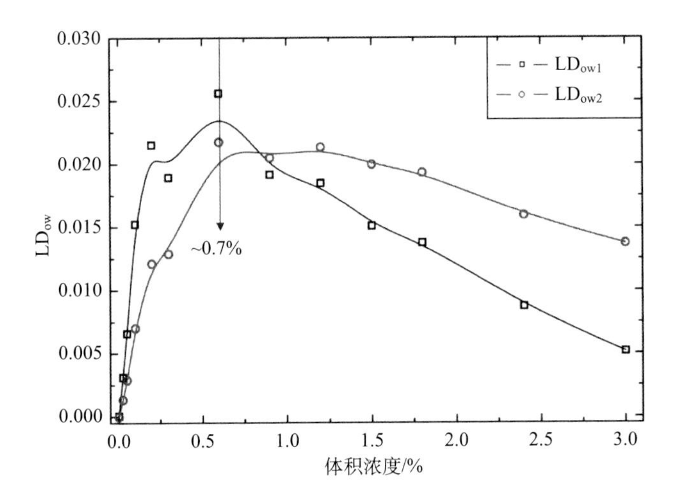

图 5.28　水包油状乳化物浓度与吸收深度的关系(Lu et al.，2019)

综上，对于不同溢油乳化物，利用光谱吸收特征来进行其体积浓度的定量估算，存在较多的不确定性因素；基于最优波段的反射率估算将是合适的方案，当面向高异质性海面溢油时，依然需要开展混合光谱分解等相关工作。

3. 统计验证

选取水包油状乳化物光谱反射率 R_u(1075nm)、R_u(1295nm)，建立其与体积浓度的拟合方程，以水包油状乳化物浓度(0～1.5%)为因变量，估算对应的波段反射率，再与第二组光谱实验数据中水包油状乳化物反射率[图 5.20(b)]进行对比分析(图 5.29)，验证浓度估算经验模型(方法同上)。结果表明，利用～1075nm、～1295nm 处的反射率均能较好地估算水包油状乳化物浓度，～1075nm、～1295nm 处的反射率估算水包油状乳化物浓度的不确定性不超过 23.1%，且使用 R_u(1075nm)的效

果优于 R_u(1295nm)。

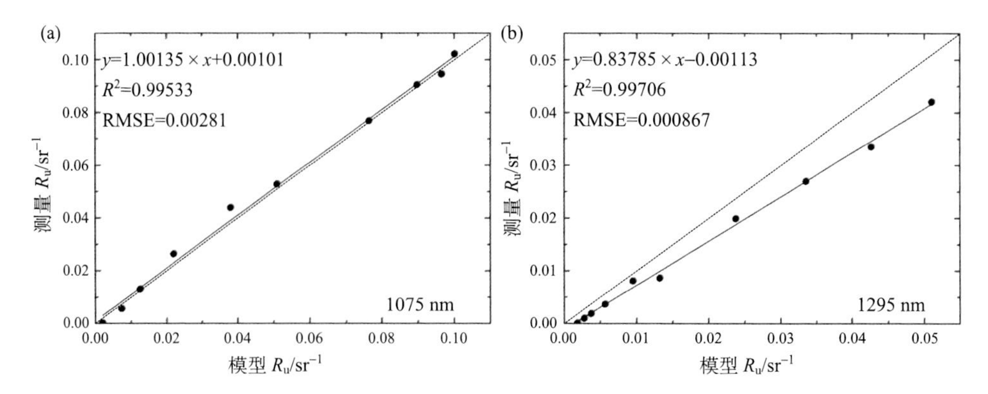

图 5.29 水包油状乳化物浓度与光谱反射率的统计关系验证(Lu et al., 2019)

参 考 文 献

曹鸿林. 1997. 石油化学工业知识[M]. 北京: 中国石化出版社.

冯新泸, 史永刚. 2002. 近红外光谱及其在石油产品分析中的应用[M]. 北京: 中国石化出版社.

卢涌宗, 邓振华. 1989. 实用红外光谱解析[M]. 北京: 电子工业出版社.

陆婉珍, 袁洪福, 徐广通, 等. 2000. 现代近红外光谱分析技术[M]. 北京: 中国石化出版社.

陆应诚, 胡传民, 孙绍杰, 等. 2016. 海洋溢油与烃渗漏的光学遥感研究进展[J]. 遥感学报, 20(5): 1259-1269.

陆应诚, 田庆久, 王晶晶, 等. 2008. 海面油膜光谱响应实验研究[J]. 科学通报, 53(9): 1085-1088.

石静. 2019. 海面溢油乳化物的高光谱遥感识别研究[D]. 南京: 南京大学.

温颜沙. 2019. 海面溢油乳化物浓度的多光谱遥感估算研究[D]. 南京: 南京大学.

Mobley C D. 2009. 自然水体辐射特性与数值模拟[M]. 方圣辉, 译. 武汉: 武汉大学出版社: 25-44.

Clark R N, Swayze G A, Leifer I, et al. 2010. A method for quantitative mapping of thick oil spills using imaging spectroscopy[R]. U.S. Geological Survey Open-File Report.

Deng R, He Y, Qin Y, et al. 2012. Measuring pure water absorption coefficient in the near-infrared spectrum (900-2500 nm)[J]. Journal of Remote Sensing, 16(1): 192-198.

Hu C, Feng L, Holmes J, et al. 2018. Remote sensing estimation of surface oil volume during the 2010 Deepwater Horizon oil blowout in the Gulf of Mexico: Scaling up AVIRIS observations with MODIS measurements[J]. Journal of Applied Remote Sensing, 12(2): 1.

IOCCG Protocol Series. 2018. Inherent optical property measurements and protocols: Absorption coefficient[R]. Neeley A R, Mannino A. IOCCG Ocean Optics and Biogeochemistry Protocols for Satellite Ocean Colour Sensor Validation, 1.0, IOCCG, Dartmouth, NS, Canada.

Kirk J T O. 1983. Light and Photosynthesis In Aquatic Ecosystems[M]. Cambridge: Cambridge University Press.

Lammoglia T, Filho C R D S. 2011. Spectroscopic characterization of oils yielded from Brazilian offshore basins: Potential applications of remote sensing[J]. Remote Sensing of Environment, 115(10): 2525-2535.

Leifer I. 2010. Characteristics and scaling of bubble plumes from marine hydrocarbon seepage in the coal oil point seep field[J]. Journal of Geophysical Research, 115: C11014.

Leifer I, Lehr W J, Simecek-Beatty D, et al. 2012. State of the art satellite and airborne marine oil spill remote sensing: Application to the BP Deepwater Horizon oil spill[J]. Remote Sensing of Environment, 124(9): 185-209.

Lu Y, Li X, Tian Q, et al. 2013. Progress in marine oil spill optical remote sensing: Detected targets, spectral response characteristics, and theories[J]. Marine Geodesy, 36(3): 334-346.

Lu Y, Shi J, Hu C, et al. 2020. Optical interpretation of oil emulsions in the ocean – Part II: Applications to multi-band coarse-resolution imagery[J]. Remote Sensing of Environment, 242: 111778.

Lu Y, Shi J, Wen Y, et al. 2019. Optical interpretation of oil emulsions in the ocean – Part I: Laboratory measurements and proof-of-concept with AVIRIS observations[J]. Remote Sensing of Environment, 230: 111183.

Lu Y, Tian Q, Li X. 2011. The remote sensing inversion theory of offshore oil slick thickness based on a two-beam interference model[J]. Science China Earth Sciences, 54(5): 678-685.

Lu Y, Tian Q, Wang J, et al. 2008. Experimental study on spectral responses of offshore oil slick[J]. Chinese Science Bulletin, 53(24): 3937-3941.

Nelson N B, Prézelin B B. 1993. Calibration of an integrating sphere for determining the absorption coefficient of scattering suspensions[J]. Applied Optics, 32(33): 6710-6717.

Palmer D, Borstan G A, Boxall S R. 1994. Airborne multi spectral remote sensing of the January 1993 Shetlands oil spill[C]//Presented at the Second Thematic Conference on Remote Sensing for Marine and Coastal Environments: Needs, Solutions and Applications, ERIM Conferences.

Röttgers R, Häse C, Doerffer R. 2007. Determination of the particulate absorption of microalgae using a point-source integrating-cavity absorption meter: Verification with a photometric technique, improvements for pigment bleaching, and correction for chlorophyll fluorescence[J]. Limnology and Oceanography Methods, 5(1): 1-12.

Salem F M F. 2003. Hyperspectral remote sensing: A new approach for oil spill detection and analysis[D]. Fairfax, USA: George Mason University: 1-48.

Scafutto R D M, de Souza Filho C R, de Oliveira W J. 2017. Hyperspectral remote sensing detection of petroleum hydrocarbons in mixtures with mineral substrates: Implications for onshore exploration and monitoring[J]. ISPRS Journal of Photogrammetry and Remote Sensing, 128: 146-157.

Sebastiao P, Sores C G. 1995. Modeling the fate of oil spills at sea[J]. Spill Science and Technology

Bulletin, 2(2-3): 121-131.

Shi J, Jiao J N, Lu Y C, et al. 2018. Determining spectral groups to distinguish oil emulsions from Sargassum over the Gulf of Mexico using an airborne imaging spectrometer[J]. ISPRS Journal of Photogrammetry and Remote Sensing, 146: 251-259.

Siesler H W, Ozaki Y, Kawata S, et al. 2002. Near-infrared Spectroscopy-Principles, Instruments, Applications[M]. Hoboken, New Jersey: John Wiley and Sons Ltd.

Tao B, Mao Z, Pan D, et al. 2013. Influence of bio-optical parameter variability on the reflectance peak position in the red band of algal bloom waters[J]. Ecological Informatics, 16: 17-24.

Thompson S A, Andrade F J, Iñón F A. 2004. Light emission diode water thermometer: A low-cost and noninvasive strategy for monitoring temperature in aqueous solutions[J]. Applied Spectroscopy, 58(3): 344-348.

Zhong Z, You F. 2011. Oil spill response planning with consideration of physicochemical evolution of the oil slick: A multiobjective optimization approach[J]. Computers and Chemical Engineering, 35(8): 1614-1630.

第 6 章　溢油海面耀光反射的计算与利用

卫星光学传感器探测漂浮在海面的石油时，海面耀光反射有利于溢油的探测，同时又给其识别、分类与定量估算带来影响。本章介绍溢油海面耀光反射的基本原理和表现特征，阐述溢油海面耀光反射率计算过程和关键参数，分析光学遥感探测海面溢油的耀光能量需求，并探讨溢油海面耀光的偏振反射特性及其利用。

6.1　溢油海面耀光反射原理与特征

6.1.1　油膜耀光反射强度的对比反转现象

为阐明溢油海面耀光反射差异的影响，将以海面烃渗漏油膜为例进行介绍，因为烃渗漏油膜内部的光吸收可以忽略，主要特征差异来自其表面菲涅耳反射。海底渗漏烃物质上浮到海表后，会在海面形成一层薄薄的油膜(常用 hydrocarbon seepage、oil seeps 等词来描述)，这种油膜具有“彩虹色”和“亮银色”等目视特征，油膜的厚度常常在微米级。这种甚薄油膜对入射光的作用主要体现在油膜表层的菲涅耳反射差异上(尤其是耀光反射差异)，由于厚度极薄，其内部对入射光的吸收与散射作用基本可以忽略，对其光学遥感监测研究的重点主要在于发现和开展面积估算，而非厚度估算。

美国墨西哥湾不仅是溢油事故的多发海域，也存在大量的海底烃渗漏异常现象(MacDonald et al.，1993；Hu et al.，2009；Li et al.，2013)。烃渗漏物质在海洋惯性振荡作用下，会在海面形成具有“钩状”形态特征的甚薄油膜，这种烃渗漏油膜能被微波雷达和光学遥感探测到(Hu et al.，2009；Li et al.，2013)。如图 6.1 所示，在这种海洋惯性振荡作用下的“钩状”烃渗漏油膜，会对海面粗糙度进行调制，从而改变其布拉格后向散射特性，因此在合成孔径雷达(SAR)图像上呈现“暗对比”特征。

烃渗漏油膜也能被光学遥感所探测，其探测原理和现象更为复杂。烃渗漏油膜不仅会改变海表粗糙度，而且有自身折射率等光学属性的差异，还对海面耀光反射有一定要求。以 MODIS 对同一区域的观测为例，MODIS 影像上，具有明显的强耀光反射区(图 6.2)。在 859nm 波段的瑞利校正反射率(R_{rc})图像中，近红外波段的离水信号贡献可以忽略，在强耀光反射区，烃渗漏油膜的太阳耀光反射率远高于背景水体的耀光反射率，因此展现为“亮对比”的图像特征；在弱耀光反射区，烃渗漏油膜的耀光反射率又远低于背景水体的耀光反射率，从而体现为“暗对比”的图像特征；而在中间过渡区域，无法区分是没有油膜，还是看不见油膜。

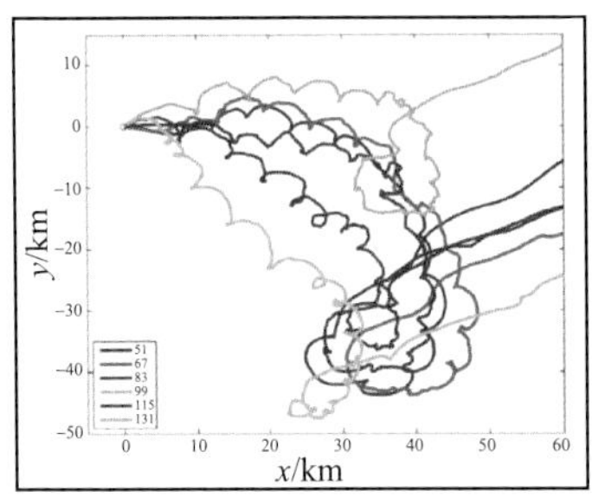

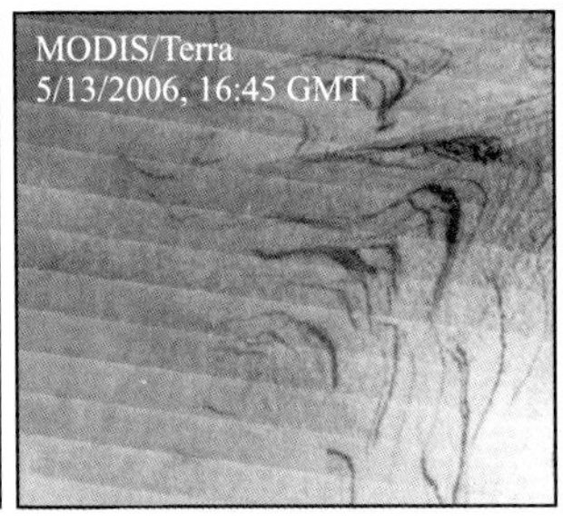

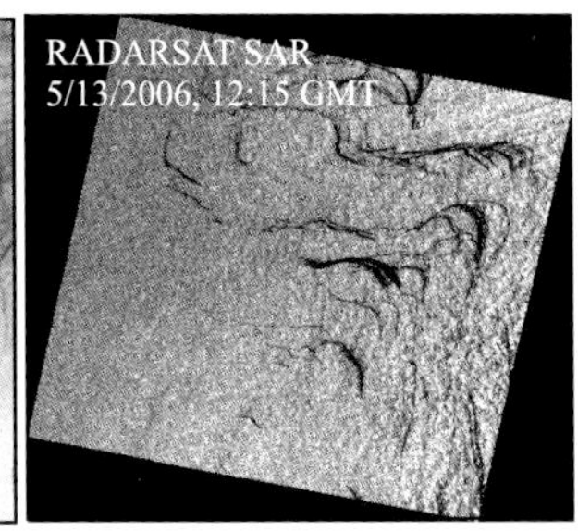

图 6.1　在近海表的海洋惯性振荡作用下烃渗漏油膜在光学影像和合成孔径雷达影像上的空间分布特征(Hu et al.，2009；Li et al.，2013)

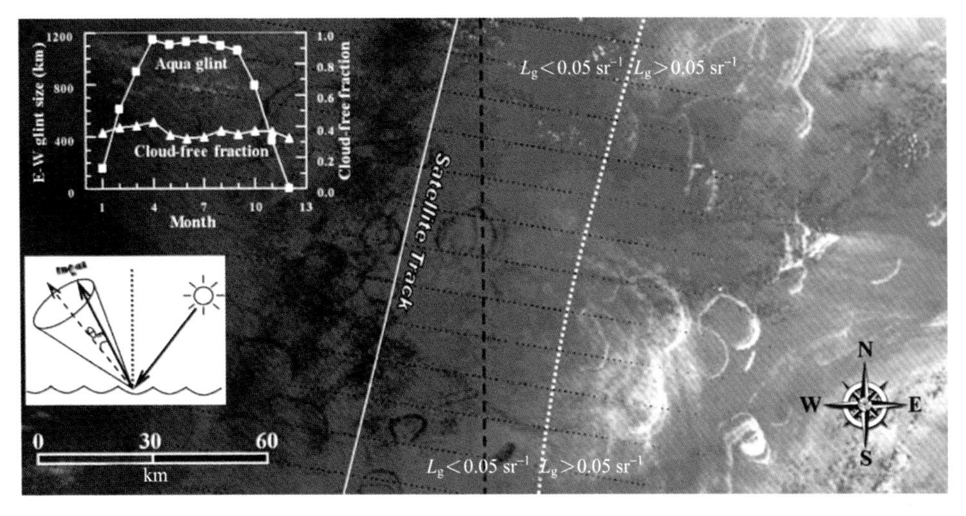

图 6.2　在不同太阳耀光照射下烃渗漏油膜呈现比背景水体“亮”或“暗”的对比特征(Hu et al.，2009)

6.1.2　临界角概念

为了准确描述海面烃渗漏油膜在耀光反射下的“亮-暗对比反转”现象，Jackson 和 Alpers(2010)提出了临界角(critical angle)的概念，这一概念也能被用于描述其他海面耀光反射的亮度反转现象(如海面内波)(图 6.3)。临界角是耀光条件下，具有“亮暗对比”特征的烃渗漏油膜进行空间转变(也即在不同耀光反射率背景条件下)的中间区域,在该区域内烃渗漏油膜和无油海面具有相同的耀光反射率(Lu et al.，2016)。尤其要注意的是，在临界角区域，难以从耀光反射差异上区分烃渗漏油膜和无油海面。因此，在这一区域，我们无法判断是真的没有渗漏油膜，还是无法区分烃渗漏油膜。此外，耀光临界角更多的是表达一种机理，是在图像上能展现出的空间或区域统计特征，但不是一个准确的位置或角度。

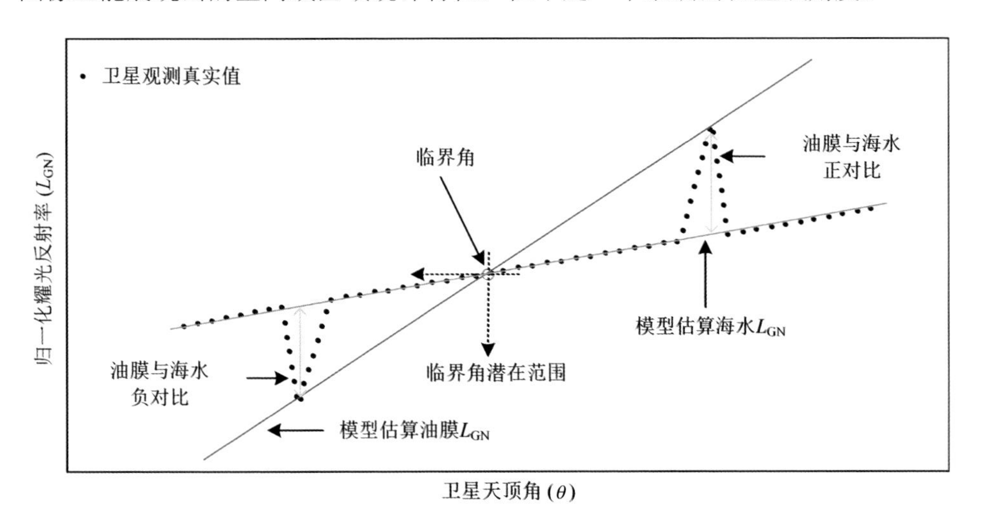

图 6.3　海面烃渗漏油膜耀光反射差异下的亮暗对比与临界角(Jackson and Alpers，2010； Lu et al.，2016)

6.2　溢油海面耀光反射率的计算

6.2.1　基于 Cox-Munk 模型的溢油海面耀光反射率计算

1. *溢油海面耀光反射模型*

太阳耀光反射是光学遥感卫星观测海面时不可忽视的重要现象，耀光反射差异给海面溢油、海洋内波等的观测提供了条件，有利于海面溢油的探测，同时也给其定量估算带来影响。用于模拟耀光反射率的模型较多，如 Cox-Munk 模型、Shaw-Churnside 模型和 Breon-Henriot 模型等；但据 Zhang 和 Wang(2010)的系统评估，针对较粗空间分辨率的 MODIS 数据，认为 Cox-Munk 模型具有最佳的整体拟合精度，且考虑风向差异与不考虑风向差异的 Cox-Munk 模型均具有优良的表现。

海面烃渗漏油膜在不同太阳耀光反射背景条件下，随着观测角度的变化，表现出比背景水体“亮”或“暗”的特征，这首先被美国南佛罗里达大学海洋学院胡传民教授阐明(Hu et al., 2009); Jackson 和 Alpers(2010)利用不考虑风向差异的 Cox-Munk 模型对墨西哥湾烃渗漏油膜的耀光反射率进行模拟，提出烃渗漏油膜与无油海面耀光反射率对比反转的“临界角”概念；但是存在的问题是，既无法准确模拟烃渗漏油膜表面的耀光反射率，也无法准确表达“临界角”的空间统计特征。此后，陆应诚等阐明了烃渗漏油膜与背景海水耀光反射差异产生的机理，即表面折射率与粗糙度是耀光反射差异与临界角现象产生的本因，从而在 Cox-Mun 模型的基础上，通过关键参数的完善，实现了溢油海面耀光反射率的准确计算(Lu et al., 2016)。

海面溢油(或海水)表面耀光反射率(L_{GN}，无量纲)是与太阳天顶角(θ_0)、卫星天顶角(θ)、相对方位角(φ，即太阳方位角与卫星方位角的差值)、溢油表面粗糙度(σ_{oil}^2)与无油海面粗糙度(σ_{water}^2)、介质的折射率(空气折射率为 n_{air}，溢油折射率为 n_{oil}，海水折射率为 $n_{seawater}$)有关的函数，具体表达形式如下：

$$L_{GN}\left(\theta_0,\theta,\varphi,\sigma^2\right)=\frac{\rho(\omega)}{4}P\left(\theta_0,\theta,\varphi,\sigma^2\right)\frac{\left(1+\tan^2\beta\right)^2}{\cos\theta} \tag{6-1}$$

$$\tan^2\beta=\frac{\sin^2\theta_0+\sin^2\theta+2\sin\theta_0\sin\theta\cos\varphi}{\left(\cos\theta_0+\cos\theta\right)^2} \tag{6-2}$$

$$P\left(\theta_0,\theta,\varphi,\sigma^2\right)=\frac{1}{\pi\sigma^2}\exp\left(\frac{-\tan^2\beta}{\sigma^2}\right) \tag{6-3}$$

$$\rho(\omega)=\frac{1}{2}\left[\frac{\sin^2(\omega-\gamma)}{\sin^2(\omega+\gamma)}+\frac{\tan^2(\omega-\gamma)}{\tan^2(\omega+\gamma)}\right] \tag{6-4}$$

$$\cos2\omega=\cos\theta_0\cos\theta+\sin\theta_0\sin\theta\cos\varphi \tag{6-5}$$

$$\frac{\sin\omega}{\sin\gamma}=\frac{n_2}{n_1} \tag{6-6}$$

式中，$P(\theta_0,\theta,\varphi,\sigma^2)$ 和 $\rho(\omega)$ 分别为高斯分布函数和菲涅耳反射系数，菲涅耳反射系数与折射率和观测几何有关，可以由折射定律和观测几何给出；ω 和 γ 分别为反射角和折射角；n_2 和 n_1 分别为上下两层介质的折射率，n_1 为空气折射率(n_{air}=1.0)，n_2 为溢油或无油海水折射率。

特别需要注意的是，对于清洁海面耀光反射率的计算而言，Cox-Munk 模型中的表面粗糙度(σ_{water}^2)可以由风速给出，不考虑风向差异时，可以表达为风速的函数形式(w 为海面风速)：

$$\sigma_{water}^2=0.003+0.00512w \tag{6-7}$$

而对于溢油海面而言，由于溢油类型的复杂性及其在光学遥感影像中的高异质性相混合，目前还无法给出溢油表面粗糙度(σ_{oil}^2)与风速的统计关系；但可以确定的是，在同样风速下，溢油表面粗糙度远远小于清洁海水表面粗糙度($\sigma_{oil}^2 \ll \sigma_{water}^2$)。

海面烃渗漏油膜耀光反射在光学卫星图像上的信号构成可以表达为如下形式：

$$L_{t,\lambda}(\theta)=L_{r,\lambda}(\theta)+L_{a,\lambda}(\theta)+T_{\lambda}(\theta)T_{0,\lambda}(\theta)F_{0,\lambda}(\theta)L_{gn}(\theta)+t_{\lambda}(\theta)L_{w,\lambda}(\theta) \tag{6-8}$$

$$T_0T=\exp\left[-(\tau_r+\tau_a)\left(\frac{1}{\cos\theta_0}+\frac{1}{\cos\theta}\right)\right] \tag{6-9}$$

$$t_{ozone}=\exp\left[-K_{ozone}^{*}\mathrm{DU}\left(\frac{1}{\cos\theta_0}+\frac{1}{\cos\theta}\right)\frac{1}{1000}\right] \tag{6-10}$$

式中，下标λ指波长；下标 ozone 指臭氧；K_{ozone}^{*}指臭氧吸收系数；DU 指臭氧密度(多布森单位)；L_t为光学卫星获得的辐亮度；L_r为大气瑞利散射信号贡献；L_a是气溶胶散射贡献；T和T_0分别为光线从像元到卫星和从太阳到像元的直射透过率；T_0T可以表达为瑞利光学厚度(τ_r)、气溶胶光学厚度(τ_a)、太阳天顶角(θ_0)和卫星天顶角(θ)的函数形式；t为光线从像元到卫星的散射透过率；L_w为离水辐亮度；L_{gn}为表面耀光反射率(sr^{-1})。近红外波段，离水辐亮度可假定为 0，则可以进一步计算出图像(如 MODIS 859nm 波段)上的耀光反射率(L_{gn}，sr^{-1})，需要注意的是光学卫星数据计算的耀光反射率(L_{gn}，sr^{-1})与 Cox-Munk 模型计算的耀光反射率(L_{GN}，无量纲)量纲不同($L_{GN}=L_{gn}\times\pi$)。

2. 基于 MODIS 图像的溢油海面耀光反射率计算

目前，海面溢油耀光反射率的计算难点在于无法确定输入参数，即难以给出不同溢油污染类型的等效折射率(n_{oil})，不知道溢油海面的表面粗糙度(σ_{oil}^2)。如果能给定卫星图像上的这两个关键参数，则能计算出溢油海面的耀光反射率(L_{GN})，从而得到卫星光学图像上的离油辐亮度(L_{oil})；利用特征波段信息，实现(非乳化油)油膜厚度、乳化油浓度等参数的反演。

以美国墨西哥湾天然烃渗漏油膜为例(2005年6月2日与2013年6月13日)，利用 MODIS 859nm 波段图像评估耀光反射率模型的计算精度。首先，利用 SeaDAS 7.0 对 MODIS 近红外 859nm 波段进行大气瑞利散射校正，得到瑞利校正反射率[式(6-11)]：

$$R_{rc}=\frac{\pi(L_t-L_r)}{F_0\cos\theta_0} \tag{6-11}$$

如图 6.4 所示，主要研究区基本都处于耀光反射范围，在 859nm 瑞利校正反射率图像中，烃渗漏油膜在海洋惯性振荡作用下，呈现钩状形态特征，随着耀光反射从弱变强，烃渗漏油膜与背景海水从“暗对比”逐渐过渡到“亮对比”，利用改进的溢油耀光反射模型可以对烃渗漏油膜的耀光反射率进行估算，并模拟“临界角”所在的区域。

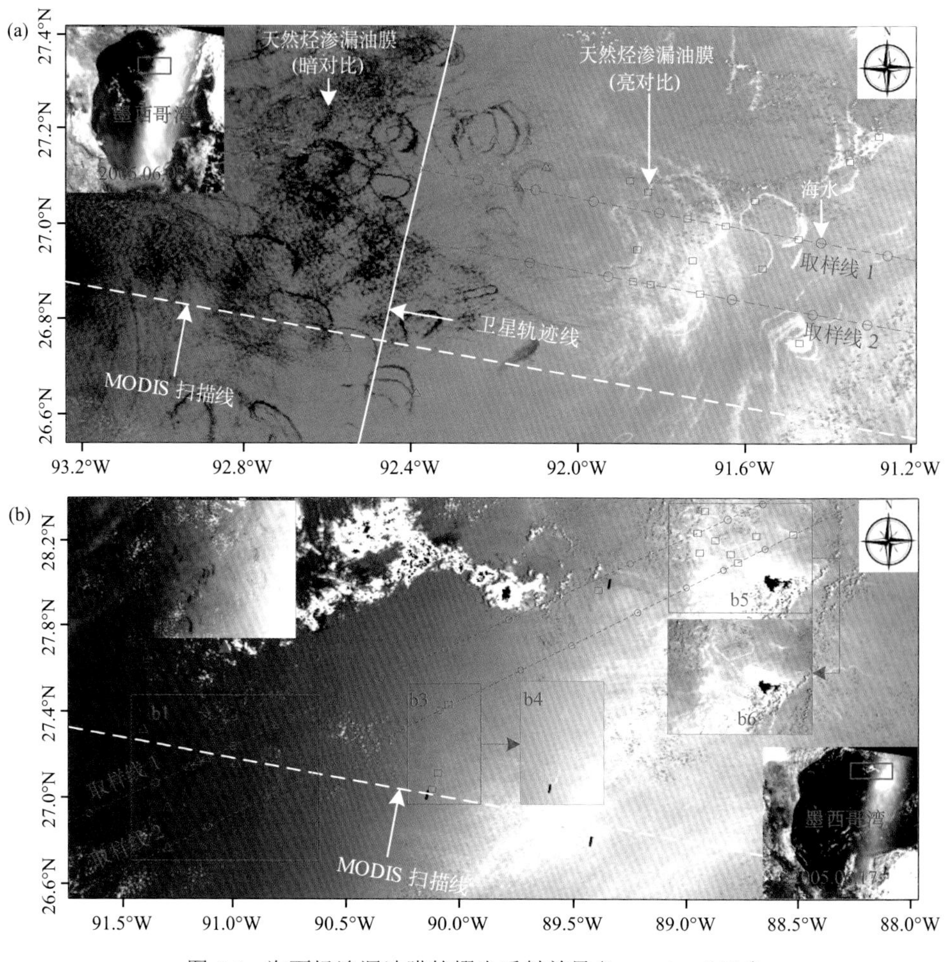

图 6.4　海面烃渗漏油膜的耀光反射差异(Lu et al.，2016)

石油与海水是截然不同的物质，除了光谱响应特征差异外，还具有不同的折射率，会影响其表面菲涅耳反射，折射率是与油的具体组成有密切关联的重要光学参数(Ghandoor et al.，2003)。原油是由不同分子量的碳氢化合物、沥青质、微量元素等构成，其折射率有较大的不同。一般情况下，原油折射率介于 1.4～1.6，随油的存在状态、乳化程度等不同，海面溢油的折射率会产生较大变化。美国墨西哥湾是世界重要的油气产地，也存在大量天然烃渗漏现象，这些渗漏的烃物质上浮到海面，不仅会在海面形成一层油膜，还会形成近海表甲烷等富集。美国墨西哥湾天然渗漏烃物质中轻质正构烷烃的比例相对较高(MacDonald et al.，1993)，有研究表明正庚烷(C_7)和正癸烷(C_{10})在 8μm 波段的折射率分别为 1.383 和 1.405(Shih and Andrews，2008)；虽然海面烃渗漏油膜的真实折射率很难确定，但轻质烃的折射率一般都小于原油折射率，因此设定墨西哥烃渗漏油膜海面折射率为 1.38，清洁海水背景折射率为 1.34；将不同的表面粗糙度(σ_{oil}^2)代入计算，可找到最佳的烃渗漏油膜耀光反射率拟合值(图 6.5)。

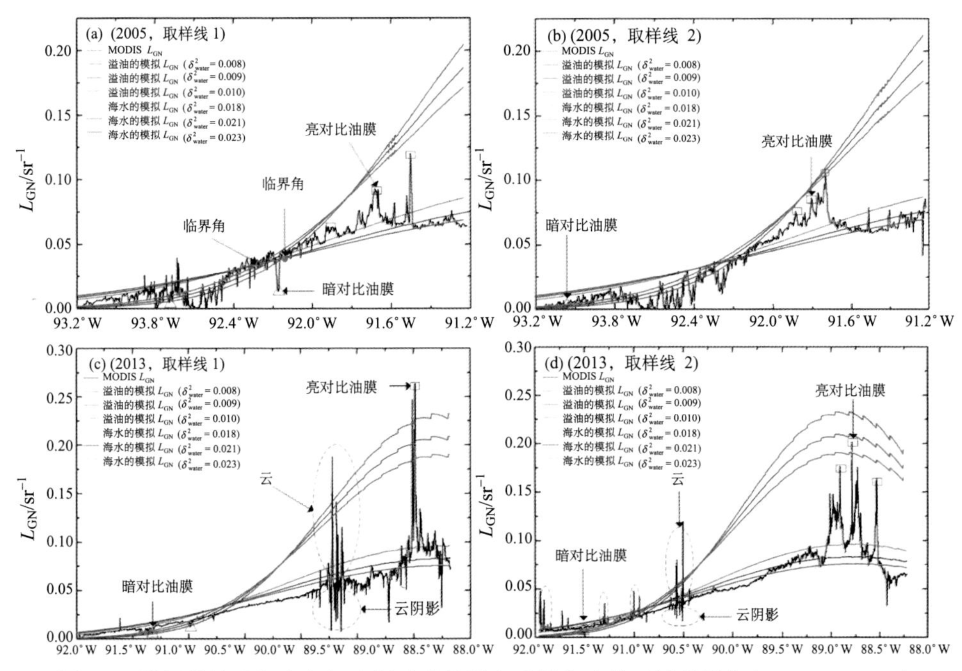

图 6.5　模拟的清洁海水与烃渗漏油膜的耀光反射率及其卫星观测值(Lu et al.，2016)

数据来源于图 6.4，需要注意的是烃渗漏油膜和清洁海水的表面粗糙度与折射率具有显著差异

将模型计算的不同粗糙度清洁海面和烃渗漏油膜的耀光反射率，与 MODIS 859nm 波段的耀光反射率进行统计分析，可以进一步给出最优拟合值(图 6.6)。完善上述两项关键参数的溢油海面耀光反射率计算模型，具有如下意义：① 如能准确剔除溢油表面反射信号，则能准确给出溢油内部信号，从而促进溢油量的准确估算；② 若能准确知道临界角在图像中的位置，对溢油监测也非常有益，在临界角附近，光学传感器的探测区分能力将大大下降，因此难以知道临界角范围内是有光学遥感观测不到的油膜，还是根本就没有油膜。

3. 溢油折射率变化对其表面耀光反射率的影响

溢油海面粗糙度远小于同样背景条件下清洁海水的表面粗糙度，如果海面背景风速较弱，两者的表面粗糙度差异也会较小。溢油对海面粗糙度具有显著的调

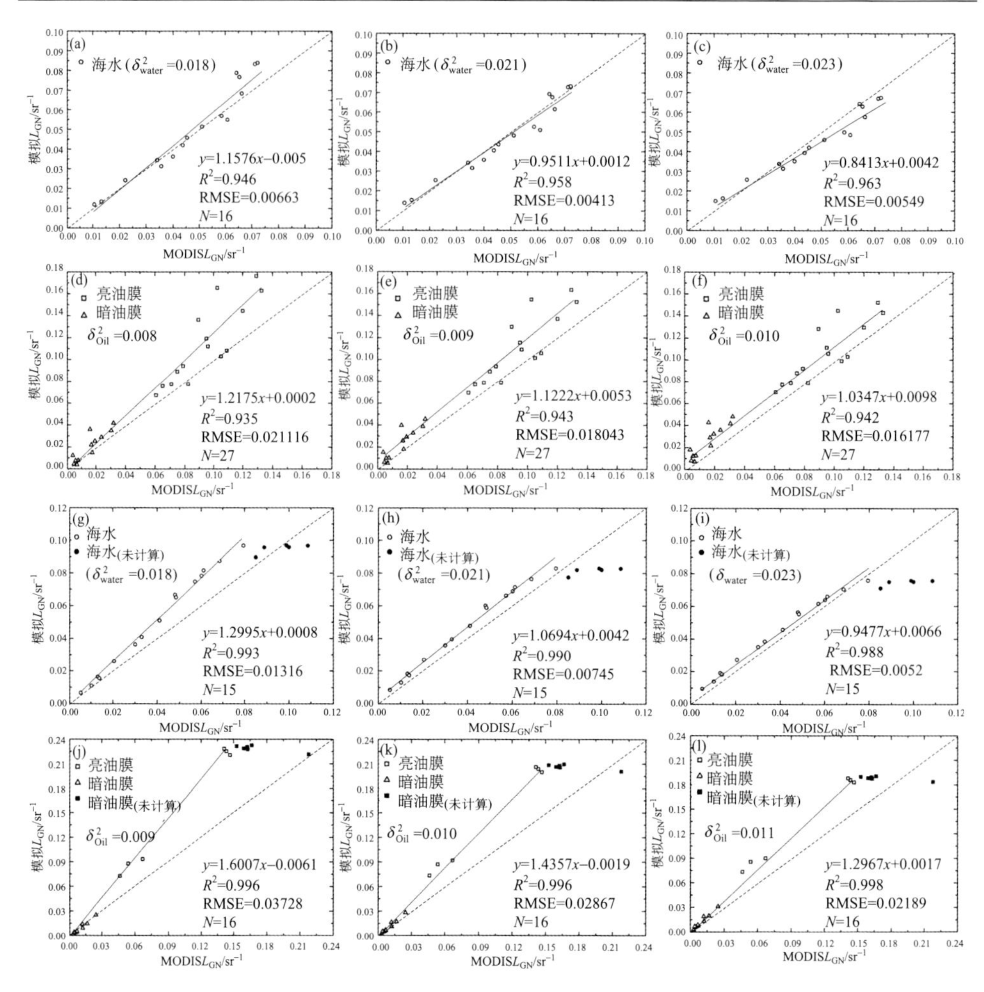

图 6.6　针对图 6.4 中两处溢油(Lu et al., 2016)分别对比 MODIS 数据获取的和模拟得到的清洁海水与烃渗漏油膜的耀光反射率

(a)~(f)对应图 6.4(a)；(g)~(l)对应图 6.4(b)

制作用，大部分溢油海面的粗糙度都保持在一个较低的值域，因此产生溢油表面耀光反射率差异的主要影响因素是溢油折射率系数。为详细阐明溢油折射率带来的耀光反射率和临界角变化及其对表面粗糙度与折射率变化的敏感性，做了如下模拟和分析。如图 6.7 所示，当溢油海面和清洁海水表面粗糙度相同时(都为 0.008)，折射率从 1.34 逐渐变到 1.56 的过程中，耀光反射率产生了极大的变化，镜面反射角区域(太阳天顶角 30°、卫星天顶角 30°、相对方位角 180°)的耀光反射率从 0.25 变化到 0.55。在两组不同粗糙度(σ^2_{water}=0.023，σ^2_{water}=0.008)清洁海面模拟的耀光反射率空间变化过程中，会产生一个临界角[图 6.7(a)]。当粗糙的海面

(σ_{water}^2=0.023) 上有溢油覆盖时，溢油会显著改变清洁海水表面粗糙度，可以设定溢油海面粗糙度值(σ_{oil}^2=0.008)，并设定不同溢油污染类型的折射率(n_{oil} 从 1.36 变到 1.56)；模拟的溢油海面耀光反射率变化与背景海水耀光反射率形成的临界角具有非常大的变化[图 6.7(b)、(c) 和 (d)]，这种空间变化如果对应到 MODIS 卫星图像上，会产生几十千米的位移[图 6.7(e) 和 (f)]。

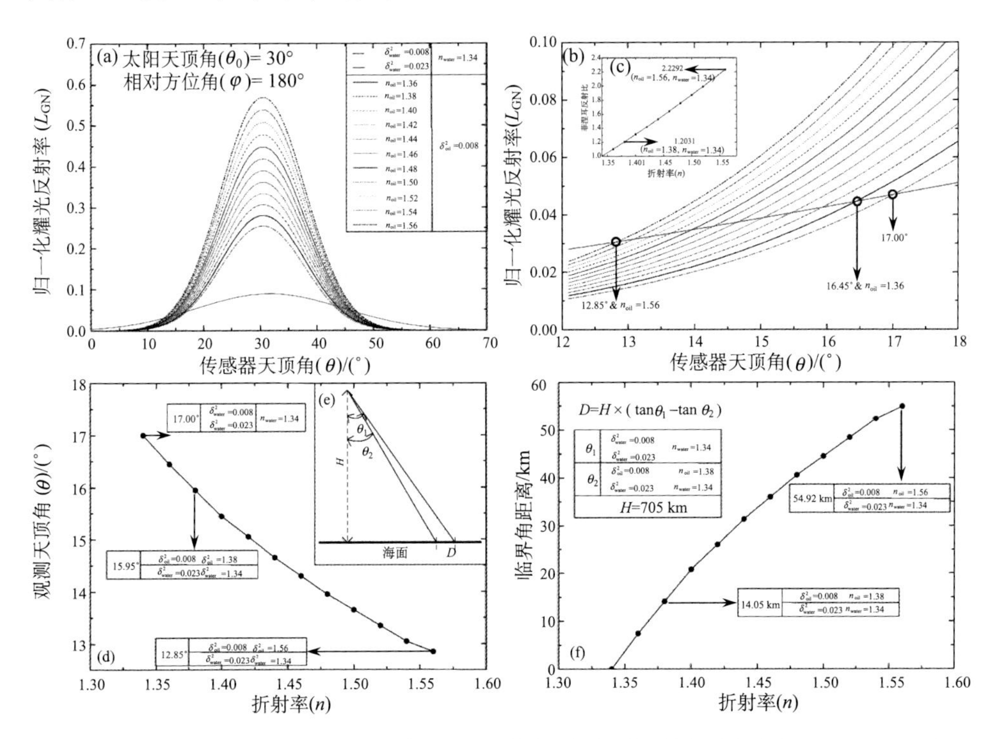

图 6.7　溢油的耀光反射率及临界角主要受折射率和表面粗糙度的影响(Lu et al.，2016)

6.2.2　基于临界角约束的烃渗漏油膜表面粗糙度反演

目前，溢油海面耀光反射率的计算难点在于无法同时给出溢油海面粗糙度(σ_{oil}^2)和折射率(n_{oil})，即使对于可以忽略内部信号的烃渗漏油膜，也难以利用一个耀光反射率参数求解出上述两个未知数。如果能给定边界条件，则有可能利用数值逼近的思路去获得未知数。假定在相似的海洋环境动力作用下，烃渗漏油膜具有均匀的空间分布特征，随着海面耀光反射由弱变强，油膜与背景水体会从“暗对比”变为“亮对比”；但也存在某些烃渗漏油膜，位于图像临界角区域，在影像上无法被观测到(图 6.8)。如果假定这一小区域的风速变化不大，烃渗漏油膜的折射率一致，则可以基于临界角约束条件，通过数值逼近方法，获得烃渗漏油膜表面的粗糙度。

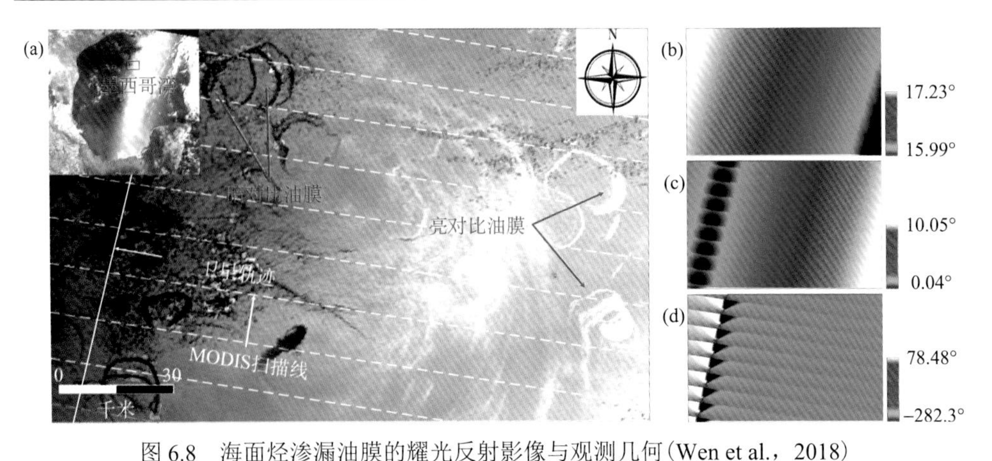

图 6.8　海面烃渗漏油膜的耀光反射影像与观测几何（Wen et al.，2018）

(a)为 2005 年 6 月 2 日的墨西哥湾 MODIS 影像(859nm)，白色实线为 MODIS 轨迹，白色虚线为 MODIS 扫描线；(b)、(c)、(d)为对应的太阳天顶角、卫星天顶角和相对方位角

可以用传感器观察方向与镜面反射方向之间的夹角(θ_m)来表征临界角的大小变化，θ_m越小，则越靠近镜面反射方向，耀光反射越强。θ_m可以通过如下公式计算得出

$$\cos\theta_m = \cos\theta_0\cos\theta - \sin\theta_0\sin\theta\cos\varphi \tag{6-12}$$

式中，θ_0为太阳天顶角；θ为卫星天顶角；φ为太阳和卫星的相对方位角。

烃渗漏油膜的提取主要基于其形态特征，具体步骤如下：①用局部窗口平均值校正由耀光引起的大范围图像梯度差异；②用 3×3 的高斯滤波器，降低随机噪声，获取关联形态特征；③用直方图均衡法增强目标形态特征；④通过阈值法提取可能的油膜对象；⑤通过定向检索连接烃渗漏油膜图斑，并利用圆度($R_{factor}=4\pi\times S/C^2$，其中 S 为面积，C 为周长)和面积等参数剔除非油膜对象。图 6.9 为计算出的θ_m值空间分布特征、提取的具有“亮”或“暗”对比特征的烃渗漏油膜及其耀光反射率等。根据计算的 MODIS 影像θ_m角范围，提取研究区内的亮暗油膜，可以得到初步的临界角范围，约为 12.12°～12.92°，进一步给出相同θ_m角度下烃渗漏油膜和清洁海水的代表性耀光反射率值。

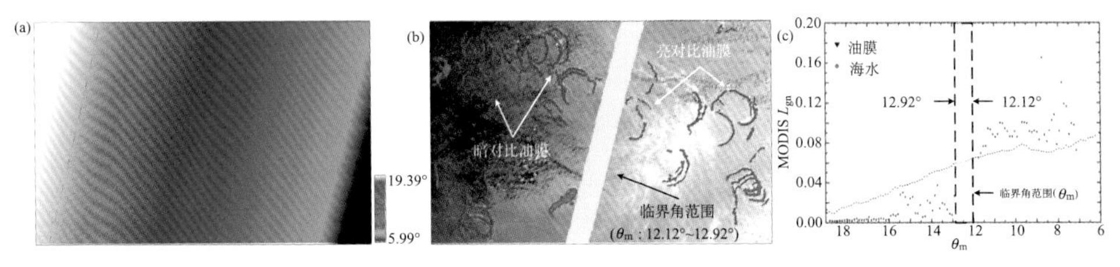

图 6.9　烃渗漏油膜耀光反射分析（Wen et al.，2018；温颜沙，2019）

(a)θ_m模拟值；(b)亮暗油膜提取(红色图斑)与临界角范围(黄色条带)；(c)相同角度下的耀光反射率统计(红点为背景水体，黑点为烃渗漏油膜)

利用 MODIS 的观测几何信息(太阳天顶角、卫星天顶角、相对方位角)，基于 Cox-Munk 模型，模拟不同粗糙度条件下的烃渗漏油膜和无油海水的耀光反射率(折射率分别为 1.38 和 1.34)。利用临界角的空间约束条件，即油膜和水体的耀光反射率模拟曲线的交点，必须落在 MODIS 图像中临界角范围内[图 6.9(b)的黄色区域内]，实现油膜粗糙度的数值逼近。油膜的粗糙度设置为 7 种(0.004、0.005、0.006、0.007、0.008、0.009、0.010)，水面粗糙度设为 5 种(0.013、0.016、0.018、0.021、0.023)，其分别对应的海表风速也不同(2.0m/s、2.5m/s、3.0m/s、3.5m/s、4.0m/s)。模拟结果如图 6-10 所示，则可能存在 6 种组合情况：① σ_{oil}^2=0.007，σ_{w}^2=0.013；② σ_{oil}^2=0.007，σ_{w}^2=0.016；③ σ_{oil}^2=0.006，σ_{w}^2=0.016；④ σ_{oil}^2=0.006，σ_{w}^2=0.018；⑤ σ_{oil}^2=0.006，σ_{w}^2=0.021；⑥ σ_{oil}^2=0.006，σ_{w}^2=0.023。经临界角空间约束，油膜粗糙度范围则从 0.004～0.010 缩减至 0.006～0.007。

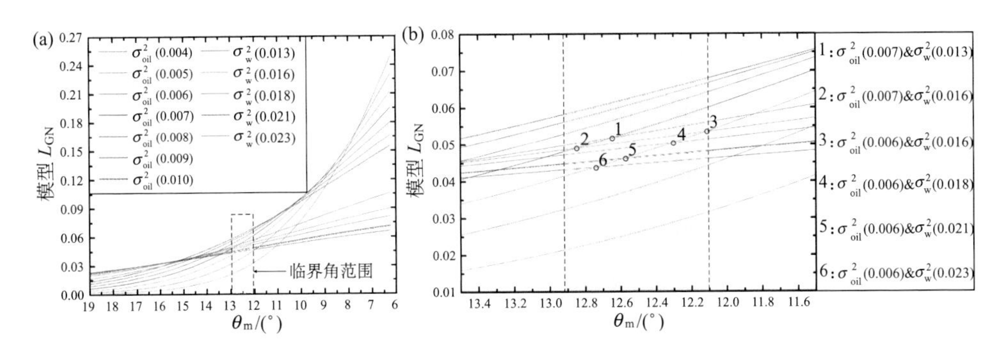

图 6.10　基于临界角约束的烃渗漏油膜耀光反射率计算仿真(Wen et al.，2018；温颜沙，2019)

(a) L_{GN} 模拟值；(b) 可能的油膜和水面粗糙度组合

为进一步提高反演精度，需分析 MODIS 859nm 波段的耀光反射率与模拟值的统计关系。图 6.10 显示了在相同 θ_{m} 角度下，模拟值与估算值之间的数据分布情况。基于临界角空间约束下的油膜表面粗糙度范围，进一步给出了不同油膜、水面粗糙度的模拟耀光反射率与 MODIS 实测耀光反射率的数值统计关系(图 6.11)。如图 6.12 所示，在两组油膜的耀光反射率统计结果中，σ_{oil}^2=0.007 所对应的 R^2、RMSE 和线性回归关系的斜率均优于 σ_{oil}^2=0.006；在五组水面的 L_{GN} 统计结果中，σ_{w}^2=0.013 和 σ_{w}^2=0.016 的斜率更接近于 1，优于其他粗糙度；鉴于 σ_{w}^2=0.016 具有相对更高的 R^2 以及更低的 RMSE，因此 σ_{oil}^2=0.007 和 σ_{w}^2=0.016 被确定为最优的油膜和水面粗糙度逼近结果。

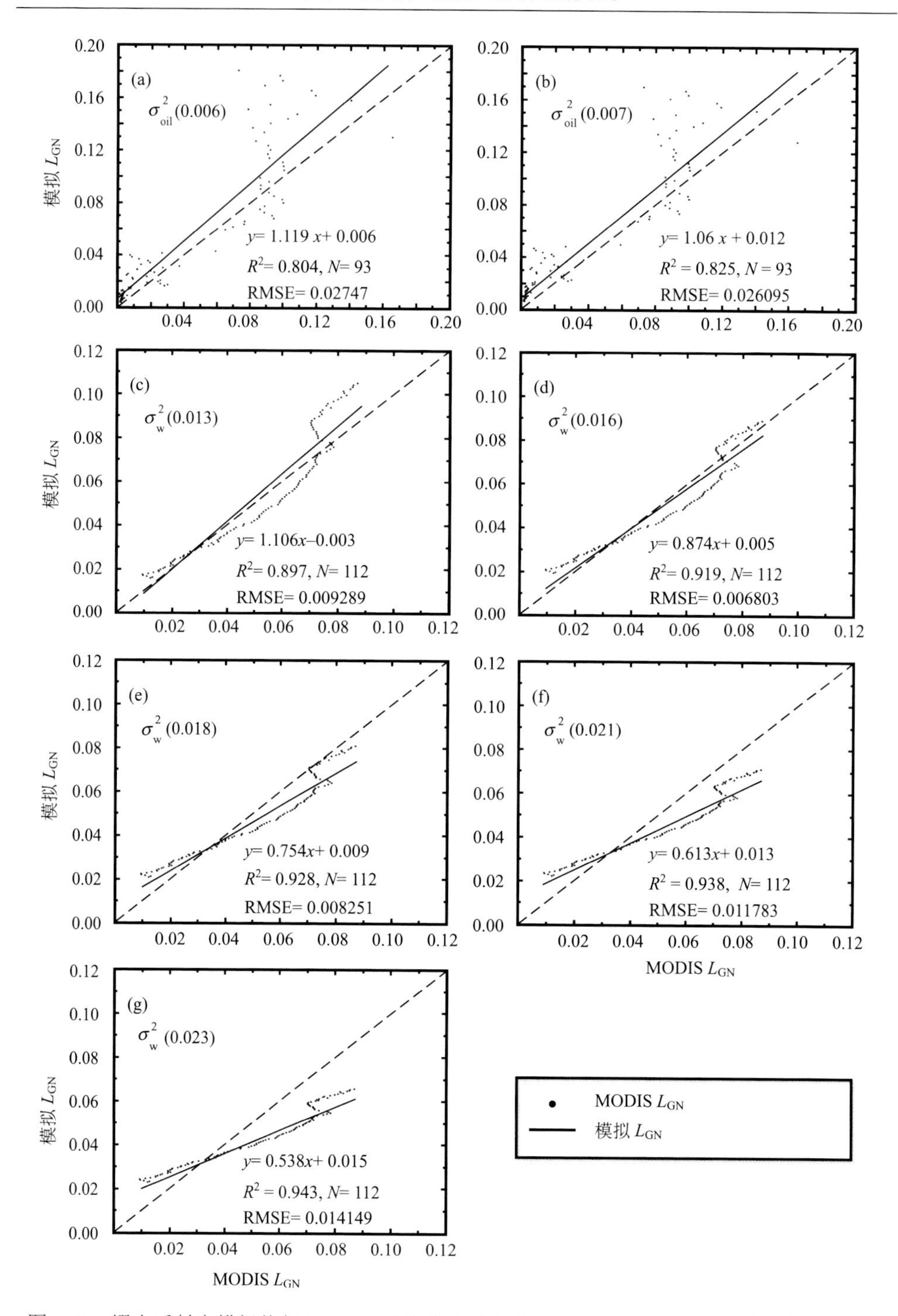

图 6.11　耀光反射率模拟值与 MODIS 反演值的统计分析(Wen et al.，2018；温颜沙，2019)

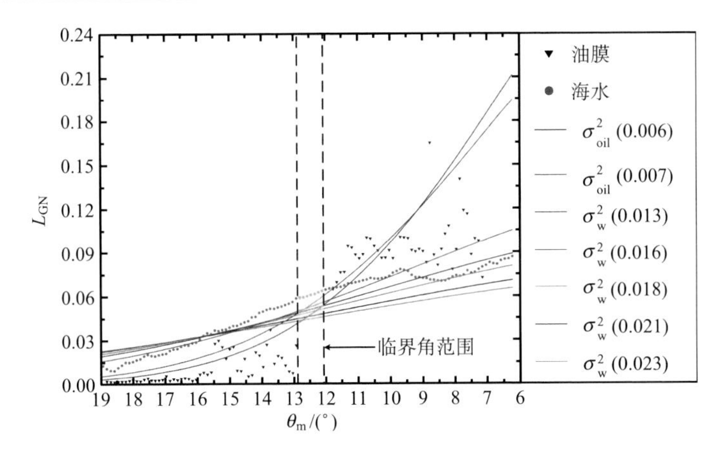

图 6.12　6 组模拟临界角对应的 L_{GN} 模拟值和估算值（Wen et al.，2018；温颜沙，2019）

基于临界角约束的溢油海面与无油海面粗糙度数值逼近和耀光反射率反演，为海面溢油耀光反射率估算提供了新的借鉴，即溢油耀光的空间分异性有可能作为一个新的代入参数，解决溢油海面粗糙度和耀光反射率无法同时求解的难题。

6.3　不同溢油类型的耀光反射差异

6.3.1　耀光反射与溢油可探测性

海面烃渗漏油膜在不同太阳耀光反射背景条件下，随观测角度的变化表现出比背景水体"亮"或"暗"的特征；其中在"亮-暗对比反转"的临界角区域，油膜与背景水体无明显反射率差异。在无耀光影响情况下，海面烃渗漏油膜是否可探测？若不可探测，如何界定无法探测溢油的耀光强度？

烃渗漏油膜的耀光反射差异与油的吸收、散射特性无关。海面烃渗漏所产生的油膜一般厚度极薄，其内部对入射光的吸收与散射作用基本可以忽略，因此海面烃渗漏油膜区域耀光影像中的油水反射率差异是耀光对油水反射率影响的一个很好指示。利用耀光探测溢油基于两个基本原理：①溢油的光学性质与水不同，②溢油对海表面粗糙度的压制。如果在无云的光学影像中没有探测到溢油，我们需要回答这样一个问题：在此区域中是没有溢油存在，或是在影像观测条件下无法探测到溢油？美国墨西哥湾天然烃渗漏产生的海面油膜由于非常薄（通常 <1μm），薄油膜的光学性质（吸收、散射等）对反射率的贡献几乎可以忽略，因此太阳耀光反射是遥感影像中这一区域海面油膜与海水反射率差异的主要成因，该研究区能为回答上述科学问题提供充分的数据资料。在同一天的不同光学传感器影像中可以观察到，有的传感器能探测到油膜，而有的传感器无法探测到油

膜(图 6.13)，这并不是完全由传感器性能差异导致的。图 6.13(a)中同一天的 VIIRS 与 MODIS Aqua 在此区域都探测到了油膜，图像上同一地点的横切面图显示油膜区域的 R_{rc} 反射率(MODIS)和辐亮度(VIIRS)显著高于周围水的区域(>2 倍标准差)，两幅影像中的油膜与周围的水都呈现出亮对比；图 6.13(b)中同一天 MODIS Terra 与 VIIRS 在此区域也都探测到了油膜，同一区域中的油膜在 MODIS Terra 影像上与周围海水为亮对比特征，在 VIIRS 影像上与周围海水为暗对比特征；图 6.13(c)中 VIIRS 影像探测到了油膜(亮对比)，而同一天的 MODIS Terra 影像无法探测到油膜的存在，VIIRS 影像横切面的辐亮度在油膜区域显著高于周围海水的背景值，对应区域 MODIS Terra 影像横切面中油膜与周围海水的背景值并没有显著的差异；图 6.13(d)中 MODIS Aqua 影像探测到了油膜(暗对比)，而同一天的 VIIRS 影像在此区域没有探测到油膜的存在。图 6.13(e)中 MODIS Terra 影像探测到了油膜(暗对比)，而同一天的 MODIS Aqua 影像在此区域没有探测到油膜的存在。

在图 6.13 中覆盖同一区域的同一天影像对显示出不同影像探测油膜的能力差异，由于同一天的影像对覆盖相同的区域，两幅影像的不同主要在以下几个方面：①传感器不同，影像对中的传感器可以为 VIIRS 与 MODIS Terra、VIIRS 与 MODIS Aqua 或者是 MODIS Terra 与 Aqua。②成像时间不同，但在图 6.13(b)中 MODIS Terra 与 VIIRS 成像时间相差 2h 23min，两幅影像在同一区域都探测到了油膜，并且油膜形态并无显著变化；图 6.13(d)中 MODIS Aqua 与 VIIRS 成像时间仅相差 6min，VIIRS 却并未在油膜存在区域探测到油膜。③由于影像对中的传感器不同，其观测角度各不相同，此外由于时间不同，同一地点的风场也有可能发生变化，因此影像对中的耀光反射强度不同。直观地说，图 6.13 展示的不同影像对中油膜的耀光反射差异较大，耀光越弱，油膜越不容易被探测到。同一天的 MODIS Terra、MODIS Aqua 和 VIIRS 的成像时间大都在 3h 之内，海面烃渗漏油膜很难在如此短的时间内消失[图 6.13(a)和(b)]；如果油膜被某一传感器探测到，而同一天的另外一个传感器影像未探测到，则认为后者成像时的耀光反射较弱而不能探测到油膜。

对墨西哥湾西北部 2012～2014 年的 2297 景(742 景 MODIS Terra，735 景 MODIS Aqua，820 景 VIIRS)遥感影像进行对比统计分析发现：①有 167 个同一天影像对在相同区域发现了油膜；②有 136 个影像对中，只有一景影像探测到了油膜。图 6.14 显示了针对特定传感器的统计结果，每个传感器的直方图分成两个部分：油膜存在并且被探测到(红色区域)，即两景图像都探测到；油膜存在但没有被探测到(蓝色区域)，即一景图像探测到，另一景图像没有探测到。区分红色和蓝色区域的耀光反射率(L_{GN})为油膜探测的阈值界限，其阈值范围对 MODIS Terra 和 Aqua 为 10^{-5}～$10^{-6}sr^{-1}$，对 VIIRS 为 10^{-6}～$10^{-7}sr^{-1}$。以 MODIS Terra 为例，

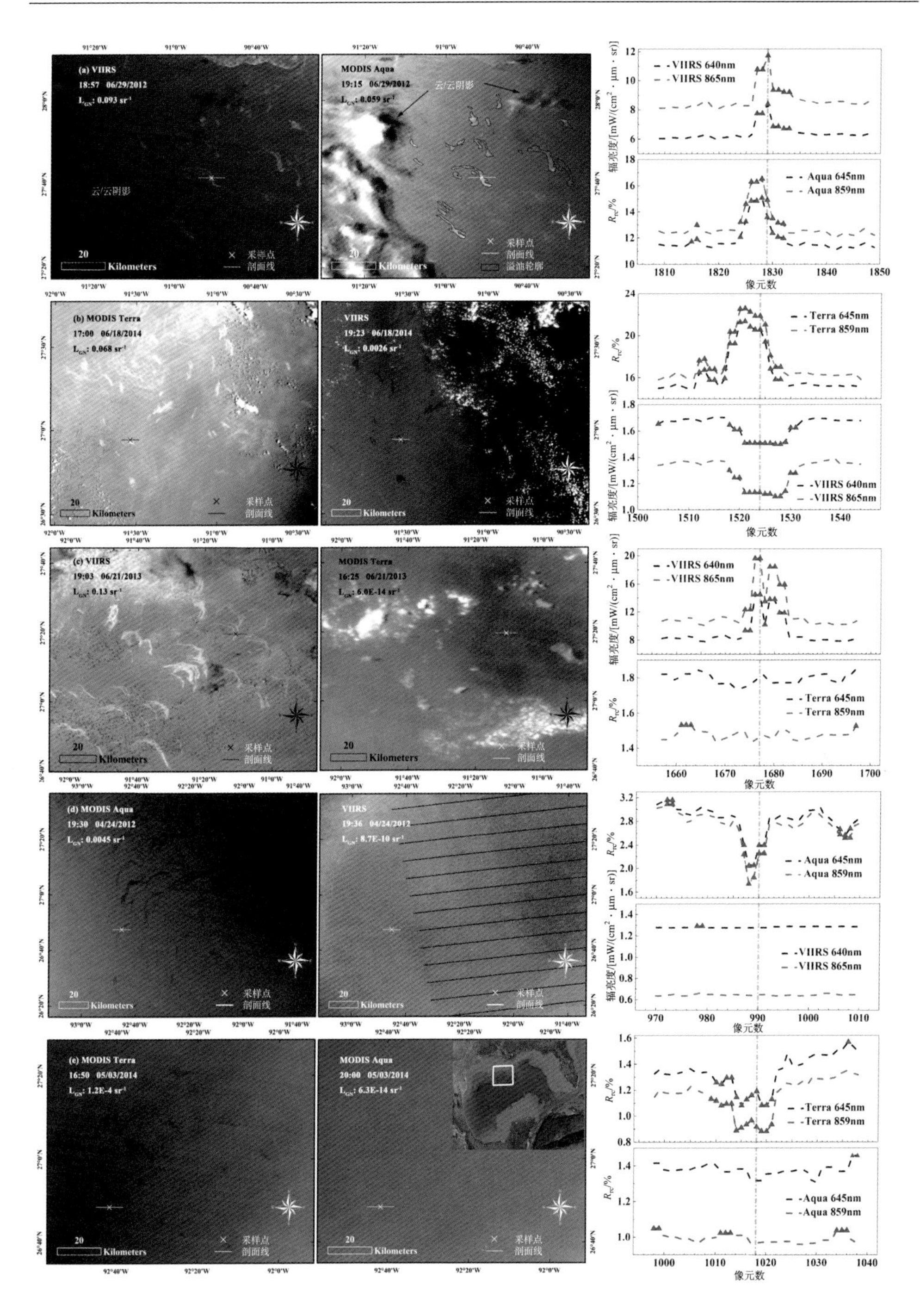

图 6.13　同一天不同传感器组成的影像对，显示不同耀光条件下的溢油探测能力(Sun and Hu，2016)

当耀光反射率小于 $10^{-6}sr^{-1}$ 时，超过 98%的油膜无法被探测到；当耀光反射率大于 $10^{-5}sr^{-1}$ 时，超过 98%的油膜可以被探测到；当耀光反射率在 10^{-6}～$10^{-5}sr^{-1}$ 范围之间时，油膜有时会被探测到，有时探测不到[图 6.14(a)]。

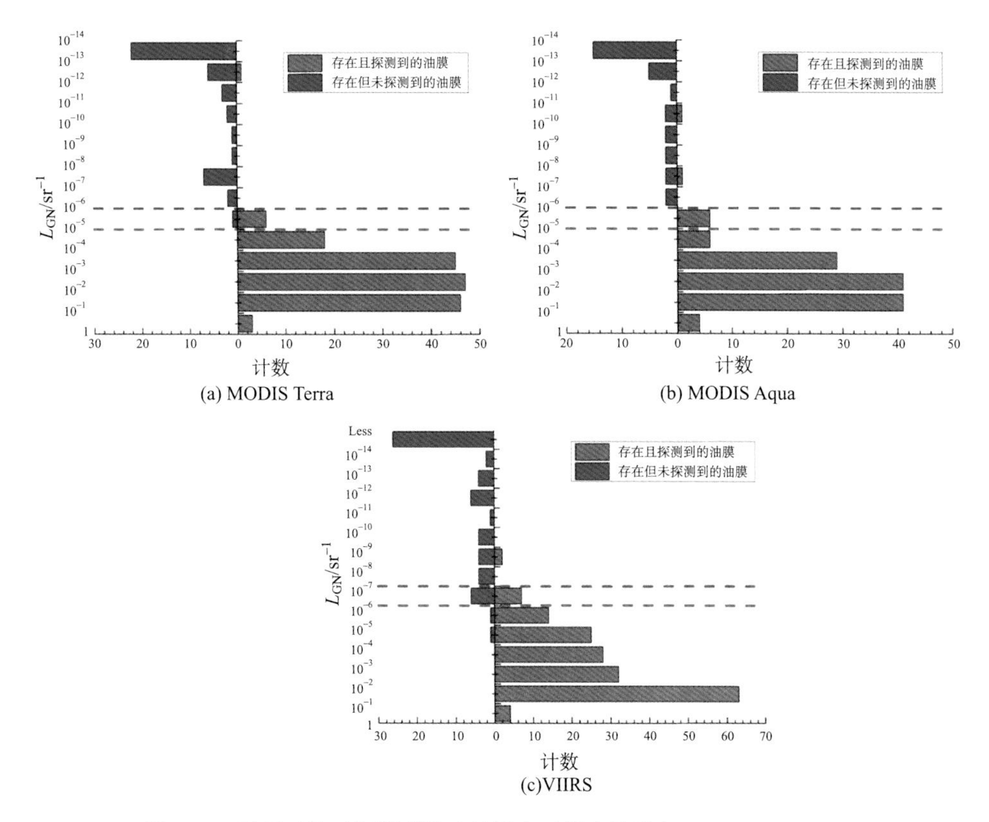

图 6.14　不同卫星可探测到溢油的耀光反射率统计(Sun and Hu，2016)

烃渗漏油膜耀光反射率的定量化具有重要的意义：①在无云光学影像中，没有探测到溢油，并不能证明此处没有溢油，也有可能是没有达到合适的耀光观测条件，即只有当耀光反射率高于阈值时，没探测到溢油才可以下没有油膜的结论；②耀光反射率达不到阈值的影像，不应该作为薄油膜溢油频率统计的有效数据，而应该被看作无探测数据。以上结论是基于粗空间分辨率卫星光学遥感数据推导出的，未必适用于高空间分辨率数据，主要因为耀光的尺度效应存在差异。

6.3.2　不同类型溢油的耀光光谱

溢油在不同的耀光反射条件下或不同溢油类型在相同耀光反射条件下，其卫星光谱形状和光谱反射率都有差异(图 6.15)。以美国墨西哥湾“深水地平线”溢油为例，图 6.15(a)是 2010 年 4 月 25 日的 MERIS 影像，在强耀光反射下的溢油

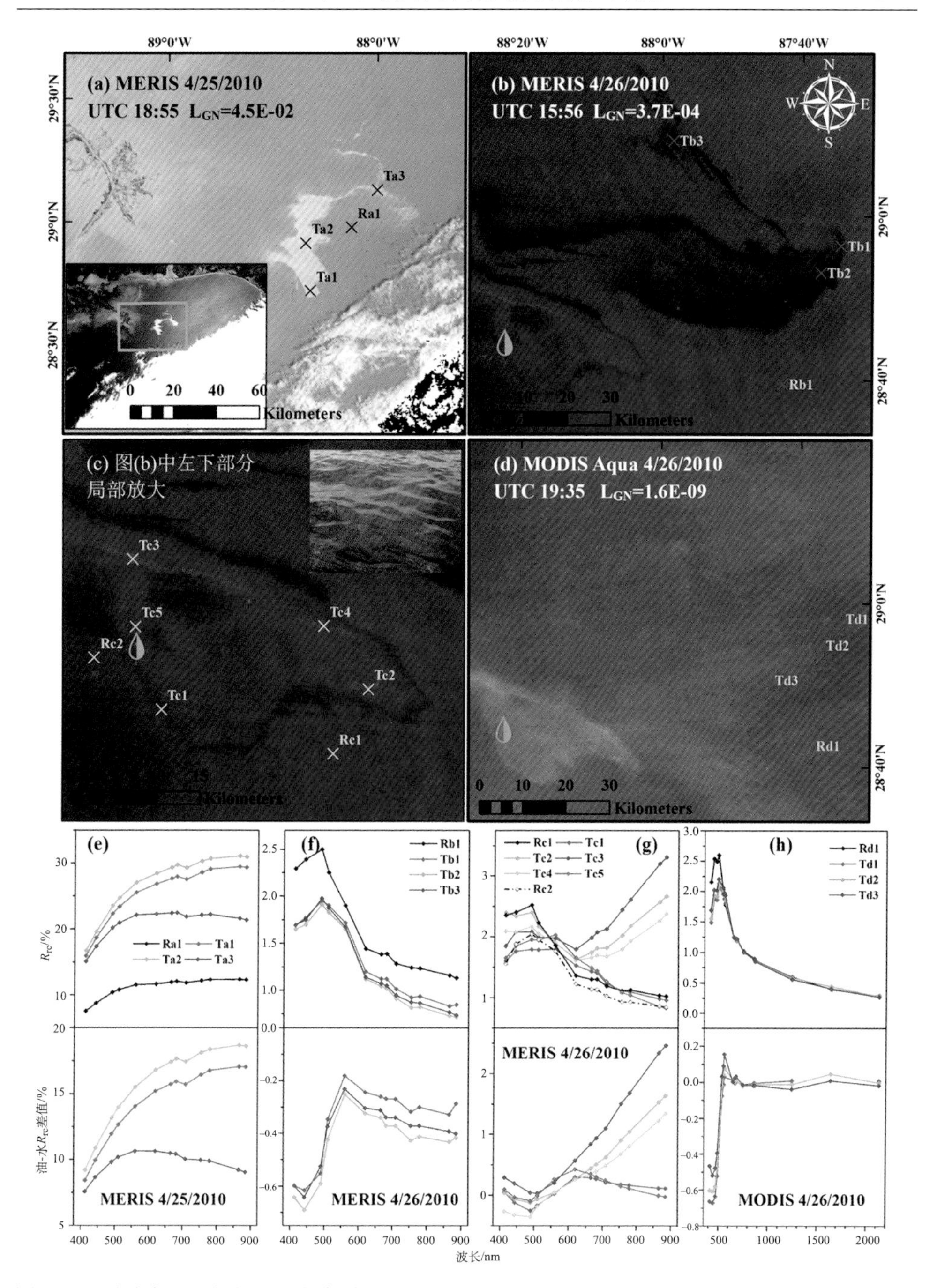

图 6.15　溢油在不同的耀光反射条件下或不同溢油类型在相同耀光反射条件下，卫星光谱形状和光谱反射率都有差异(Sun and Hu，2019)

与背景水体呈现“亮对比”，在溢油范围内随机选取 3 个点，其溢油光谱反射率在可见光-近红外(VNIR)波段均高于背景水体[图 6.15(e)]。由于反射耀光在大气中的衰减是长波波段高于短波波段，图 6.15(e)中光谱反射率在红光-近红外波段的抬升，并不能代表无耀光反射下的溢油光谱形状。实际上，在 2010 年 4 月 26 日弱耀光反射的 MERIS 影像上[图 6.15(b)和(c)]，随机选取的 Tb、Tc 点，没有任何点的光谱与强耀光下[图 6.15(a)]反射率光谱相似。在弱耀光条件下随机选取的 Tb 点，溢油与背景水体呈“暗对比”特征，所有波段的反射率均低于背景水体，其中蓝光波段与水的反差绝对值最大，这是因溢油在蓝光波段的强吸收所引起。弱耀光反射下的乳化油反射光谱能够展现乳化油固有的光谱特征，图 6.15(c)为图 6.15(b)左下角位置的放大图，Macondo 油井东面的环状条带呈棕红色，与乳化油颜色特征非常相像(Clark et al., 2010)。沿环形条带选取点的光谱显示，Tc2、Tc3、Tc4 点的光谱反射率从红光到近红外波段都有抬升，是典型的乳化油光谱特征。此外，通过光谱分析可知，由于缺少藻类的光吸收特征，可以排除浮游藻类，如马尾藻和束毛藻属等类似物。

同一天的 MODIS 与 MERIS 影像(间隔 3.5h)展现了同一处环形油带，但是在图 6.15(b)中的 Tb 点附近无法通过彩色合成影像观察到明显的油水差异。相同区域点的光谱分析[图 6.15(h)]显示蓝光波段的油水反射率差异与图 6.15(f)的反射率差异大小类似，同样是由于溢油在蓝光波段的强吸收引起。无耀光影响下，非乳化原油[图 6.15(h)]在红光近红外波段显示了非常小的油水反射率差异，图 6.15(f)上同样区域在红光近红外波段的油水反差则受耀光反射差异的影响。

6.4 耀光反射的偏振遥感应用

6.4.1 溢油海面耀光反射的偏振遥感原理

1. 光的偏振态

光是一种横波，其矢量振动方向与传播方向垂直，常表现出偏振特性。偏振是指电磁波的振动方向和传播方向具有不对称性(崔宏滨等，2015)。描述光偏振程度的物理量是偏振度(degree of polarization，DOP)，其定义为：在与光传播方向垂直的平面内，某一振动方向上具有最大辐亮度，该方向上的辐亮度与总辐亮度的比值[式(6-13)]：

$$\mathrm{DOP}=\frac{I_{\mathrm{p}}}{I_{\mathrm{t}}}=\frac{I_{\mathrm{p}}}{I_{\mathrm{p}}+I_{\mathrm{u}}} \tag{6-13}$$

式中，I_{p} 表示在光传播方向的垂直平面内，在某一振动方向上辐亮度最大；I_{u} 表示其他振动方向上的辐亮度和；I_{t} 表示总辐亮度。偏振度范围为 0～1，当偏振度为 0 时，表示光矢量在光传播方向的垂直平面内各个方向振动的概率相等、大小相同，自然光具有这种属性，也称为非偏振光(范少卿和郭富昌，1990)；当偏振度为 1 时，则为完全偏振光；当偏振度介于 0～1 时，为部分偏振光。太阳入射光，无论在空间还是在时间上，其光矢量的振幅和方向都迅速地、无规则地变化着；从统计分布来看，即使在很短的观测时间内，在光传播方向的垂直平面内(即振动平面内)，光矢量也在各个方向振动概率相等、振幅大小相等。

偏振光常用的表示方法有三角函数法、琼斯矢量法、邦加球法及斯托克斯矢量法。三角函数法和琼斯矢量法仅能表示单色偏振光，而邦加球法常用作图示方法，不便于数据处理与计算。斯托克斯矢量法除了可以表示单色偏振光外，还可以表示部分偏振光、非偏振光及单色光和非单色光(廖延彪，2006)。斯托克斯矢量法用 4 个参量(I、Q、U、V)来描述光波的能量和偏振态，这些参量都是光辐亮度的时间平均值，可以通过简单的观测实验获得。平面单色光的斯托克斯矢量可表达为如下形式：

$$\begin{cases} I=E_x^2+E_y^2 \\ Q=E_x^2-E_y^2 \\ U=2E_xE_y\cos\delta \\ V=2E_xE_y\sin\delta \end{cases} \tag{6-14}$$

式中，I 表示总辐亮度；Q 表示 x、y 方向线性偏振光辐亮度之差；U 表示振动平面内±45°方向的线性偏振光辐亮度之差；V 表示左旋椭圆偏振光与右旋椭圆偏振光的辐亮度之差。对于单色偏振光，$I^2=Q^2+U^2+V^2$，其中有三个量是独立的(廖延彪，2006)。常见偏振光的归一化斯托克斯矢量如表 6.1 所示。

表 6.1　不同偏振光的归一化斯托克斯矢量

光偏振态	斯托克斯矢量
自然光	$[1, 0, 0, 0]^T$
水平线偏振光	$[1, 1, 0, 0]^T$
+45°线偏振光	$[1, 0, 1, 0]^T$
–45°线偏振光	$[1, 0, -1, 0]^T$
右旋偏振光	$[1, 0, 0, 1]^T$
左旋偏振光	$[1, 0, 0, -1]^T$

一般情况下，$I^2 \geqslant Q^2+U^2+V^2$；对于偏振光，$I^2=Q^2+U^2+V^2$；对于部分偏振光，$I^2>Q^2+U^2+V^2$；对于自然光，$Q^2+U^2+V^2=0$。斯托克斯矢量计算偏振度的公式则为

$$\mathrm{DOP}=\frac{\sqrt{Q^2+U^2+V^2}}{I} \tag{6-15}$$

当 DOP=0 时，表示的是非偏振光或自然光；当 DOP=1 时，表示的是完全偏振光；当 0<DOP<1 时，表示的是部分偏振光。

光从一种介质进入另一种介质时，由于两种介质物理性质的改变，光会在界面处发生反射和折射。反射定律和折射定律给出了入射光、反射光和折射光之间的关系：①入射光、反射光和折射光在各自传播方向共面；②反射角和入射角相等；③根据折射定律，即斯涅耳定律(Snell's law)，折射角与入射角之间关系为 $n_1\sin\theta_1=n_2\sin\theta_2$，$n_1$ 和 n_2 分别为两种介质的折射率，θ_1 和 θ_2 分别表示入射角和折射角，如图 6.16 所示。

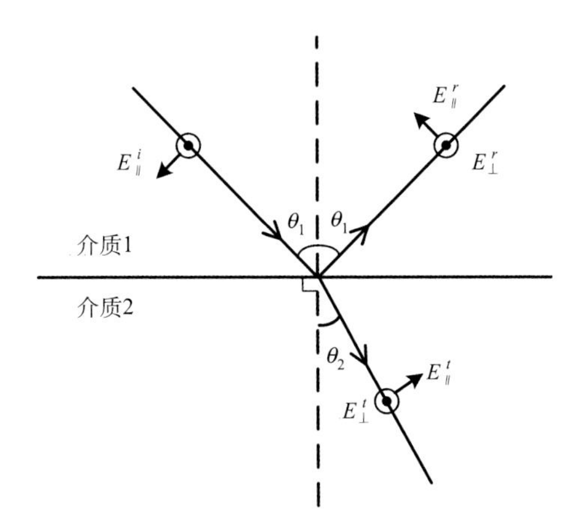

图 6.16　光在两种不同折射率介质表面的折射与反射(周杨，2018)

入射光均可以分解为相互垂直的两个分量，即平行于入射平面的 P 分量(用符号“//”表达)和垂直于入射平面的 S 分量(用符号“⊥”表达)。菲涅耳定律给出反射光、折射光与入射光的 P 分量与 S 分量光的振幅比关系。如主要研究介质表面反射光偏振态变化，则仅需给出反射光与入射光的振幅比，根据菲涅耳定律和斯涅耳定律，反射光与入射光振幅比如下：

$$\begin{cases} r_{\perp}=\dfrac{E_{\perp}^{r}}{E_{\perp}^{i}}=-\dfrac{\sin(\theta_1-\theta_2)}{\sin(\theta_1+\theta_2)}=\dfrac{n_1\cos\theta_1-n_2\cos\theta_2}{n_1\cos\theta_1+n_2\cos\theta_2} \\ r_{//}=\dfrac{E_{//}^{r}}{E_{//}^{i}}=\dfrac{\tan(\theta_1-\theta_2)}{\tan(\theta_1+\theta_2)}=\dfrac{n_2\cos\theta_1-n_1\cos\theta_2}{n_2\cos\theta_1+n_1\cos\theta_2} \end{cases} \tag{6-16}$$

波振幅常难以测量，实际常用的物理量是反射率，即反射能量与入射能量之比，光能量正比于光矢量振幅的平方，因此在各向同性均匀介质分界面上，光波

垂直分量 S 波和平行分量 P 波的反射率分别为

$$\begin{cases} R_{\perp}=\dfrac{I_{\perp}^{r}}{I_{\perp}^{i}}=\dfrac{|E_{\perp}^{r}|^{2}}{|E_{\perp}^{i}|^{2}}=\dfrac{\sin^{2}\left(\theta_{1}-\theta_{2}\right)}{\sin^{2}\left(\theta_{1}+\theta_{2}\right)} \\ R_{//}=\dfrac{I_{//}^{r}}{I_{//}^{i}}=\dfrac{|E_{//}^{r}|^{2}}{|E_{//}^{i}|^{2}}=\dfrac{\tan^{2}\left(\theta_{1}-\theta_{2}\right)}{\tan^{2}\left(\theta_{1}+\theta_{2}\right)} \end{cases} \tag{6-17}$$

当入射光为自然光时，即$|E^{i}_{//}|^{2}=|E^{i}_{\perp}|^{2}=1/2E$，则总反射率为

$$R=\frac{1}{2}(R_{\perp}+R_{//})=\frac{1}{2}\left[\frac{\sin^{2}\left(\theta_{1}-\theta_{2}\right)}{\sin^{2}\left(\theta_{1}+\theta_{2}\right)}+\frac{\tan^{2}\left(\theta_{1}-\theta_{2}\right)}{\tan^{2}\left(\theta_{1}+\theta_{2}\right)}\right] \tag{6-18}$$

菲涅耳公式表达了介质表面对入射光的反射作用，可用于反射光的计算。斯托克斯矢量是一个 4×1 的矢量，连接反射光与入射光斯托克斯矢量的是一个 4×4 的穆勒矩阵。对于各向同性均匀介质的表面反射，当入射光为自然光，其菲涅耳反射矩阵(Tsang et al.，1985；Deuzé et al.，1989)如下：

$$\boldsymbol{F}=\frac{1}{2}\begin{bmatrix} r_{\perp}^{2}+r_{//}^{2} & r_{//}^{2}-r_{\perp}^{2} & 0 & 0 \\ r_{//}^{2}-r_{\perp}^{2} & r_{\perp}^{2}+r_{//}^{2} & 0 & 0 \\ 0 & 0 & 2r_{\perp}r_{//}\cos\delta & 2r_{\perp}r_{//}\sin\delta \\ 0 & 0 & -2r_{\perp}r_{//}\sin\delta & 2r_{\perp}r_{//}\cos\delta \end{bmatrix} \tag{6-19}$$

式中，δ表示入射光与 P 波间的相位差。

2. 溢油海面耀光反射偏振遥感模型

直射入射太阳光为平行自然光(即非偏振光)，针对溢油海面耀光反射，仅考虑表面一次菲涅耳反射。在较粗空间分辨率卫星影像上，针对溢油海面耀光反射的 Cox-Munk 模型(Lu et al.，2016，2017)，结合其对耀光反射的统计概率模型，通过修订菲涅耳反射率的方法，建立了海面耀光偏振反射率模型[式(6-20)]，其溢油海面偏振反射的斯托克斯矢量 S 如下：

$$\begin{aligned} S&=\frac{P\left(\theta,\theta_{0},\varphi,\sigma^{2}\right)}{4\cos\theta\cos^{4}\beta}\cdot\boldsymbol{F}\cdot\begin{bmatrix}1\\0\\0\\0\end{bmatrix} \\ &=\frac{P\left(\theta,\theta_{0},\varphi,\sigma^{2}\right)}{8\cos\theta\cos^{4}\beta}\begin{bmatrix} r_{\perp}^{2}+r_{//}^{2} & r_{//}^{2}-r_{\perp}^{2} & 0 & 0 \\ r_{//}^{2}-r_{\perp}^{2} & r_{\perp}^{2}+r_{//}^{2} & 0 & 0 \\ 0 & 0 & 2r_{\perp}r_{//}\cos\delta & 2r_{\perp}r_{//}\sin\delta \\ 0 & 0 & -2r_{\perp}r_{//}\sin\delta & 2r_{\perp}r_{//}\cos\delta \end{bmatrix}\begin{bmatrix}1\\0\\0\\0\end{bmatrix} \end{aligned} \tag{6-20}$$

式中，σ^{2} 表示溢油海面粗糙度；θ_{0} 为天阳天顶角；θ 为卫星天顶角；φ 为相对方

位角；β 表示微面元倾斜角度(在 Cox-Munk 模型中给出，见图 6.17)。此外，将表达不同偏振分量的菲涅耳反射系数[式(6-21)和式(6-22)]代入

$$r_{\perp}=(n_1\cos\omega-n_2\cos\gamma)/(n_1\cos\omega+n_2\cos\gamma) \tag{6-21}$$

$$r_{//}=(n_2\cos\omega-n_1\cos\gamma)/(n_2\cos\omega+n_1\cos\gamma) \tag{6-22}$$

式中，ω 和 γ 分别为溢油海面的入射角和折射角。从而，溢油海面偏振耀光反射的偏振度为

$$\mathrm{DOLP}=\frac{\sqrt{Q^2+U^2}}{I}=\left|\frac{r_{//}^2-r_{\perp}^2}{r_{\perp}^2+r_{//}^2}\right| \tag{6-23}$$

根据式(6-23)可知，溢油海面耀光偏振度与表面粗糙度无关；但由式(6-20)可知，反射光斯托克斯矢量中的每一个分量 I、Q、U、V 均受海面粗糙度的影响。溢油海面偏振耀光反射的一个极大的特点是可以利用耀光偏振度直接计算出溢油海面的等效折射率，这是单一耀光反射率无法从原理层面解析出的物理参数。

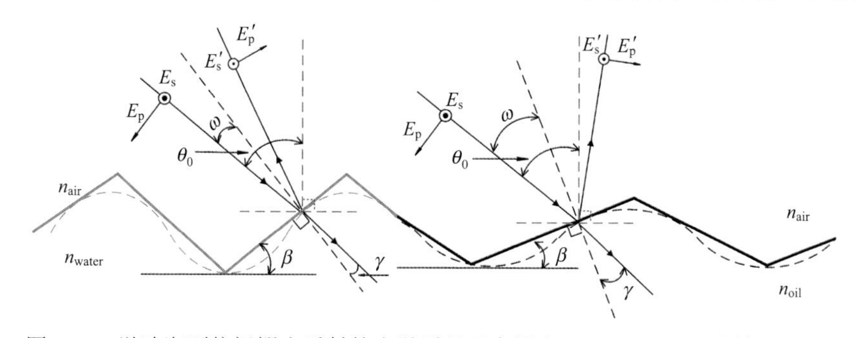

图 6.17　溢油海面偏振耀光反射的光学原理示意图(Lu et al.，2017；周杨，2018)

6.4.2　溢油海面耀光反射偏振度模拟与验证

卫星光学遥感观测的溢油海面或清洁海面耀光偏振度由太阳天顶角、传感器天顶角、传感器与太阳的相对方位角、溢油海面折射率等共同决定。为了阐明溢油海面偏振度与上述因素之间的关系，模拟不同海面耀光反射偏振度随观测几何角度(太阳天顶角、传感器天顶角和相对方位角)、折射率变化等的数值响应；基于多角度、不同折射率的数值模拟，分析溢油耀光反射偏振探测的最佳角度，并探讨耀光反射偏振遥感的溢油探测效能。

1. 反射耀光偏振度随观测几何角度的变化

光学卫星成像的观测几何角度，如太阳天顶角、传感器天顶角、相对方位角，是海面耀光反射偏振度变化的主要因素。为了分析耀光反射偏振度随观测几何角度的变化规律，模拟海面(海水折射率取 1.34)耀光在不同太阳天顶角下(θ_0 分别为

15°、30°、45°、60°)、不同探测器天顶角(θ 变化范围为 0°～90°)、不同相对方位角(φ 变化范围为 0°～360°)观测条件下的海面耀光反射偏振度变化，模拟结果如图 6.18 所示。

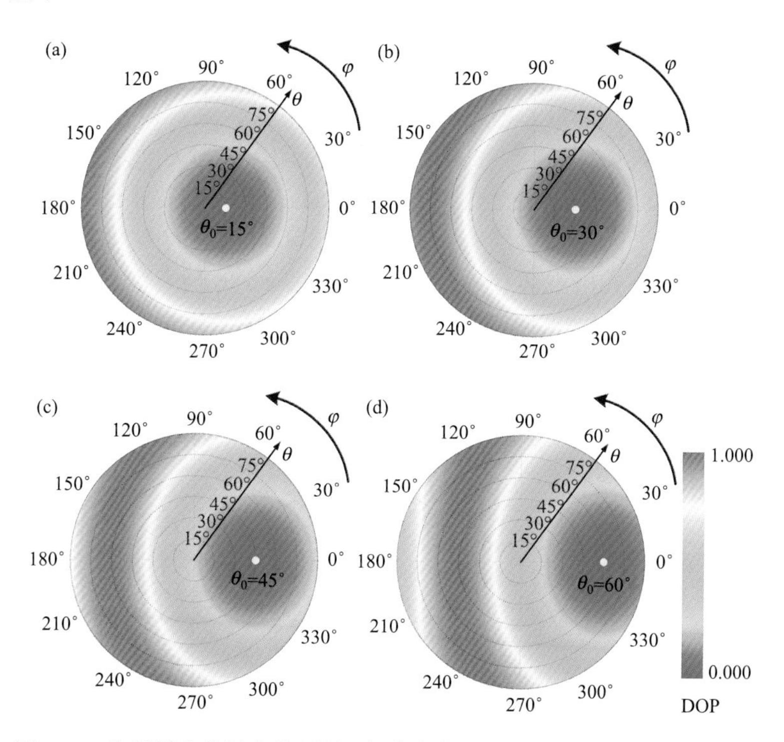

图 6.18　海面耀光偏振度随观测几何的变化(Lu et al.，2017；周杨，2018)

海面耀光反射偏振度最小值位于太阳天顶角处(即观测方向与入射太阳光方向一致)，以太阳天顶角为中心点，偏振度逐渐增大。偏振度较大值位于相对方位角 90°～270°范围内，主要位于 180º 附近，即离镜面反射点位置越近，耀光反射率越强，偏振度越大。

2. 反射耀光偏振度随折射率的变化

折射率是表征物质光学性质的重要参量之一。通常气体折射率接近 1，而液体折射率比气体高(Riazi，2005)。液体折射率是温度和压强的函数，因此液体折射率一般在 20℃或 25℃、1 个标准大气压下，用标准钠灯 D 线(589.3nm)测量。海水是一个组分复杂的系统，不仅有多种盐离子、溶解气体，还存在多种浮游动植物、悬浮颗粒，这些成分会影响海水折射率。Sager(1974)、Austin 和 Halikas(1976)等测量给出了不同盐度、不同温度、不同波长处的海水折射率，一般为 1.33～1.34。原油呈棕黑色，透过率差，难以直接测量，常将原油在纯碳氢化合物溶剂内稀释后测量，通过外推法得到其折射率(Jones，2010)。另一种方法则是混合多种碳氢化合物模拟被测原油，外推其折射率。碳氢化合物折射率在1.3(丙烷)到 1.6(芳香族化合物)之间。原油折射率随其密度增加而增大，通常在1.4～1.6(Ghandoor et al.，2003；Wattana et al.，2003)。

为探究溢油海面折射率变化带来的反射耀光偏振度差异，需模拟无油海面及溢油海面(即不同折率表面)的耀光反射偏振度变化。如图 6.19 所示，太阳天顶角 θ_0 为 30°，观测角 θ 为 0°～90°，相对方位角 φ 为 0°～360°，海水折射率为 1.34，而溢油海面折射率分别选取了 1.44、1.54 和 1.64 三个值来表示不同溢油海面。耀光反射偏振度值在太阳天顶角处最低，以此为中心向外随周围角度变化而增大，增大趋势随折射率系数增大而减缓；相对方位角 φ=180°时，随折射率从 1.34 变化到 1.64，对应于偏振度 DOP=0.500 的观测角依次为 33.4°、35.6°、37.6°和 39.8°。折射率变化引起的偏振度变化明显，这也预示着将太阳耀光偏振反射用于溢油海面探测的可能。

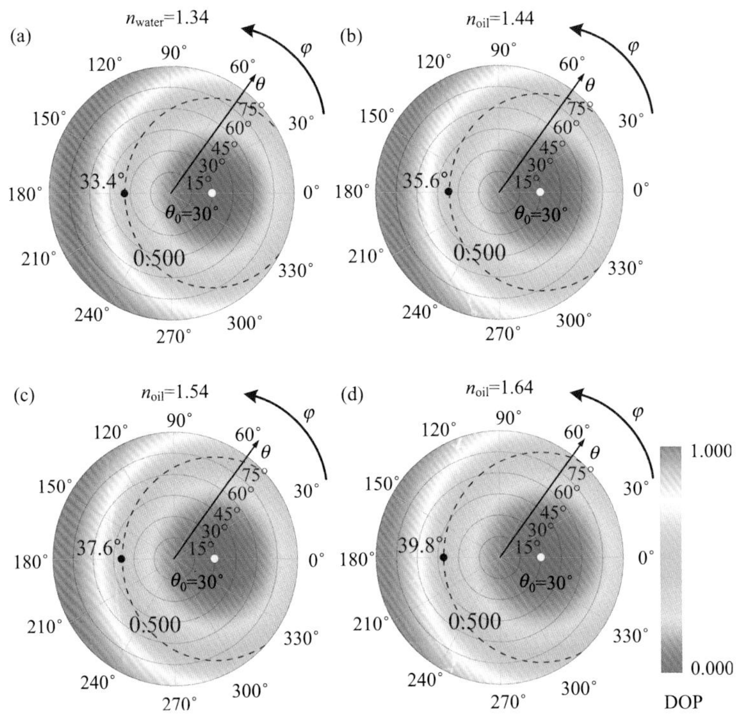

图 6.19　表面耀光反射偏振度随折射率变化(Lu et al.，2017；周杨，2018)

3. 溢油海面耀光反射偏振探测的最优角度

溢油海面耀光反射偏振度是几何角度(θ_0、θ、φ)与折射率的函数，不同几何角度下，溢油海面与无油海面耀光反射偏振度差异不同。因此，存在这样一个问题：在什么几何角度下溢油海面与无油海面耀光反射偏振度差异最明显？即在此角度下，利用耀光反射的偏振特性去探测溢油海面最为灵敏，此角度即为溢油海面耀光反射偏振探测的最优角度。基于图 6.18 和图 6.19 的模拟数据集，利用标准差(standard deviation，SD)评估不同几何角度下，耀光反射偏振度对折射率(区分溢油与海水的物理量)的敏感性。标准差反映了一组数值的离散程度，标准差越大，模拟偏振度的离散程度越高，溢油与海水的可区分度也越高，标准差定义如下：

$$\mathrm{SD}=\sqrt{\frac{\sum_{i=1}^{m}(\mathrm{DOP}_{n_i}-\overline{\mathrm{DOP}})^2}{m-1}} \tag{6-24}$$

式中，SD 是标准差；m 是模拟中折射率的数量，模拟折射率从 1.34 到 1.64，以 0.02 为数值变化间隔，则 m 为 16；DOP_{n_i} 是某一观测角度下折射率为 n_i 的溢油海面耀光反射偏振度；$\overline{\mathrm{DOP}}$ 是对应角度下 m 种折射率物质(1 种海水和 m–1 种溢油)表面耀光反射偏振度均值。研究中模拟了 θ_0=10°、30°和 50°，θ 为 0°～90°，φ 为 0°～360°，折射率从 1.34 到 1.64 以 0.02 为间隔变化的耀光偏振度。不同几何观测角度下，耀光反射偏振度标准差结果如图 6.20 所示。

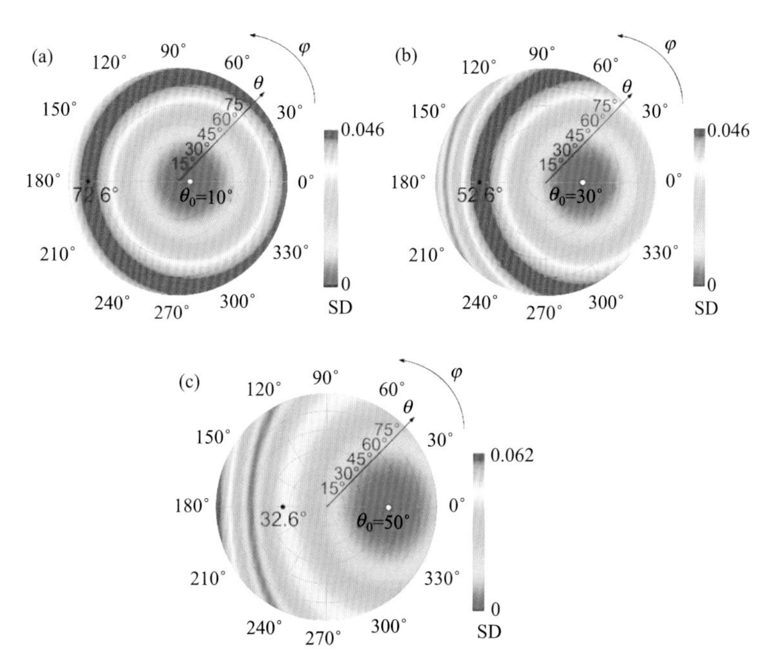

图 6.20　不同观测几何角度下耀光反射偏振度随折射率变化的标准差(Lu et al.，2017；周杨，2018)

由图 6.21 系列标准差统计可知：①当 φ=0°，θ_0=θ 时，无论折射率如何变化，偏振度始终为 0，即在忽略天空散射光反射和离水辐亮度时，若想获得此观测几何条件下的太阳耀光信号，入射太阳光需垂直于海面，根据菲涅耳反射定律和折射定律，反射光偏振态不变。②当 φ=0°，$\theta<\theta_0$ 或 $\theta>\theta_0$ 时，耀光反射偏振度逐渐增加，并且不同折射率溢油海面耀光反射偏振度差异逐渐增大，标准差也逐渐增大。③当 θ_0=30°，φ=90°或 270°时，溢油海面耀光反射偏振度逐渐增加，并且溢油与海水偏振度差异增大。相应地，标准差逐渐增大，$\theta\approx$82.5°时达到最大值，之后逐渐减小。在相对方位角 φ 位于 0°～90°或 270°～360°时，相较于太阳耀光反射，离水辐亮度和天空散射光反射不能忽略，因此对于此部分几何角度不做过多考虑和分析。④当 θ_0=30°，φ=180°时，不同折射率的溢油与海水耀光反射偏振度随观测天顶角增加而逐渐增大，并达到最大值 1，此时反射光为全偏光，对应入射角为布儒斯特角[Brewster angle，$\theta_B=\arctan(n_{oil}/n_{air})$ 或 $\arctan(n_{water}/n_{air})$]。溢油与海水折射率不同，布儒斯特角大小不同；观测天顶角继续增加，偏振度减小。由于布儒斯特角的差异，不同折射率溢油与海面耀光偏振度曲线交叉，即在一定观测角度下，溢油与海水表面耀光偏振度出现相同值，可类比归一化反射率中的临界角(Jackson and Alpers，2010；Lu et al.，2016)，此时对应的观测角度也可称为偏振临界角。⑤在 θ 为 40°～70°时，不同折射率的溢油与海面耀光反射偏振度差异较大；θ=40°～60°范围内标准差值为高值区，并且在 θ=52.6°时，标准差最大，即此时以耀光反射偏振度区分溢油与海水最为敏感。对应于 φ=180°，θ_0=10°、20°和 40°，标准差最大值分别在 θ=72.6°、θ=62.6°和 θ=42.6°。由此可见，传感器与太阳相对方位角为 180°时，溢油耀光反射偏振探测的最优观测角位于太阳天顶角和传感器天顶角之和为 82.6°处(图 6.21)。

4. 基于偏振卫星太阳耀光反射的溢油观测

20 世纪 80 年代后期，法国里尔大学开始研制观测地球光谱反射率偏振特性和方向性差异的偏振成像设备——POLDER(polarization and directionality of Earth's reflectances)，主要用于探测云、大气气溶胶、陆表和海洋属性，并进行了多次航空试验(Deschamps et al.，1994)。POLDER-I 和 POLDER-II 分别于 1996 和 2002 年搭载日本 ADEOS-I 和 ADEOS-II 卫星升空，由于卫星太阳能电池板故障问题，两个传感器仅获取了几个月的数据后便停止工作。2004 年 11 月，POLDER 的改进型 PARASOL(polarization and anisotropy of reflectances for atmospheric science coupled with observations from a Lidar)传感器，搭载欧洲航天局 ASAP-5(Ariane Structure for Auxiliary Payload)卫星平台发射升空，PARASOL 在偏振通道的波段设置和多角度观测上做了调整，并且加入美国国家航空航天局(NASA)的“A-Train”计划，PARASOL 于 2013 年 10 月停止工作。作为 POLDER/

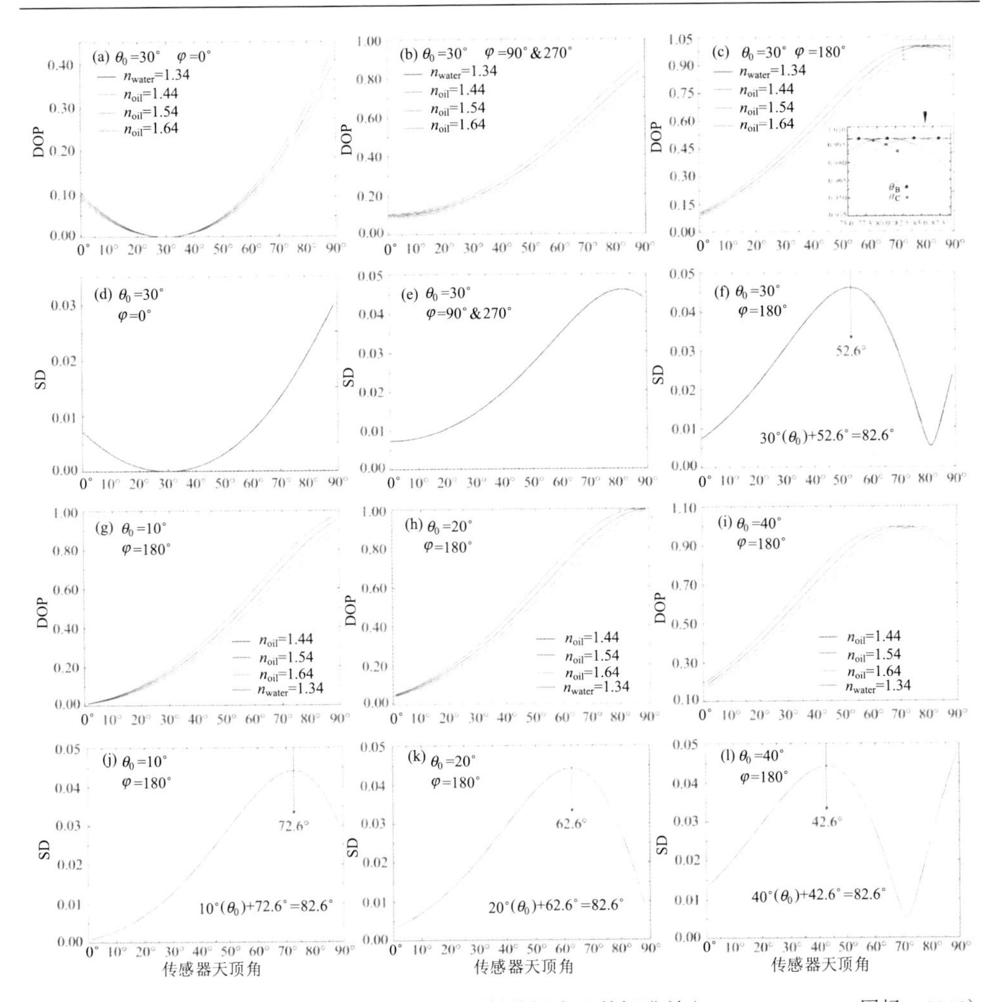

图 6.21　不同观测几何角度下溢油海面耀光反射偏振度及其标准差(Lu et al.，2017；周杨，2018)

PARASOL 传感器的继承与发展，欧洲航天局目前正在研制 Multi-viewing、Multi-channel、Multi-polarization Imaging(3MI)传感器，主要用于气溶胶观测、地球辐射收支平衡、云、土壤及海洋水色等(Bruno et al.，2017)，预计于 2021 年底发射升空。NASA 于 2010 年提出 PACE(Plankton, Aerosol, Cloud, ocean Ecosystem)任务，主要用于海洋生态、碳循环、大气质量、气溶胶、云等研究，其中也将搭载多角度偏光计，预计 2022 年发射升空(https:// pace.gsfc.nasa.gov)。

PARASOL 传感器主要由三部分组成：CCD 面阵探测器、宽视场长焦透镜、带有滤波片和偏振片的转轮。CCD 探测器的光谱探测波段范围为 400～1050nm，共设置 9 个波段，每个波段对应的光谱响应函数如图 6.22 所示，其中 3 个波段设有偏振测量通道，分别是 490nm、670nm 和 865nm(表 6.2)。

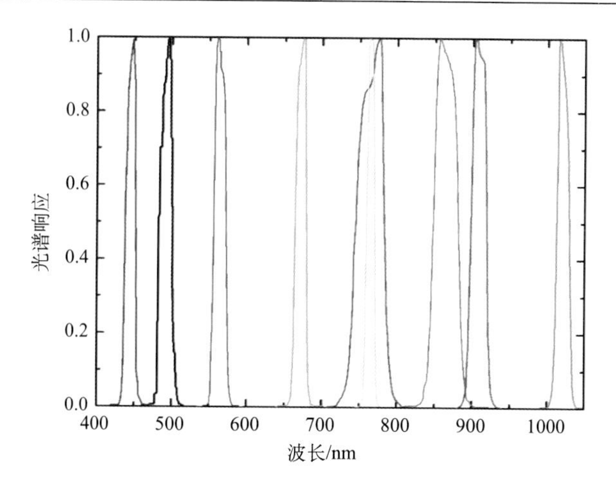

图 6.22　PARASOL 的光谱响应函数(Bréon，2005)

表 6.2　PARASOL 探测波段及偏振通道设置(Bréon，2005)

参数	波段/nm								
	443	490	565	670	763	765	865	910	1020
中心波长/nm	443.9	491.5	563.9	669.9	762.8	762.5	863.4	906.9	1019.4
带宽/nm	13.5	16.5	15.5	15.0	11.0	38.0	33.5	21.0	17.0
是/否偏振通道	否	是	否	是	否	否	是	否	否

PARASOL 多光谱测量和偏振测量是通过在转轮卡槽内加装滤波片和偏振片方式实现的(图 6.23)。转轮上共有 16 个卡槽，其中第 1 个卡槽不透光，用以测量传感器暗电流；另外 6 个卡槽仅装有滤波片，作为非偏振测量通道；其他 9 个卡槽装有不同角度的偏振片和滤波片(共 3 个波段，每个波段获取 3 个偏振方向，方向间隔 60°，可用以测量并计算斯托克斯矢量的 I、Q、U 分量)。转轮旋转一个周期需要 4.9s。单个波段的三个偏振角度测量是连续的，整个测量时间为 0.6s。为了弥补测量过程中卫星平台的移动偏差，并标定 3 个波段的偏振测量，每个偏振单元里使用了一个小角度楔形棱镜。

PARASOL 单次观测可获取 16 幅影像，依次为暗电流、490P1、490P2、490P3、443、1020、565、670P1、670P2、670P3、763、765、910、865P1、865P2 和 865P3，其中数字部分表示测量波段中心波长(nm)，P 表示 polarization(即偏振通道)，1、2 和 3 表示 3 个偏振方向上的测量(3 个偏振角度按 60°依次递增)。如图 6.24 所示，PARASOL 图像采集过程每 19.6s 重复一次，在此时间间隔内，初始目标于星下点的目标相对卫星而言移动了约 9°，而此目标仍在卫星传感器视场范围内。当卫星经过某一地面目标时，PARASOL 可获得至多 16 个观测角度的辐亮度数据(即可实现多角度观测)。

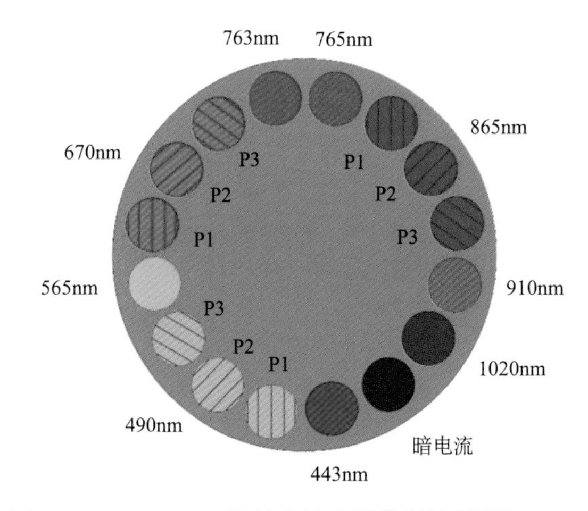

图 6.23　PARASOL 转轮上波片及偏振片(周杨，2018)

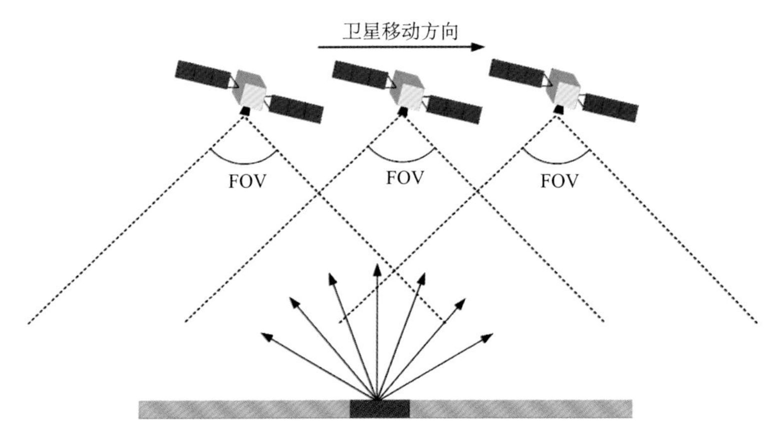

图 6.24　PARASOL 多角度成像(周杨，2018)

FOV 指视场角(field of view)

针对 2010 年美国墨西哥湾“深水地平线”溢油事件，选取 PARASOL 多角度光学偏振遥感影像，分析耀光反射偏振遥感探测海面溢油的能力。根据美国南佛罗里达大学光学海洋实验室，对 MODIS 影像溢油提取结果(http://optics.marine.usf. edu/events/GOM_rigfire/index_apr.html)，结合 PARASOL 成像情况，确定 2010 年 4 月 25 日、5 月 4 日和 5 月 23 日三景影像数据(图 6.25)。将 I670P、I565NP 和 I443NP(NP：none polarization，表示非偏振通道)波段分别作为红、绿、蓝通道组合成真彩色影像，红色方框标记区域为溢油。所用数据为 L1B 数据，为归一化辐亮度($\pi L_\lambda/E_\lambda$)，将 L1B 数据除以太阳天顶角余弦 $\cos\theta_0$，即可得到表观反射率数

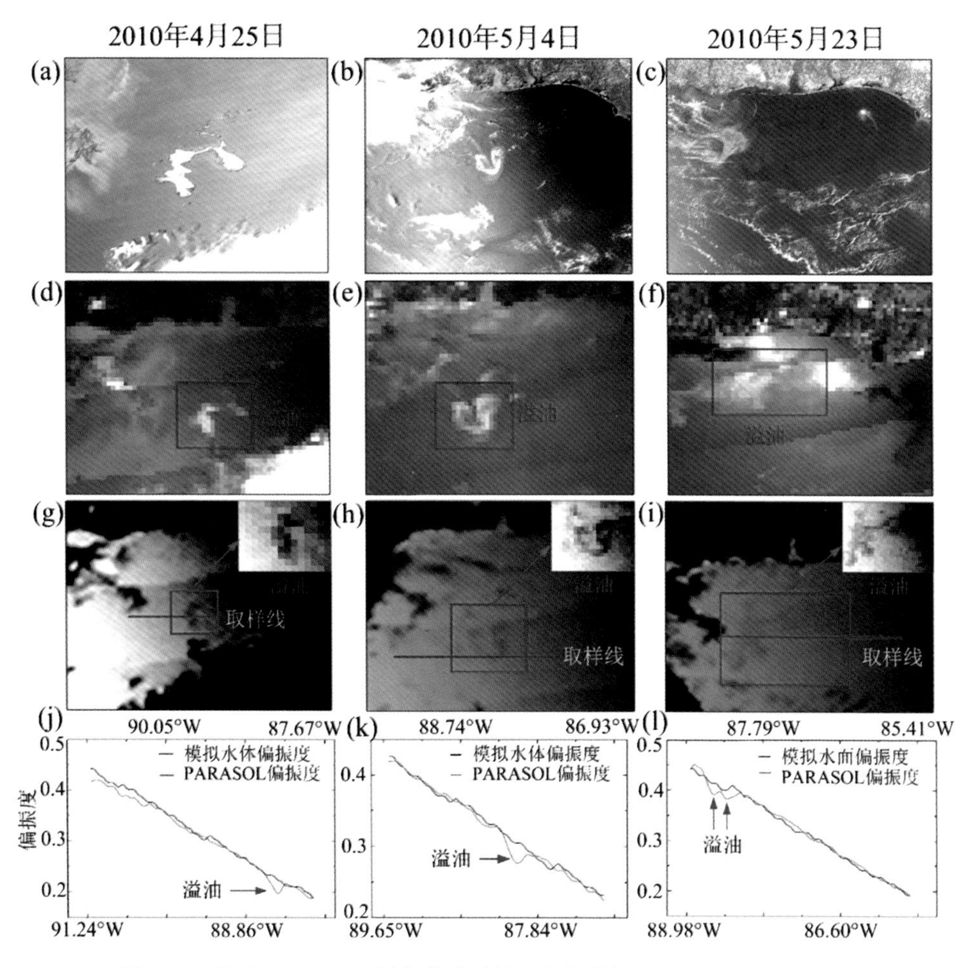

图 6.25 基于 PARASOL 图像的溢油耀光偏振特征分析(Lu et al., 2017)

(a)、(b)、(c) MODSI 真彩色合成影像，R：645nm，G：555nm，B：469nm；(d)、(e)、(f) PARASOL 真彩色合成影像，R：I670P，G：I565NP，B：I443NP；(g)、(h)、(i) PARASOL 偏振度图像和溢油区放大、增强图(插入小图)；(j)、(k)、(l) PARASOL 采样线上像元偏振度值与模拟海水偏振度值

据。由于 DOP 的比值形式，在未说明情况下，本书中 PARASOL 计算偏振度所用的数据均为 L1B 归一化辐亮度数据。太阳耀光反射条件下，在近红外波段，海水吸收较强，离水辐亮度与太阳耀光相比可以忽略；大气瑞利散射影响微弱；气溶胶散射难以准确计算，但在耀光反射条件下影响微弱。选择 PARASOL 影像 865nm 波段中太阳耀光较强的观测角度(即从 16 个观测角度下选择一个包含强耀光反射的观测角度)，忽略大气散射影响。根据 I、Q、U 计算溢油海面耀光反射偏振度，如图 6.25(g)、(h) 和 (i) 所示，溢油区域耀光反射偏振度低于背景海水。经过溢油区域，设置一条取样线，如图 6.25(g)、(h) 和 (i) 中蓝色实线所示；蓝色取样线上

像元对应的耀光反射偏振度值如图 6.25(j)、(k)和(l)中红色实线所示。基于海面溢油耀光偏振模型，根据蓝色取样线上像元的观测几何角度(太阳天顶角、传感器天顶角和相对方位角)，模拟海面耀光反射偏振度(海水折射率为 1.34)。模拟值与影像值一致性较好，溢油海面像元耀光反射偏振度明显低于无油海面，表明在太阳耀光反射条件下，光学偏振遥感可以用于溢油海面的深入探索与研究。

6.4.3　基于耀光偏振反射的等效折射率反演

基于 2010 年 4 月 25 日、5 月 4 日和 5 月 23 日获取的 PARASOL 有效偏振观测数据，每天各有 16 个角度的成像数据，考虑到角度编号 1、14、15 和 16 数据质量较差，且耀光反射几乎可以忽略，所以重点展现角度 2 到角度 13 的遥感真彩色合成图像(图 6.26～图 6.28)。

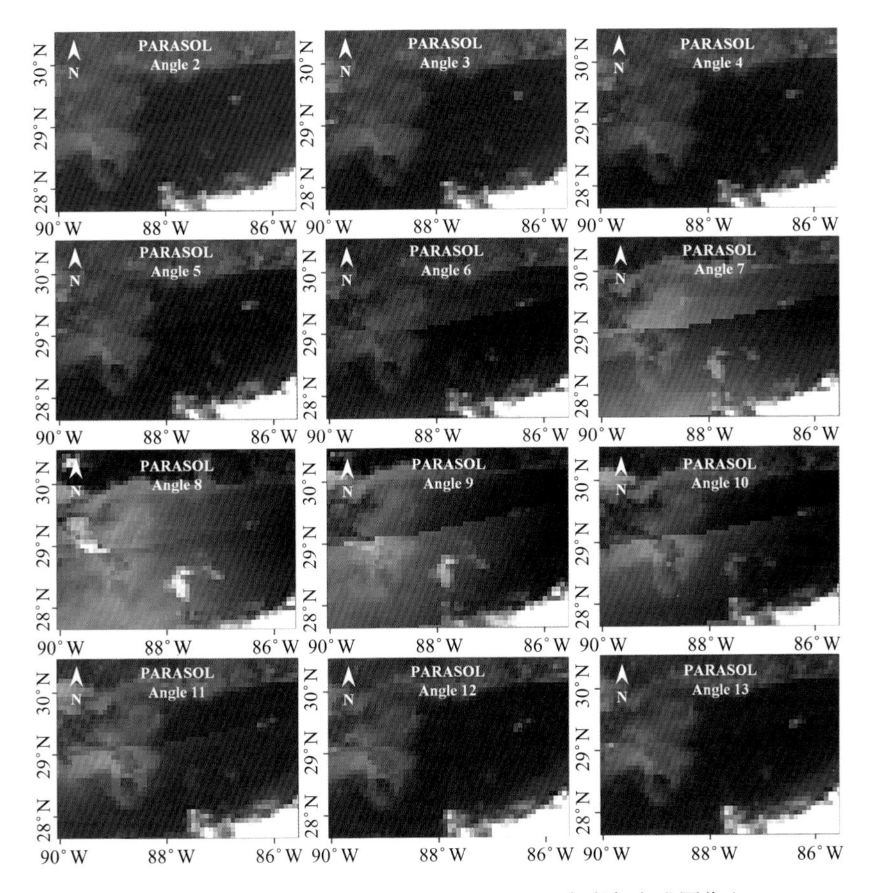

图 6.26　美国墨西哥湾 DWH 溢油的 4 月 25 日 PARASOL 真彩色合成图像(Zhou et al.，2020)

R：670nm，G：565nm，B：443nm，在强耀光的成像角度 7～10 中，海面溢油可以被观测到

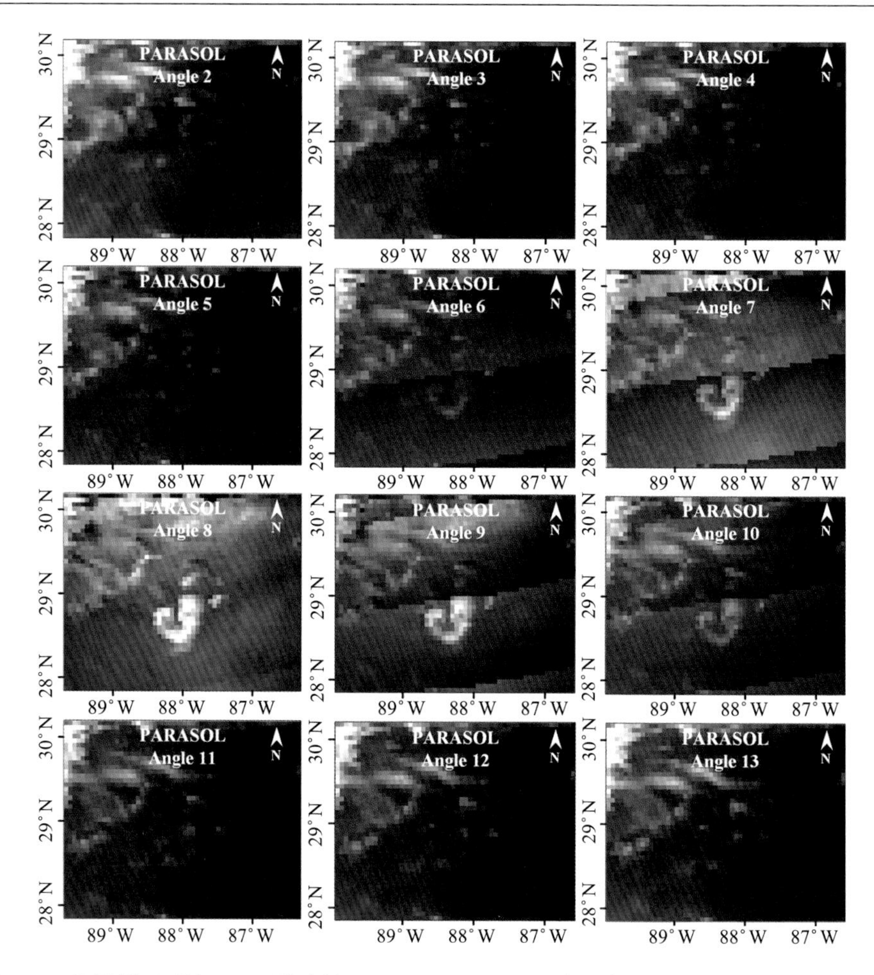

图 6.27　美国墨西哥湾 DWH 溢油的 5 月 4 日 PARASOL 真彩色合成图像(Zhou et al.，2020)

R：670nm，G：565nm，B：443nm，在强耀光的成像角度 7～10 中，海面溢油可以被观测到

选择 PARASOL 865nm 波段(忽略背景水体的影响)的偏振通道，对其做几何校正，但未做大气校正，主要原因是大气偏振特性难以准确估算，大气的影响相对于太阳耀光反射信号可以近似忽略。通过 PARASOL 的 L1B 级归一化辐亮度，可计算得到表观反射率数据；由于偏振度是比值函数形式，研究中可用其直接计算偏振度。通常只要测出三个不同偏振角度的辐亮度 $I(\alpha_i)$，就可以求出斯托克斯矢量中的前三个参量 I、Q、U，并可以求出光的线性偏振度和偏振角，椭圆偏振光可忽略，如偏振角度(α)为 0°、60°、120°时，则 I、Q、U 分别计算如下：

$$I = \frac{2}{3}[I(0°)+I(60°)+I(120°)] \tag{6-25}$$

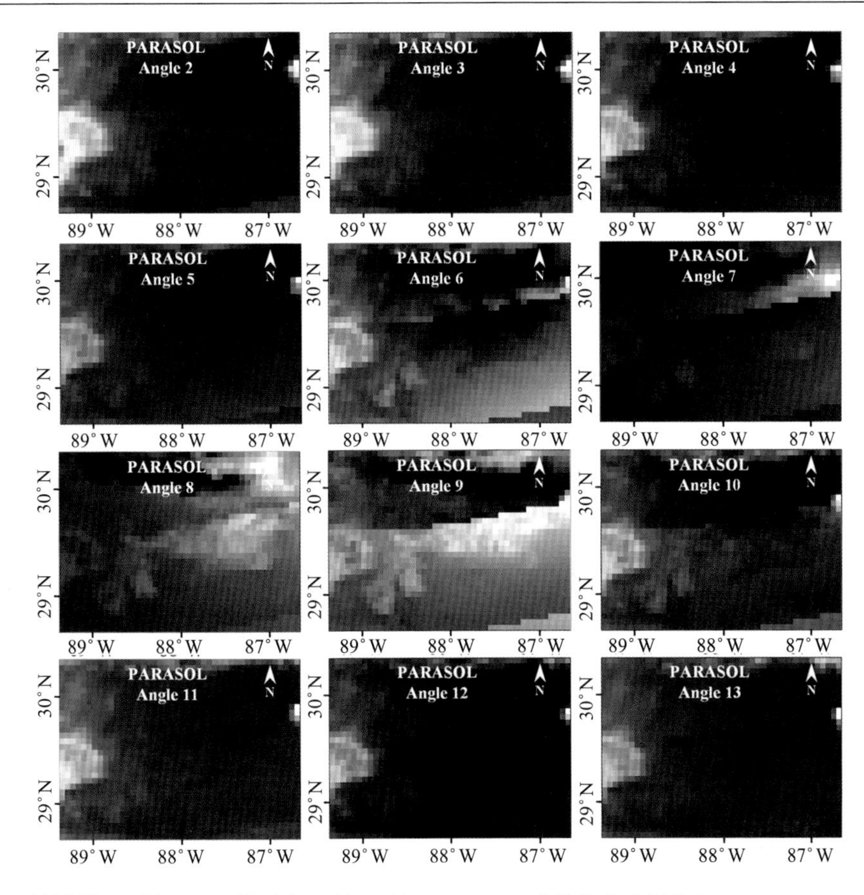

图 6.28　美国墨西哥湾 DWH 溢油的 5 月 23 日 PARASOL 真彩色合成图像(Zhou et al.，2020)

R：670nm，G：565nm，B：443nm，在强耀光的成像角度 8～9 中，海面溢油可以被观测到

$$Q=\frac{2}{3}[2\times I(0°)-I(60°)-I(120°)] \tag{6-26}$$

$$U=\frac{2}{\sqrt{3}}[I(60°)-I(120°)] \tag{6-27}$$

由此，对应的偏振度为

$$\mathrm{DOLP}=\frac{\sqrt{Q^2+U^2}}{I} \tag{6-28}$$

根据上面的公式，基于 PARASOL 865nm 波段的三个归一化偏振辐亮度，即可计算出偏振度图像(图 6.29～图 6.31)。

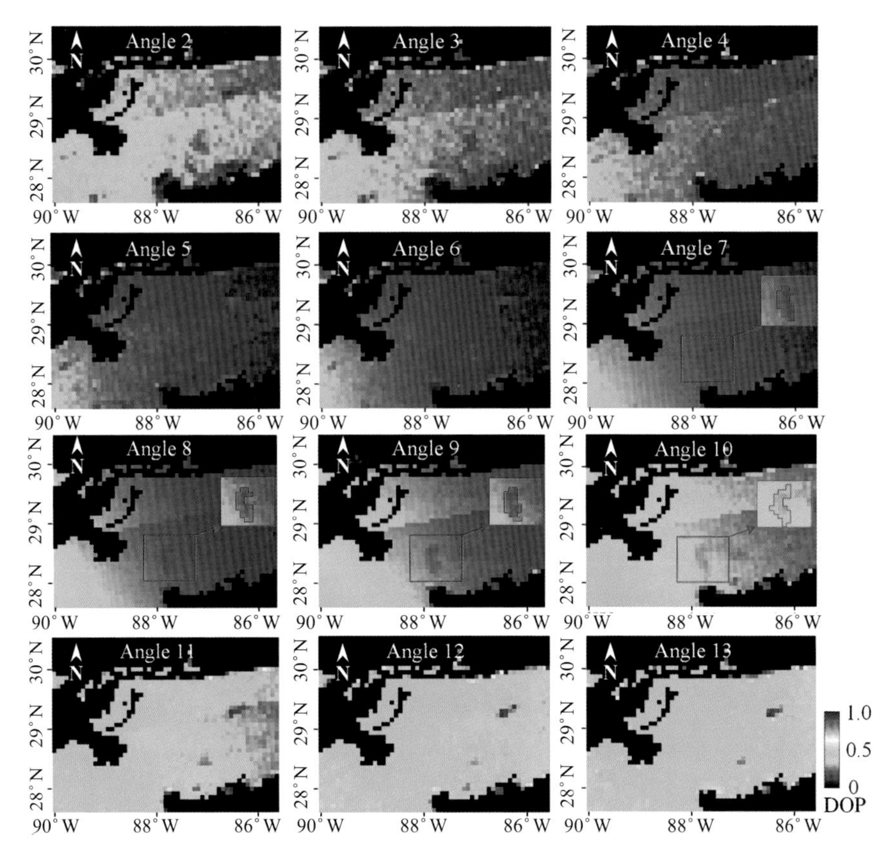

图 6.29　2010 年 4 月 25 日墨西哥湾 PARASOL 多角度偏振度图像(865nm)(Zhou et al., 2020)

以 4 月 25 日 PARASOL 角度 8 的数据为例，在太阳耀光反射下，卫星数据中海面溢油清晰可见，选取红色框中图像为研究数据点，由于 PARASOL 较粗的空间分辨率(星下点像元空间分辨率为 6km×7km)，难以开展溢油的准确识别，则需根据 MODIS 卫星探测的溢油范围，人工区分溢油像元和非溢油像元(作为后续的趋势性分析，可以接受一定的误差)。PARASOL 影像存在严重的混合像元效应，无纯溢油像元，难以进行大量溢油像元的模拟、统计与分析，如图 6.32 所示黄色线条勾勒区域内为溢油区域，蓝色线条勾勒像元为研究中用于模拟计算的溢油像元，黄线外围无油像元用于水体耀光反射偏振度的验证。

根据 PARASOL 多角度数据提供的太阳天顶角、传感器天顶角和相对方位角等角度信息，利用海面耀光偏振模型和海水折射率 1.34，模拟相应观测几何条件下无油海面耀光偏振度。由 PARASOL 多角度光学偏振遥感数据计算的偏振度与相应观测几何条件下模型模拟的数据做出散点图如图 6.33 所示。图 6.33(a)～(l)分别对应 PARASOL 观测角度编号 2～13，其中从角度 2 到角度 8，数据点逐渐呈

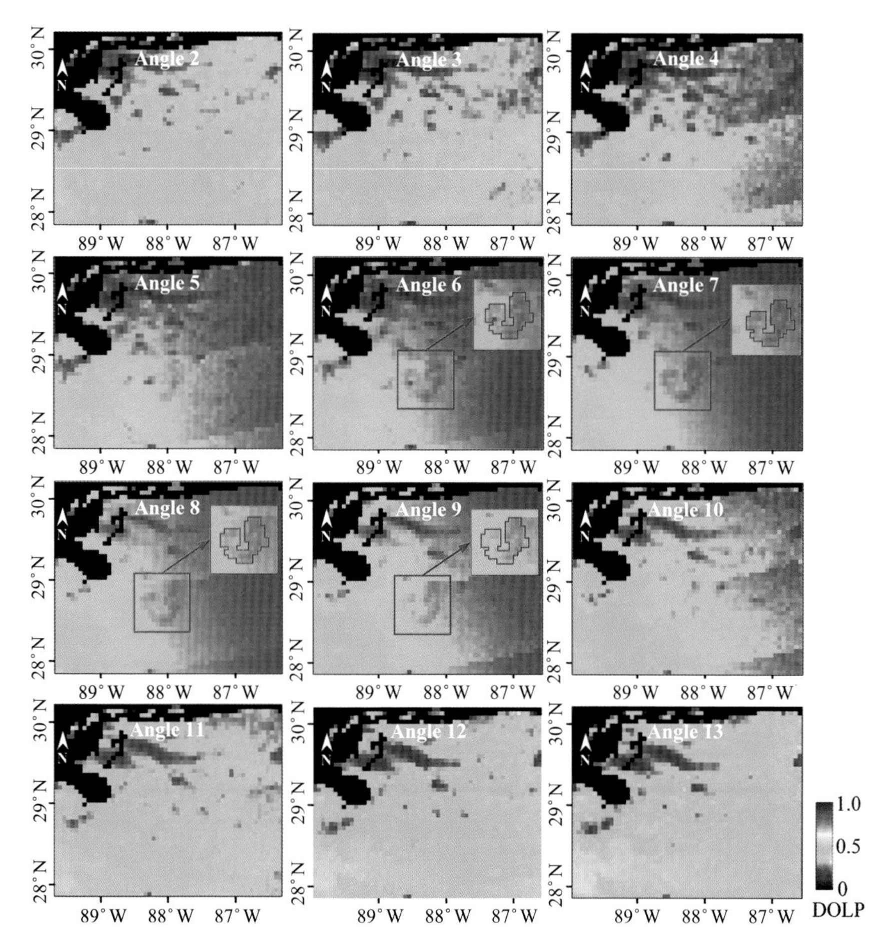

图 6.30　2010 年 5 月 4 日墨西哥湾 PARASOL 多角度偏振度图像(865nm)(Zhou et al.，2020)

现良好线性关系；从角度 8 到角度 13，数据点线性关系变差。对图 6.33 中散点图做线性拟合，当拟合线越接近于 1∶1 线(图 6.33 中各图对角虚线)，即模型模拟的海面偏振度与 PARASOL 遥感数据计算的海面偏振度一致性越好。综合线性拟合斜率、截距、R^2 等要素，角度 7、8 和 9 的拟合效果最佳，这也指明了利用太阳耀光反射估算无油海面与溢油海面的最佳角度范围(图 6.33 和图 6.34，其中 θ_m 的定义见第 4 章)。说明 θ_m 越接近于 0，即太阳耀光越强烈，海面耀光偏振模型模拟数值与影像数值一致性越好，模型的模拟效果越好，适用性越强。

基于 MODIS 观测的大气光学厚度等产品，利用 6SV 矢量模型评估大气带来的影响，表明在强耀光观测条件下的角度 8 数据，其 865nm 偏振波段带来的反演误差不超过 15%(Zhou et al.，2020)。因此，可以进一步基于式(6-23)，利用 DOP 消除表面粗糙度参数，进而估算出含油像元的等效折射率参数。图 6.35 对应于

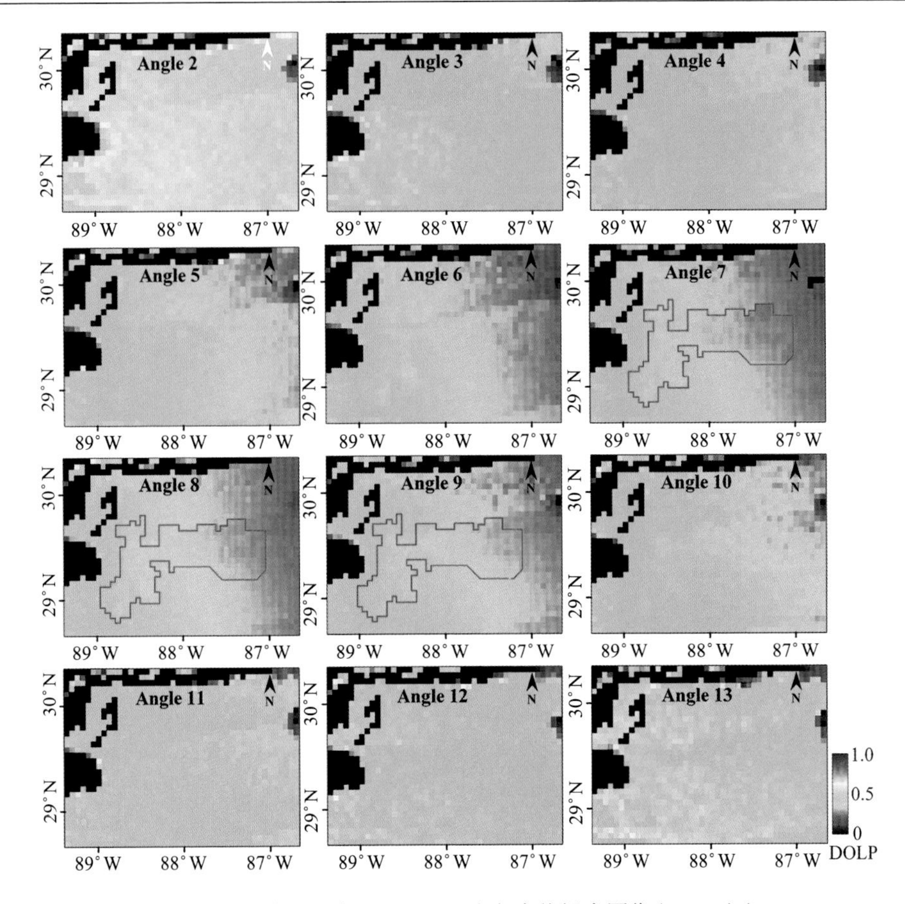

图 6.31　2010 年 5 月 23 日墨西哥湾 PARASOL 多角度偏振度图像(865nm)(Zhou et al.，2020)

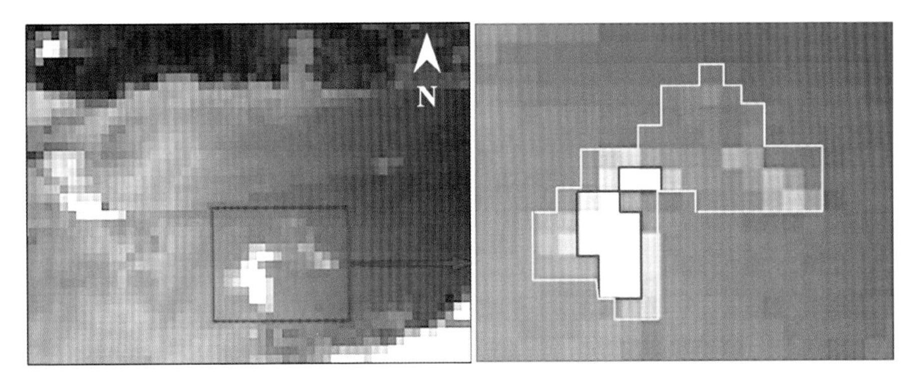

图 6.32　PARASOL 影像中的验证数据选取(Zhou et al.，2020)

海水：红色框内黄色框线以外部分，共 108 个像元；溢油：蓝色框线内区域，共 14 个像元

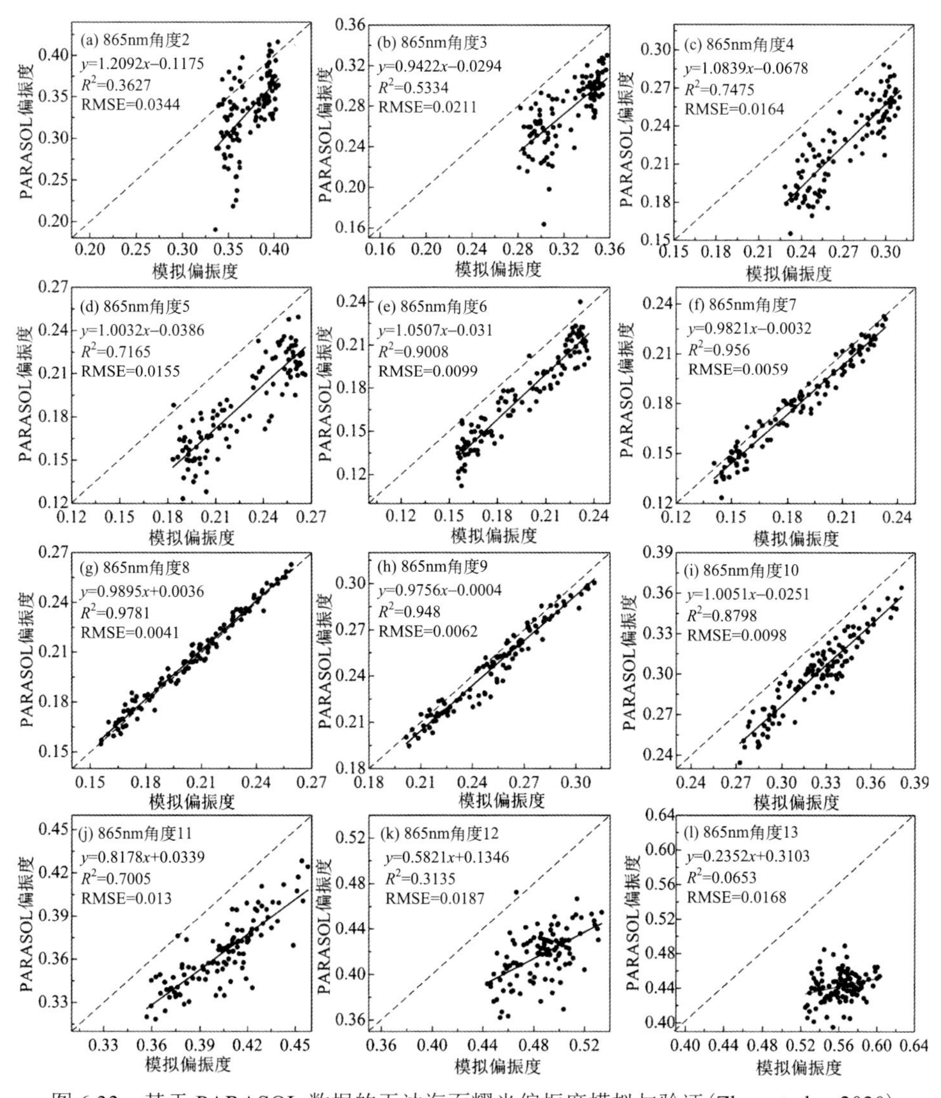

图 6.33 基于 PARASOL 数据的无油海面耀光偏振度模拟与验证(Zhou et al., 2020)

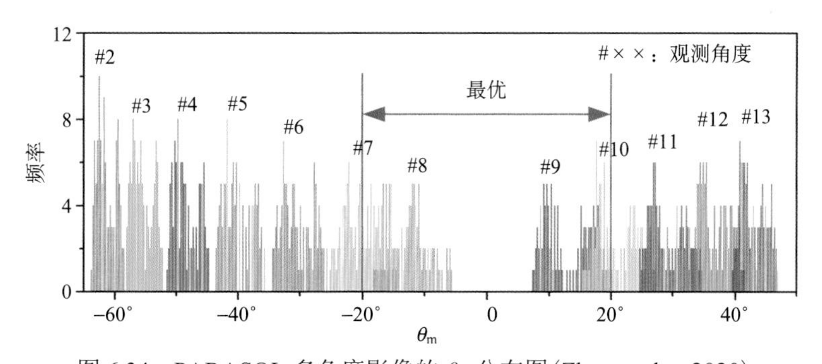

图 6.34 PARASOL 多角度影像的 θ_m 分布图(Zhou et al., 2020)

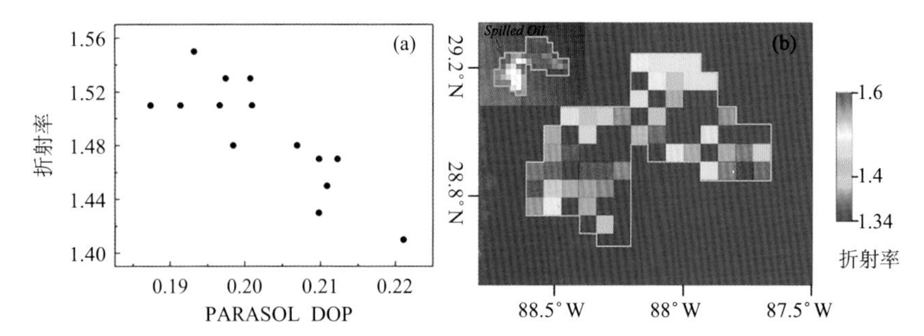

图 6.35　基于 4 月 25 日 PARASOL 数据反演的等效折射率(Zhou et al.，2020)

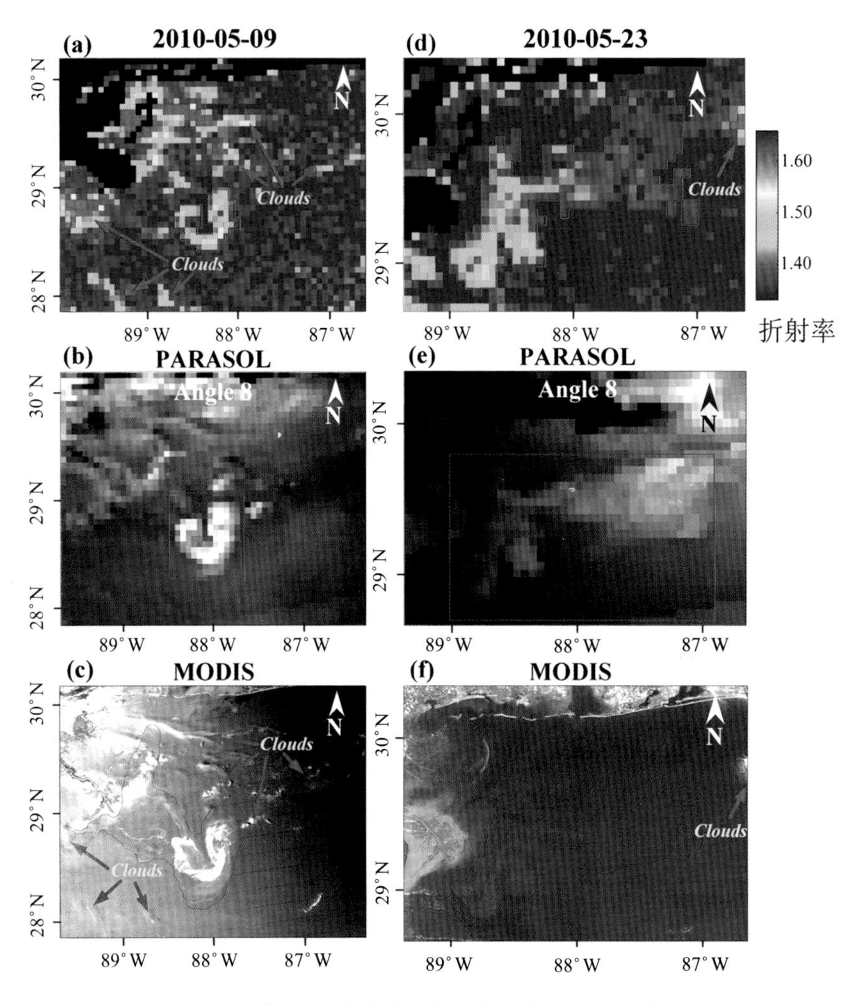

图 6.36　基于 PARASOL 数据的溢油等效折射率反演与对比分析(Zhou et al.，2020)

(a)，(b)，(c) 5 月 9 日 PARASOL 数据反演的等效折射率、角度 8 成像下的 PARASOL 真彩色合成图像及 MODIS 观测图像；(d)，(e)，(f) 5 月 23 日 PARASOL 数据反演的等效折射率、角度 8 成像下的 PARASOL 真彩色合成图像及 MODIS 观测图像

图 6.32，为 4 月 25 日溢油的 PARASOL 数据反演结果，等效折射率随 DOP 的变化而变化。图 6.36 为 5 月 9 日和 23 日 PARASOL 反演的等效折射率。特别需要注意的是，在 23 日远离 DWH 溢油发生区域的海域，多是油膜扩散形成的溢油覆盖，而油膜的折射率较低，图 6.36(d) 非常清晰地展现了这种等效折射率的空间分布特征。

参 考 文 献

崔宏滨，李永平，康学亮. 2015. 光学. 2 版[M]. 北京：科学出版社.

范少卿，郭富昌. 1990. 物理光学[M]. 北京：北京理工大学出版社.

廖延彪. 2006. 光学原理与应用[M]. 北京：电子工业出版社.

温颜沙. 2019. 海面溢油乳化物浓度的多光谱遥感估算研究[D]. 南京：南京大学.

周杨. 2018. 海面溢油耀光偏振遥感实验研究[D]. 南京：南京大学.

Austin R W, Halikas G. 1976. The Index of Refraction of Seawater[R]. La Jolla, California: University of California.

Bréon F M. 2005. PARASOL level-1 product data format and user manual[J]. CNES, Paris, France.

Bruno U, Boldrini F, Mastrandrea C, et al. 2017. 3MI: Multi-viewing, Multi-channel, Multi-polarization Imaging for MetOp second generation[C]//68th International Astronautical Congress.

Clark R N, Swayze G A, Leifer I. 2010. A method for quantitive mapping of thick oil spills using imaging spectroscopy[R]//U.S. Geological Survey Open-File Report.

Deschamps P Y, Bréon F M, Leroy M, et al. 1994. The POLDER mission: Instrument characteristics and scientific objectives[J]. IEEE Transactions on Geoscience and Remote Sensing, 32 (3): 598-615.

Deuzé J L, Herman M, Santer R. 1989. Fourier series expansion of the transfer equation in the atmosphere-ocean system[J]. Journal of Quantitative Spectroscopy and Radiative Transfer, 41 (6): 483-494.

Ghandoor H E, Hegazi E, Nasser I, et al. 2003. Measuring the refractive index of crude oil using a capillary tube interferometer[J]. Optics and Laser Technology, 35(5): 361-367.

Hu C, Li X, Pichel W G, et al. 2009. Detection of natural oil slicks in the NW Gulf of Mexico using MODIS imagery[J]. Geophysical Research Letters, 36(1): L01604.

Jackson C R, Alpers W. 2010. The role of the critical angle in brightness reversals on sunglint images of the sea surface[J]. Journal of Geophysical Research Atmosphere, 115(C9).

Jones C. 2010. Hydrocarbons: Physical Properties and Their Relevance to Utilisation[M]. bookboon.com.

Li X, Li C, Yang Z, et al. 2013. SAR imaging of ocean surface oil seep trajectories induced by near inertial oscillation[J]. Remote Sensing of Environment, 130: 182-187.

Lu Y, Sun S, Zhang M, et al. 2016. Refinement of the critical angle calculation for the contrast reversal of oil slicks under sunglint[J]. Journal of Geophysical Research Oceans, 121(1): 148-161.

Lu Y, Zhou Y, Liu Y, et al. 2017. Using remote sensing to detect the polarized sunglint reflected from oil slicks beyond the critical angle[J]. Journal of Geophysical Research Oceans, 122(8): 6342-6354.

MacDonald I R, Guinasso N, Ackleson S, et al. 1993. Natural oil slicks in the Gulf of Mexico visible from space[J]. Journal of Geophysical Research: Atmosphere, 98(C9): 16351.

Riazi M R. 2005. Characterization and Properties of Petroleum Fractions[M]. West Conshohocken, PA: ASTM International.

Sager G. 1974. Zur refraction von licht im meerwasser[J]. Beitr. Meeresk., 33: 63-72.

Shih W C, Andrews A B. 2008. Modeling of thickness dependent infrared radiance contrast of native and crude oil covered water surfaces[J]. Optics Express, 16(14): 10535-10542.

Sun S, Hu C. 2016. Sun glint requirement for the remote detection of surface oil films[J]. Geophysical Research Letters, 43(1): 309-316.

Sun S, Hu C. 2019. The challenges of interpreting oil-water spatial and spectral contrasts for the estimation of oil thickness: Examples from satellite and airborne measurements of the Deepwater Horizon oil spill[J]. IEEE Transactions on Geoscience and Remote Sensing, 57(5): 2643-2658.

Tsang L, Kong J A, Shin R T. 1985. Theory of Microwave Remote Sensing[M]. New York: Wiley Interscience.

Wattana P, Wojciechowski D J, Bolaños G, et al. 2003. Study of asphaltene precipitation using refractive index measurement[J]. Petroleum Science and Technology, 21(3-4): 591-613.

Wen Y, Wang M, Lu Y, et al. 2018. An alternative approach to determine critical angle of contrast reversal and surface roughness of oil slicks under sunglint[J]. International Journal of Digital Earth, 11(9): 972-979.

Zhang H, Wang M. 2010. Evaluation of sun glint models using MODIS measurements[J]. Journal of Quantitative Spectroscopy and Radiative Transfer, 111(3): 492-506.

Zhou Y, Lu Y , Shen Y, et al. 2020. Polarized remote inversion of the refractive index of marine spilled oil from PARASOL images under sunglint[J]. IEEE Transactions on Geoscience and Remote Sensing, 58(4): 2710-2719.

第 7 章　海面溢油的多源光学遥感特征解析

海面溢油除了具有丰富多样的光谱响应特征，在海洋环境动力作用下还存在一定的形态特征。本章利用实验光谱模拟不同的卫星光谱响应特征，基于美国墨西哥湾 2010 年 DWH 溢油事件的机载高光谱和星载多光谱数据，分析不同溢油类型的典型遥感特征，阐述其空间形态特征与光学遥感的可探测性，最后探讨海面溢油的高异质性混合状况，并进行初步统计分析。

7.1　海面溢油的光谱特征响应与模拟

7.1.1　基于实验观测数据的光谱模拟

基于不同厚度油膜(第 4 章)、不同类型与浓度溢油乳化物(第 5 章)的实验室测量光谱，结合不同卫星多光谱传感器(如 AVIRIS、TM/ETM+、MODIS、MERIS、COCTS、CZI 等)的参数(中心波长、半高波宽、波段响应函数等)，可模拟获得海洋溢油的常见卫星多光谱特征。

1. *不同厚度海面油膜模拟光谱*

油膜的反射光谱总体上与无油海水反射光谱的波谱形态接近，且因近红外波段水的强吸收作用，使得“—C—H”吸收特征无法展现(图 7.1)。假设油膜表面的太阳耀光可以精确估算或其强度可以忽略不计，则可以利用其离油辐亮度估算油膜的真实厚度(Lu et al.，2012)。

2. *不同浓度溢油乳化物模拟光谱*

模拟的机载 AVIRIS 高光谱数据能较好地展现不同类型乳化油的“—C—H”及“—O—H”诊断性光谱吸收特征(图 7.2 和图 7.3)，表明机载高光谱遥感能通过诊断性光谱吸收特征来鉴别不同类型的溢油污染，可以开展乳化油浓度的定量估算(Leifer et al.，2012；Shi et al.，2018)。不同类型溢油乳化物在近红外与短波红外波段范围内的变化规律符合实验认知，其中，水包油状乳化物在近红外范围内具有较强反射，而油包水状乳化物在短波红外范围内具有较强反射。模拟的 MODIS 及 Landsat/TM 数据可以使用波段组合方法(MODIS 855.12nm 和 1627.71 nm 或 Lansat/TM 4、5 和 7 波段)辨识像元中的主导溢油类型。由于缺乏覆盖 900～2500nm 的近红外波段，难以使用 MERIS、COCTS 及 CZI 识别不同类型的溢油乳化物。

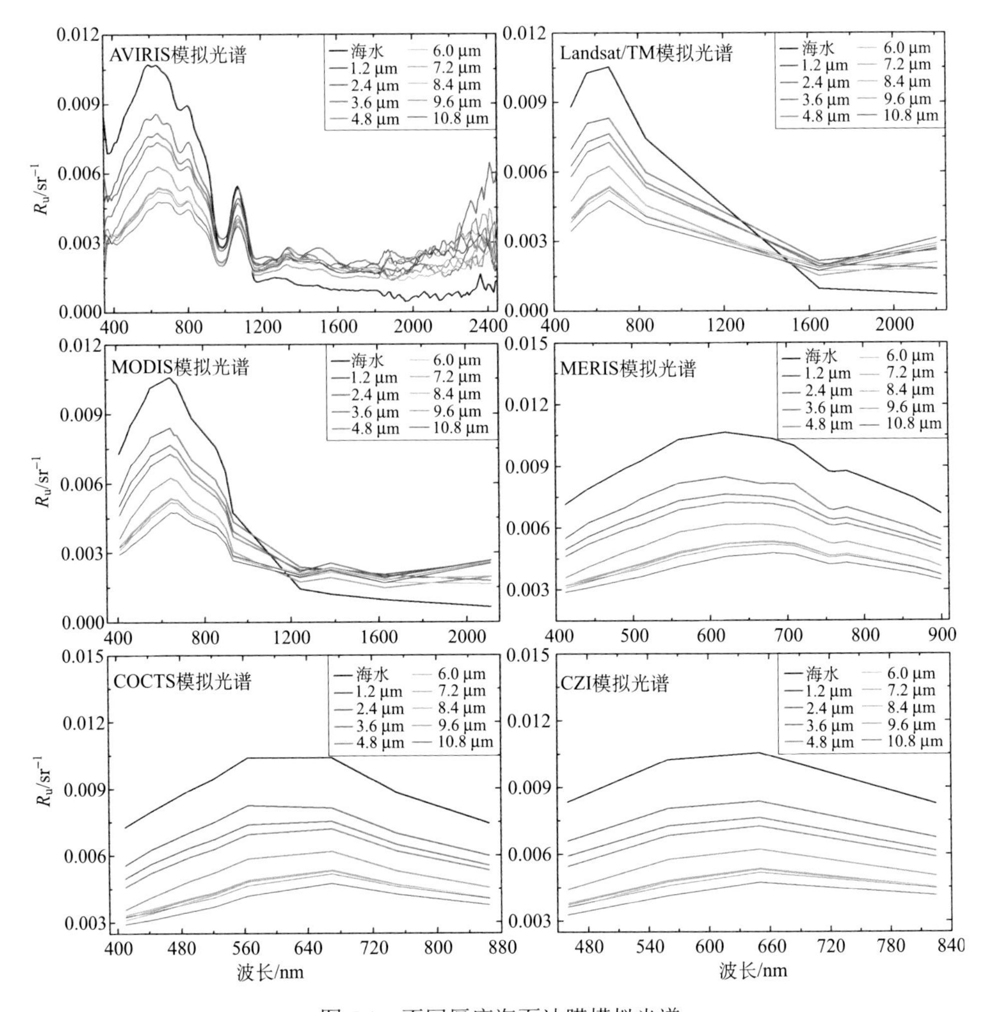

图 7.1　不同厚度海面油膜模拟光谱

7.1.2　典型多光谱卫星影像光谱特征

2010 年 4 月 20 日，英国石油公司的“深水地平线”钻井平台在路易斯安那州附近的墨西哥湾水域爆炸并引发大火，沉没的钻井平台每天漏油量达 5000 桶，到 2010 年 8 月，估算总溢油量高达 490 万桶，引发了美国历史上最严重的海洋污染事件之一。溢油事故发生后，泄漏的原油迅速从海底油井喷出，溢油在上浮的过程中与水混合，并在墨西哥湾洋流的影响下扩散至美国沿岸 5 个州，在海面形成了不同类型的、大面积的溢油污染(Zhong and You, 2011)，这些污染溢油在机载高光谱 AVIRIS 数据、多光谱 Landsat/TM 和 MODIS 影像上清晰可见。

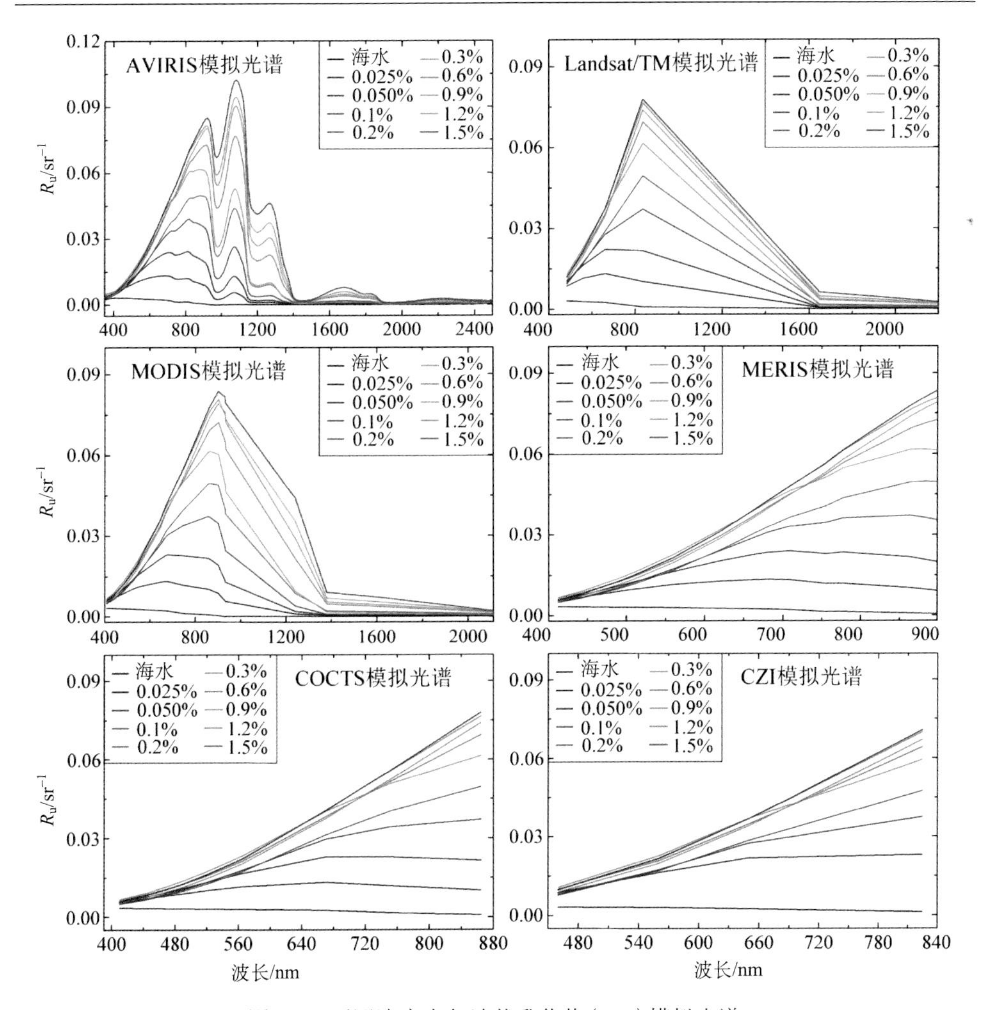

图 7.2　不同浓度水包油状乳化物(OW)模拟光谱

1. AVIRIS 影像及光谱

2010 年 5 月 17 日，NASA ER-2 飞行于墨西哥湾上空 8.5km 的高空，获取到覆盖溢油区的多条 AVIRIS 高光谱数据(Run08～Run14)，其空间分辨率为 7.6m，幅宽约 5.5km。本书从 NASA 喷气推进实验室(Jet Propulsion Laboratory，JPL)获得经几何校正及辐射定标的 AVIRIS Run10 与 Run11 数据(https://aviris.jpl.nasa.gov/alt_ locator/)，并由 USGS 进行大气校正后得到其反射率(无量纲)。该数据于当地正午后 1～3h 内获取，飞行路线朝向或背离太阳的方向，避开了太阳耀光反射角度(Clark et al.，2010)。图 7.4 为机载 AVIRIS 高光谱真彩色合成影像，其中的插图为同一天观测的 MODIS Terra 真彩色合成图像。对 AVIRIS 影像上的典型

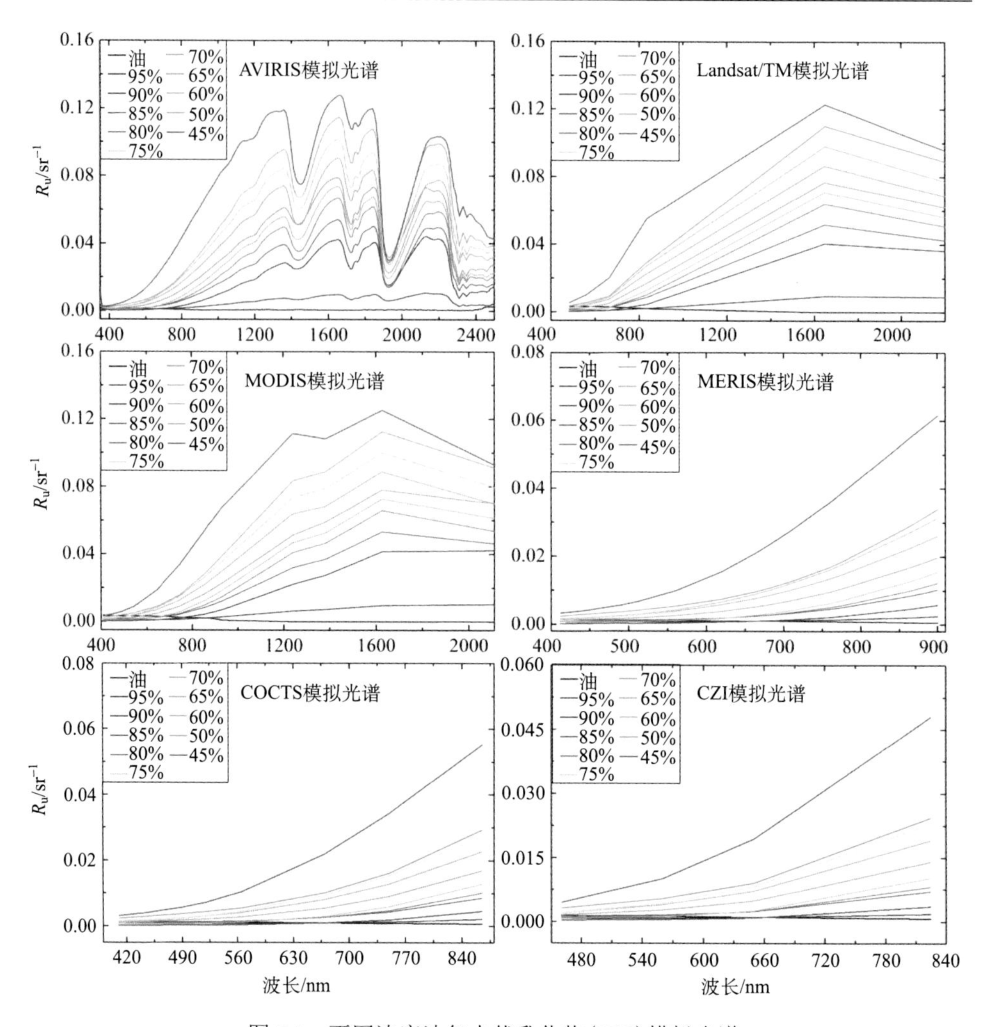

图 7.3　不同浓度油包水状乳化物(WO)模拟光谱

目标(海水、油膜、水包油状乳化物及油包水状乳化物)进行光谱采样(采样点在图 7.4 中标出，其反射光谱见图 7.5)，以分析在高光谱影像上典型目标的光谱特征与差异。

如图 7.5 所示，机载 AVIRIS 高光谱数据能较好地展现不同类型溢油乳化物及无油海水的反射率光谱，各目标的光谱变化规律符合模拟实验认知。其中，海水反射率随波长增加而降低，最大反射率位于蓝光波段，近红外波段上反射率接近于 0；溢油乳化物在近红外与短波红外范围内的反射率高于无油海水，且不同类型溢油乳化物也能够很好地区分。油包水状乳化物在短波红外(～1650nm)附近具有较强反射，水包油状乳化物在近红外(～865nm)附近具有较强反射，不同波长处的"—C—H"和"—O—H"键光谱吸收特征清晰可见。

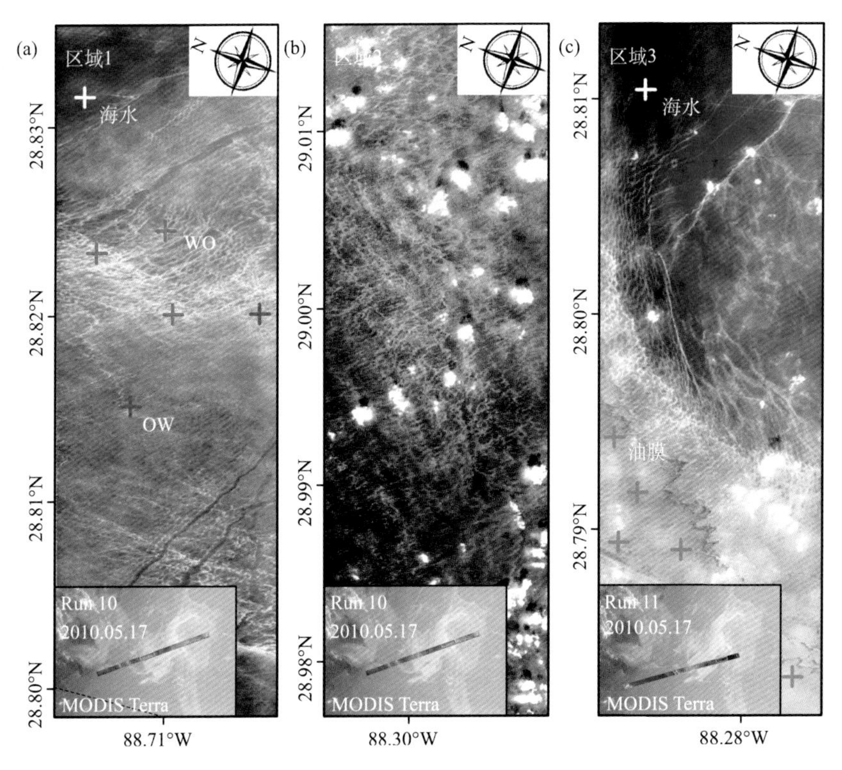

图 7.4　美国墨西哥湾 2010 年 5 月 17 日的机载 AVIRIS 高光谱彩色合成影像(Shi et al., 2018)

(a)、(b)、(c)裁剪自 Run10、Run11，插图为同一天的 MODIS Terra 影像，白色、浅蓝色、深蓝色及红色十字符号分别代表海水、油膜、水包油状乳化物及油包水状乳化物的光谱采样点

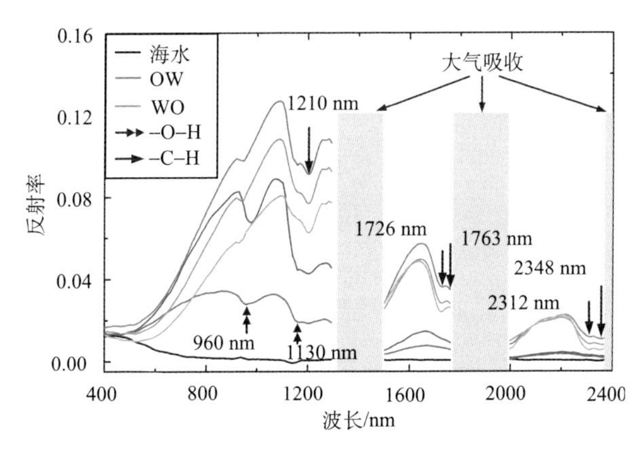

图 7.5　油水乳化物的 AVIRIS 光谱特征(石静，2019)

单、双箭头分别代表"—C—H"和"—O—H"的吸收特征，灰色条带代表大气吸收

官能团是决定有机化合物化学性质的原子或者原子团，不同的官能团吸收频率不同，在反射光谱的不同波长位置处会形成独特的光谱特征。油水乳化物高光谱观测实验表明，在油包水状、水包油状乳化物中，因“—C—H”及“—O—H”的吸收作用，而在近红外与短波红外范围内形成显著的光谱响应特征。基于此，南京大学发展了一种基于光谱特征检测的相似度判定算法，通过不同溢油乳化物官能团特征检测，实现高光谱影像上溢油乳化物的识别与分类(图 7.6)(Shi et al., 2018)。

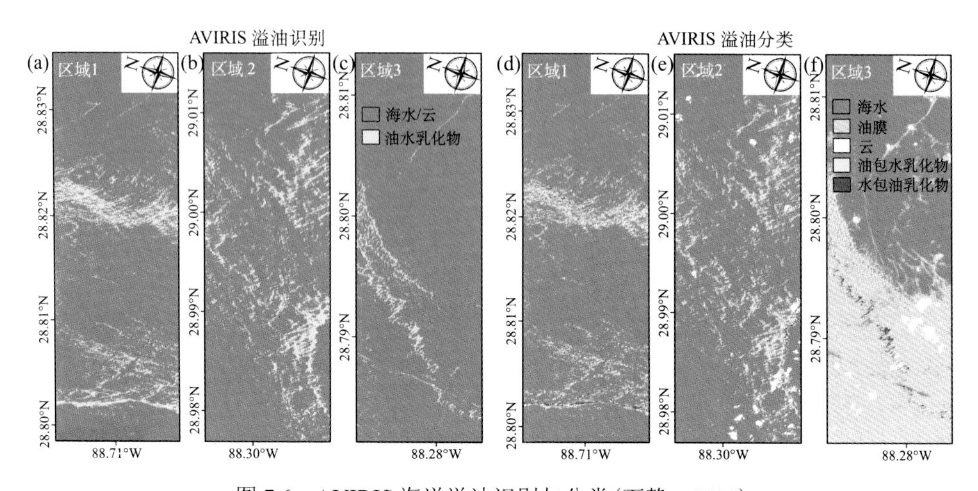

图 7.6　AVIRIS 海洋溢油识别与分类(石静，2019)

(a)、(b)和(c)为 AVIRIS 溢油乳化物的识别结果；(d)、(e)和(f)为 AVIRIS 溢油污染的分类结果

在海面溢油的卫星遥感应用研究中，耀光反射差异在有利于海面目标探测的同时，也给其识别、分类与定量估算带来诸多不确定性影响。AVIRIS 机载高光谱具有高空间分辨率与光谱分辨率的特点，其表面的耀光影响更为复杂。图 7.7 为 2010 年 7 月 12 日获取的机载 AVIRIS 高光谱数据，具有 4.3m 的高空间分辨率，但其表面的耀光反射不可忽视。由于海面波面方向呈现离散的特征，其耀光信号的剔除更为复杂。这也揭示了高空间分辨率影像下的耀光影像较为复杂，相关的研究亟待进一步开展。

2. Landsat 影像及光谱

利用 SeaDAS 软件对 Landsat/TM 和 MODIS 影像做大气校正，将其转换为瑞利校正反射率(R_{rc})数据，可用于海面溢油的定量估算(陆应诚等，2016；Sun et al., 2016；Hu et al., 2018)。不同类型海洋溢油，尤其是不同溢油乳化物的反射特征在 Landsat/TM 的 839nm、1677nm 等波段均能显现出来。水包油状乳化物(OW)和油包水状乳化物(WO)分别在 839nm 和 1677nm 波段存在反射峰，在 Landsat

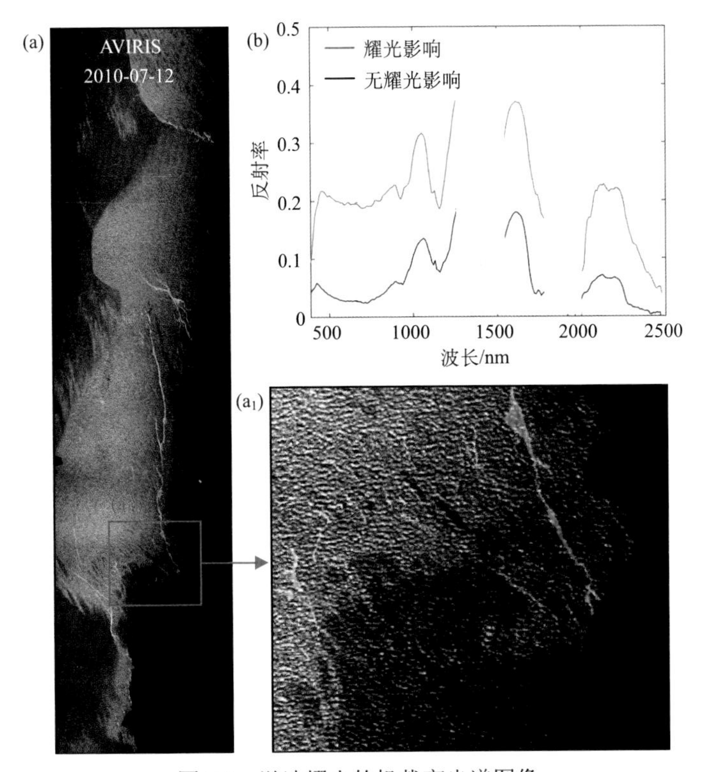

图 7.7　溢油耀光的机载高光谱图像

(a) AVIRIS 耀光下的影像；(a_1) 高空间分辨率 (4.3m) 下的耀光反射呈现离散的特征，较为复杂；(b) 受耀光影响与未受耀光影响的光谱

假彩色合成图像上［图 7.8 (a) 和 (b)，R：1677nm, G：839nm, B：660nm］分别呈现绿色 (OW) 与红色 (WO) 的特征。因此，基于不同溢油的光谱响应特征及其波段阈值 (图 7.8)，能够实现不同溢油乳化物的识别与分类 (图 7.9)，初步表明了 Landsat 星载传感器对不同溢油类型的识别和分类能力。

对于受到太阳耀光反射影响的 Landsat 溢油图像，在 30m 空间分辨率的 Landsat 图像中，耀光反射既不同于高空间分辨率影像上的离散特征，也不同于粗空间分辨率上的特点 (如 MODIS)，但还是呈现一定的空间分布规律 (图 7.10)。因此可以采用基线拟合方法，在一定程度上去除耀光，其本质上就是溢油与背景海水耀光反射差值方法；这种方法只能消除背景水体的噪声，不能完全消除油水乳化物上的耀光影响，且噪声剔除效果受阈值设定的影响。这种基于基线剔除耀光的方法与 Hu 等 (2018) 使用的 R_{rc} 差值方法类似，能够在一定程度上削弱耀光的影响，获得溢油估算的相对变化趋势，但无法准确进行溢油海面太阳耀光反射率的遥感估算。

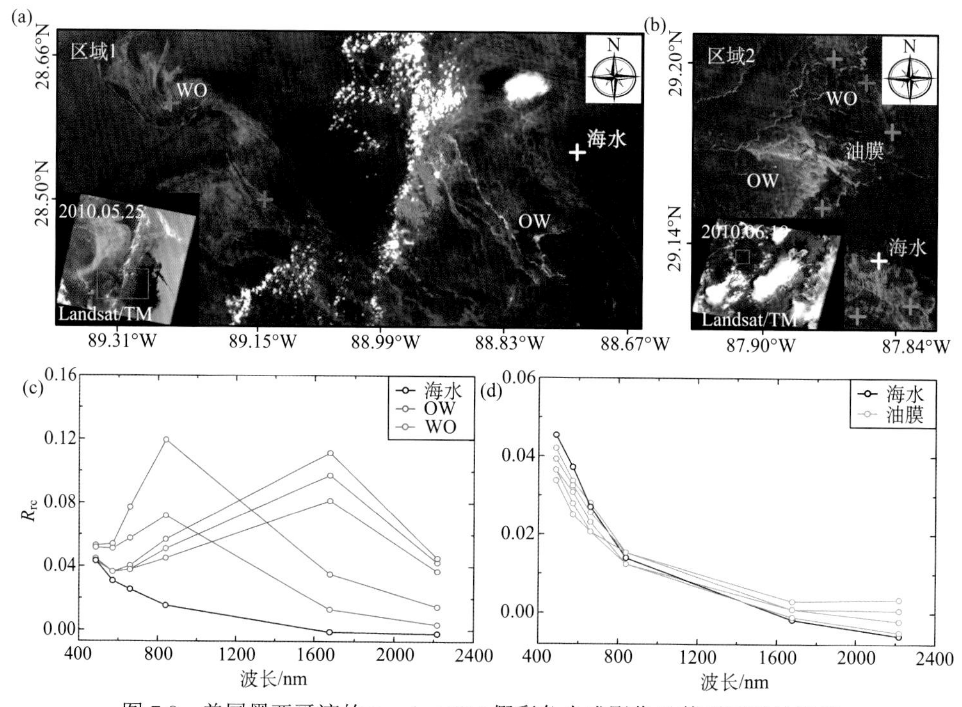

图 7.8 美国墨西哥湾的 Landsat/TM 假彩色合成影像及其不同溢油光谱

(a)和(b)中白色、深蓝色、红色及浅蓝色十字符号分别代表海水、水包油状乳化物、油包水状乳化物及油膜的光谱采样点；(c)和(d)为溢油乳化物的 Landsat/TM 光谱特征

3. MODIS 影像及光谱

油膜厚度和溢油乳化物的体积浓度是估算溢油量的关键参数。对于油膜厚度，基于光干涉理论和比尔-朗伯定律建立的两种光学模型，其关键参数就是油的消光系数或吸收系数(Lu et al.，2012；Wettle et al.，2009)。由于缺乏油的消光系数或吸收系数，加上像元混合的问题，虽不能给出准确的厚度，但可以给出归一化油膜厚度(normalized oil slick thickness，NOST)［式(7-1)］：

$$\mathrm{NOST}=(R-R_{\text{oil-max}})/(R_{\text{water}}-R_{\text{oil-max}}) \tag{7-1}$$

式中，$R_{\text{oil-max}}$ 为最厚油膜处的 R_{rc}；R_{water} 为油膜附近无油海水的 R_{rc}；R 为油膜 R_{rc}。使用 MODIS 的 645nm 波段数据来计算 NOST。此外，如果能够确定油膜的消光系数，则可以计算出真实的油膜厚度，并有助于估算溢油量。

例如，在 2010 年 4 月 26 日的 MODIS 影像上，属于典型的弱耀光反射条件下的“暗”对比特征，由于远离耀光反射方向，因此太阳耀光反射强度可以忽略［图 7.11(a)］。墨西哥湾溢油形成的溢油乳化物和非乳化油膜均可以被识别和区分，乳化油因为具有强后向散射特征，其在特征波段的光谱反射率高于背景海水(859nm、1240nm、1640nm 等)；非乳化油膜因为对入射光的吸收作用，其反射

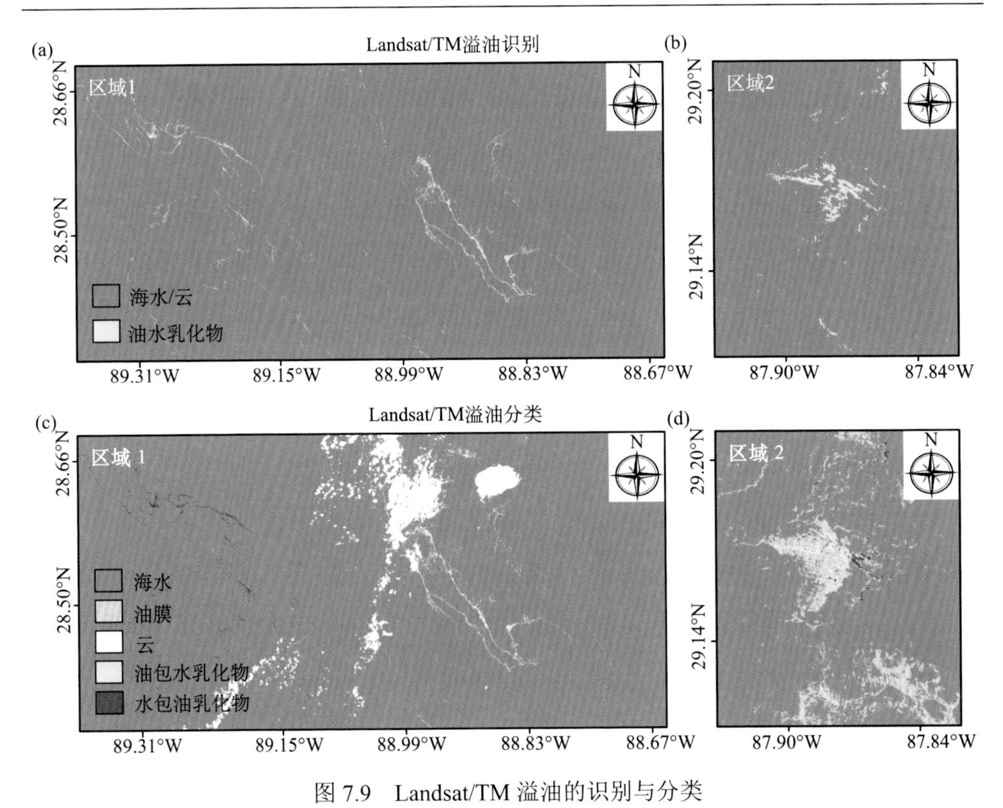

图 7.9　Landsat/TM 溢油的识别与分类

(a) 和 (b) Landsat/TM 溢油乳化物的识别结果；(c) 和 (d) Landsat/TM 海洋溢油的分类结果

率低于背景海水，且随着油膜等效厚度的增加，反射率降低。这些不同类型的溢油污染光谱见图 7.11。

利用 MODIS 图像中溢油乳化物和油膜在不同波段的散射和吸收特征，能较为容易地区分油水乳化物和油膜。需要注意的是，由于较粗的空间分辨率和海洋溢油高异质性分布特点，这种识别与区分仅仅表达的是 MODIS 像元中的溢油主要类型[图7.12(a)]。对于这些主要类型，可以利用散射与吸收信号强弱，对主要溢油污染类型进行量化，如利用式(7-1)对非乳化油膜的等效厚度进行量化[图 7.12(b)]。

太阳耀光反射差异会导致海面溢油卫星光谱特征的显著改变，对溢油定量遥感估算的影响需要准确评估。海面溢油在 MODIS 不同耀光情况下的光谱特征存在明显差异(图 7.13)。主要表现在：弱耀光下，油膜反射率低于海水，呈现“负”对比，而溢油乳化物则呈现“正”对比；相反的，强耀光下，油膜与溢油乳化物均呈现反射率高于海水的特征。耀光能够辅助海面溢油的检测，但对其准确的定量估算却是不利因素。从反射率剖面线特征也可以看出，耀光会改变海面溢油的反射

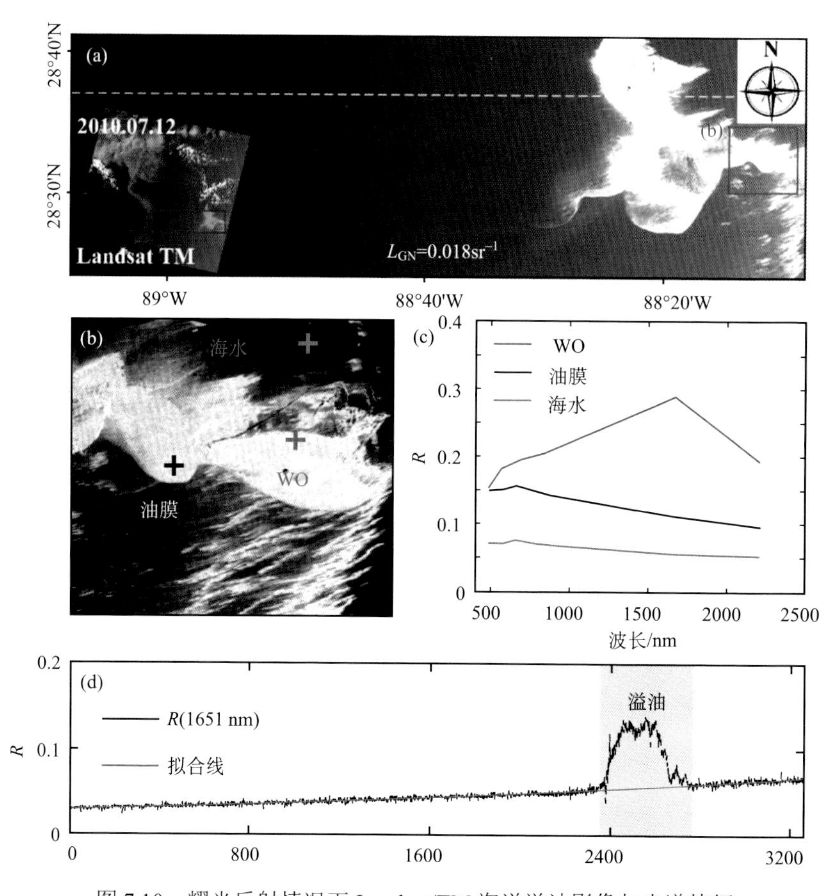

图 7.10　耀光反射情况下 Landsat/TM 海洋溢油影像与光谱特征

(a)为 2010 年 7 月 12 日的 Landsat/TM 影像；(b)为(a)中局部放大；(c)为采样点光谱；(d)为(a)中剖面线上像元在 1651nm 波段的反射率

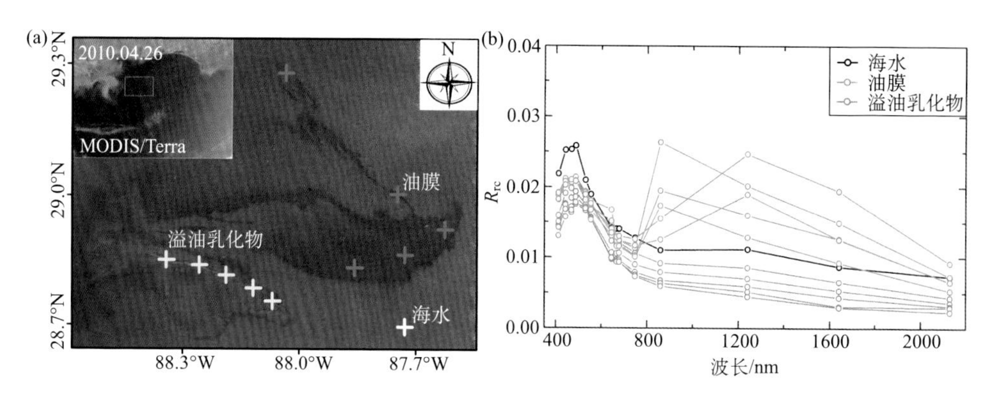

图 7.11　美国墨西哥湾的 MODIS/Terra 影像与光谱特征

(a)中白色、浅蓝色及黄色十字符号分别代表海水、油膜及溢油乳化物的光谱采样点；(b)溢油乳化物的 MODIS/Terra 光谱特征

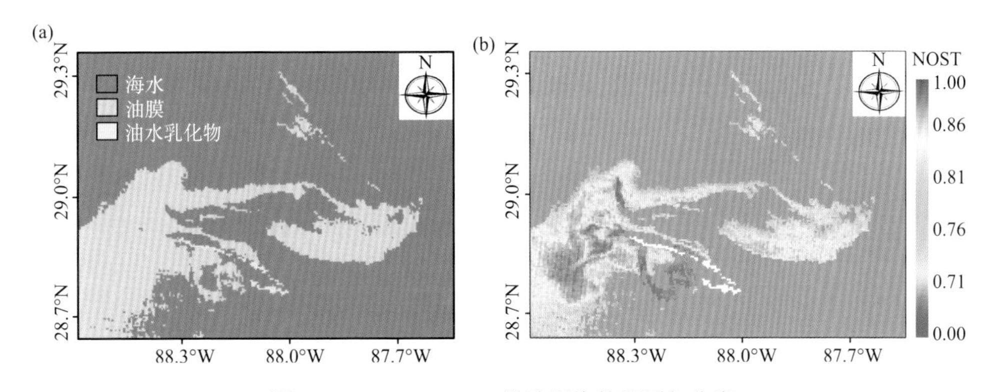

图 7.12　MODIS/Terra 溢油污染的识别与分类

(a) MODIS/Terra 溢油识别及分类结果；(b) MODIS/Terra 归一化油膜厚度

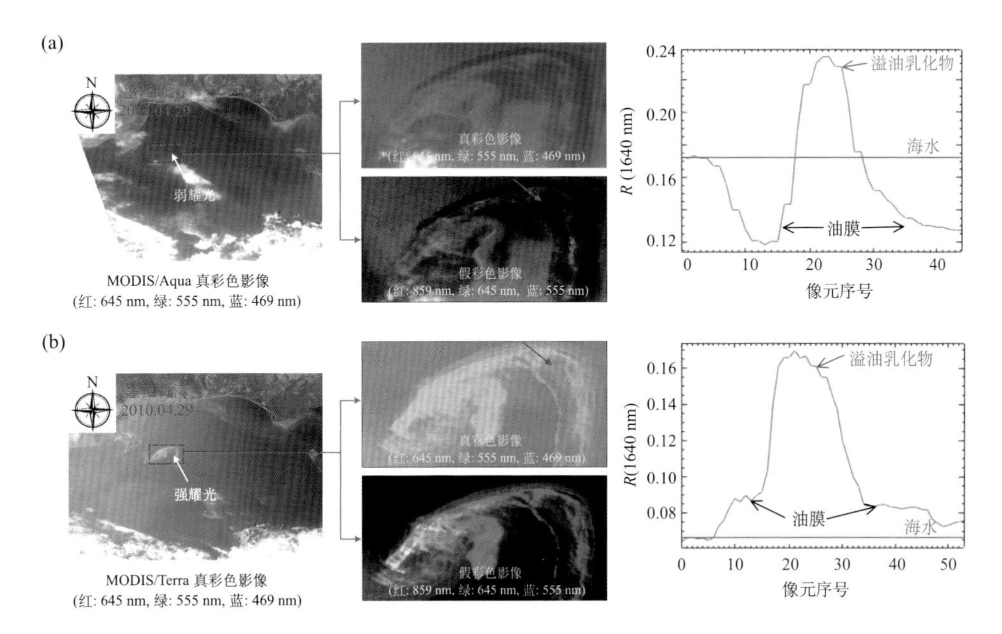

图 7.13　不同耀光强度下的同一天 MODIS 观测数据

(a) 弱耀光下 MODIS/Aqua 真彩色与假彩色合成影像及其波段反射率剖面特征；(b) 强耀光下 MODIS/Terra 真彩色与假彩色合成影像及其波段反射率剖面特征

率，甚至产生反射率“反转”的现象，这些影响给溢油的定量估算带来不确定性。耀光反射是海洋光学遥感中无法回避的现象，如何准确计算并消除溢油海面的耀光反射，获得溢油内部的光学信号，从而促进海面溢油的识别、分类与估算，是海面溢油光学定量遥感研究与应用的关键。

7.2　海面溢油的形态特征与可探测性

2010 年美国墨西哥湾“深水地平线”(DWH)溢油期间，美国地质调查局(USGS)利用机载 AVIRIS 高光谱传感器采集了 DWH 溢油期间的高光谱影像。AVIRIS 高光谱传感器成像波长为380～2500nm，在此波长范围内共有224个波段，其地面分辨率由飞机的航行高度和成像瞬时视场角共同决定。美国地质调查局(USGS)基于 2010 年 5 月 17 日的 AVIRIS 高光谱影像，利用高光谱匹配算法估算了乳化油厚度(Clark et al.，2010)；基于 USGS 估算的乳化油厚度，将探测的溢油分布特征进一步数字化，划分为不同的溢油厚度区间，从而统计不同厚度区间内溢油的长度、宽度、长宽比等，并分析不同厚度区间内溢油在不同空间分辨率下的面积比(Sun et al.，2016)。

2010 年 5 月 17 日获取的 AVIRIS 高光谱影像[图 7.14(a)]，采集区域包括了溢油的中心和边缘地区，约覆盖 MODIS 探测溢油总面积的 30%。AVIRIS 高光谱数据的地面分辨率为 7.6m，数据经大气校正处理后生成无量纲反射率产品。对现场收集的乳化物样品，在实验室中测量了其高光谱反射率和溢油量信息，依此开展 AVIRIS 高光谱图像中溢油定量信息(乳化油体积、油水体积比、像素面积比等)的反演(Clark et al.，2010)。美国地质调查局的相关研究仅仅针对较厚的乳化油，没有包括其他非乳化溢油，如不同厚度的薄油膜和黑色浮油等，所以具有一定的局限性。将 AVIRIS 估算的乳化油体积除以每个像素的面积(7.6m×7.6m)，计算了厚度分布图；分别将溢油厚度的累积频率和对应的体积累积频率做了统计[图 7.14(b)和图 7.14(c)]，发现较厚溢油(厚度>200μm)的面积占总溢油面积的 5%，但在总溢油量上的贡献却超过了 45%，这与溢油应急响应研究中常用的经验法则相吻合，即在一次溢油事故中，仅占溢油面积 10%的厚油，其溢油量占总溢油量的 90%(NOAA，2016)。

常用的溢油厚度区间目视分类标准主要依据波恩协议(Bonn Agreement，2017)，按照溢油现场目视特征可分为 5 个区间(表 7.1)。由于 USGS 的机载高光谱溢油算法并没有包含厚度小于几微米的甚薄油膜，且该算法探测的厚度上限为毫米量级，因此为了系统评估不同厚度溢油的空间分布特征，将波恩协议中的厚度分类做了针对性修订，即分为≤50μm (比薄油膜厚)、50～200μm、200～1000μm 和>1000μm 共 4 个厚度区间(表 7.1)。基于 USGS 估算的 AVIRIS 乳化油体积可推导其厚度。如图 7.15 所示，显示了不同厚度区间的溢油空间分布、对应的真彩色合成影像及 AVIRIS 反射率光谱，后续形态特征分析都将基于此类数据开展。

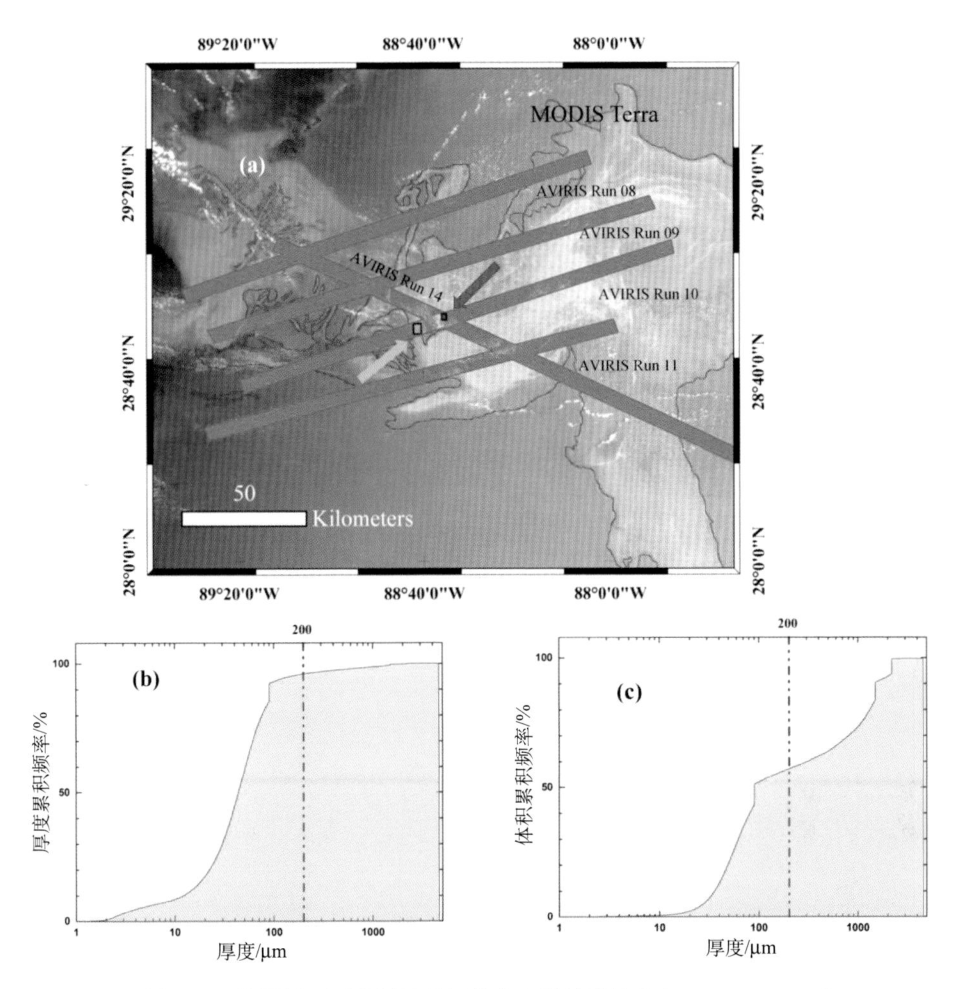

图 7.14　美国墨西哥湾溢油的机载高光谱统计结果(Sun et al.，2016)

(a)2010 年 5 月 17 日获取的 AVIRIS 高光谱影像；(b)基于高光谱数据获取的溢油厚度累积频率；(c)基于高光谱数据推导的体积累积频率

表 7.1　波恩协议厚度区间与 AVIRIS 中的厚度区间对比

波恩协议分类			本书	
类别	目视特征	厚度/μm	类别	厚度/μm
1	银灰色	0.04～0.3		
2	彩虹色	0.3～5.0		
3	金属色	5.0～50	1	≤ 50
4	不连续原油色	50～200	2	50～200
5	连续原油	＞200	3	200～1000
			4	＞1000

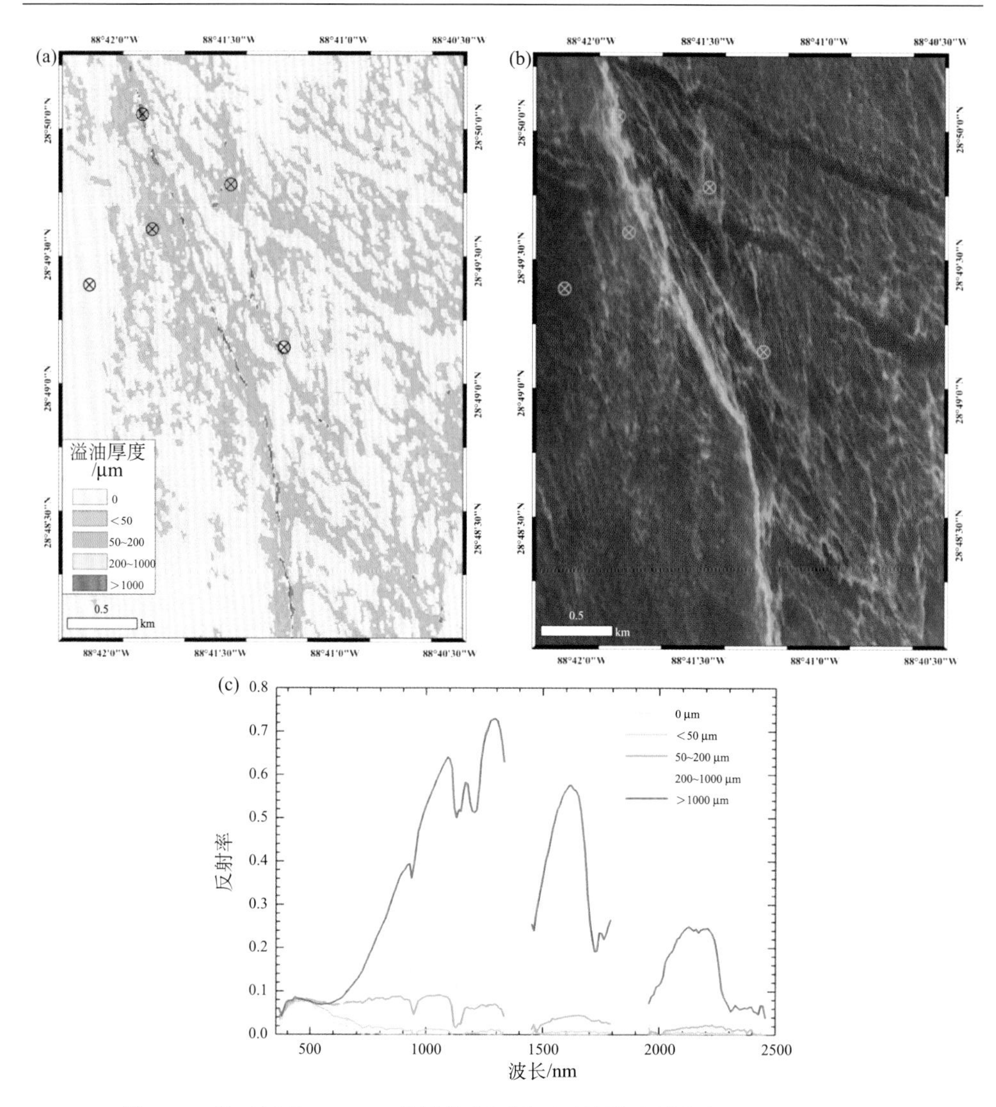

图 7.15　基于机载 AVIRIS 推导的美国墨西哥湾溢油厚度(Sun et al.，2016)

(a)溢油厚度估算；(b)AVIRIS 真彩色合成图像；(c)不同厚度溢油的典型光谱特征

7.2.1　不同厚度溢油条带形态特征

溢油条带指在 AVIRIS 高光谱图像中，提取的连续溢油像素所组成的图像条带，形态参数主要指溢油图像条带的长度、宽度和长宽比。在美国墨西哥湾 DWH 溢油的 AVIRIS 图像中，溢油图像条带大都呈现不规则形状，难以准确地计算其真实长度和宽度。在此研究中，先对 AVIRIS 彩色合成图像中的溢油图像条带进行数字化处理，再确定每个独立溢油图像条带的最小外包圆[图 7.16(a)]，外包圆直径则为溢油图像条带的长度，溢油条带面积除以长度则是溢油图像条带宽度[图 7.16(b)]。

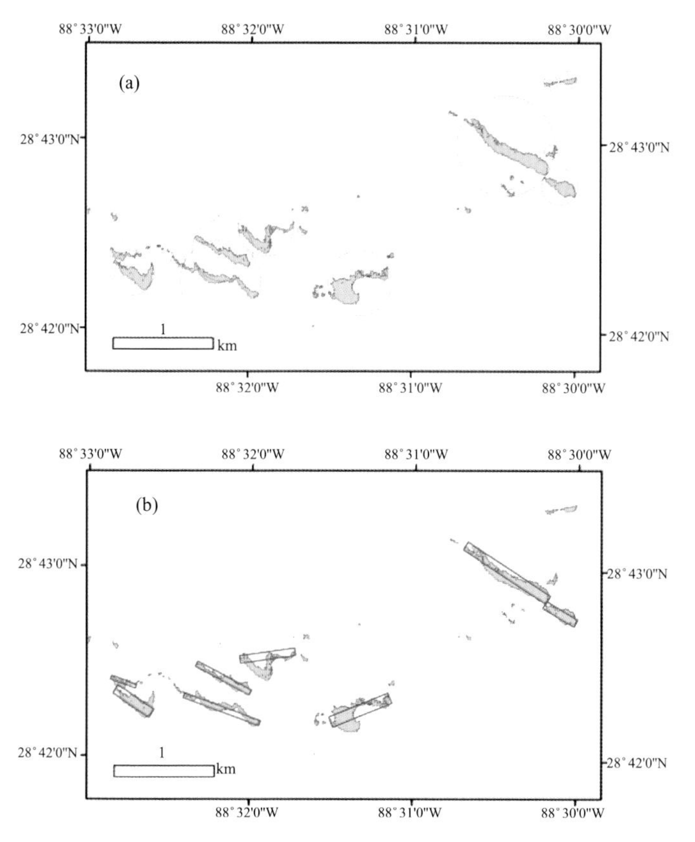

图 7.16　基于 AVIRIS 数据估算溢油图像条带长度和宽度(Sun et al.，2016)

(a)对所有溢油图像条带求最小外包圆；(b)外包圆的直径代表溢油条带的长度，溢油条带面积除以长度得到其宽度

针对四种不同厚度的溢油图像条带（≤50μm、50～200μm、200～1000μm 和>1000μm)和未区分厚度的溢油图像条带，应用上述方法分别求其长度、宽度并计算长宽比。统计结果如表 7.2 所示，统计直方图如图 7.17～图 7.19 所示。一般情况下，一个大的溢油条带常常由不同厚度的溢油组成，因此未区分厚度的混合溢油图像条带(all thickness classes combined，全厚度溢油条带，包括不同厚度的溢油)个数远远小于 4 种不同厚度区间的溢油条带数之和。不同厚度区间溢油图像条带的长度中值在 22～38m，宽度中值在 6.8～10.5m，全厚度溢油图像条带的长度和宽度中值分别为 92m 和 21m。从统计直方图 7.17～图 7.19 还可以看出，单个厚度区间溢油图像条带的长宽组合主要出现在小范围内，如长度一般在 10～

20m、宽度在 10m 范围以内；而全厚度溢油图像条带的长度和宽度值，最高频率分别出现在 70～80m、10～20m 范围内，表明全厚度溢油图像条带中的高异质性溢油的分布特征。此外，从统计平均值和标准差中也可以推断出：单一厚度区间和全厚度溢油图像条带的长、宽参数差异性显著，溢油图像条带的形态参数呈不对称分布，而不是正态分布，面积小的溢油图像条带居多，面积大的溢油图像条带较少(直方图见图 7.17 和图 7.18)。溢油图像条带的长度大约从 1 个 AVIRIS 像素(～7.6m)到～24 个像素(～180m)之间，宽度大约从 1 个 AVIRIS 像素到～4 个像素(～30m)之间；随着长度和厚度的增加，溢油条带的数量呈现一个近似 e 指数的衰减(直方图见图 7.17 和图 7.18)。

从不同厚度溢油图像条带的形状特征来看，其长宽比的中值在 2.5～3.3，表明大部分的溢油图像条带呈细长条状。超过 90%的溢油图像条带长宽比在 1.6～10 范围内，仅有很小一部分溢油图像条带长宽比超过 15(图 7.19)。溢油图像条带长宽比直方图具有不对称分布特征，表明特别长的溢油图像条带数量比例非常少，也意味着当溢油扩散到一定长度时易分开。全厚度溢油图像条带的长宽比中值约为 5，远远高于单个厚度区间溢油图像条带的长宽比中值 3，表明全厚度溢油图像条带比单个厚度区间溢油图像条带更加细长；同样，厚度较薄(≤200μm)的溢油图像条带也比较厚(>200μm)的溢油图像条带更加细长，其长宽比分别为 3.3 与 2.5。

表 7.2　不同厚度溢油图像条带的形状参数统计表

厚度/μm	油膜像素	形态	平均	标准差	最小值	中值	最大值
≤50	29274	长/m	58.1	85.1	10.8	38.0	5885.5
		宽/m	13.3	11.5	5.4	10.5	796.4
		长宽比	3.8	2.0	1.9	3.3	55.5
50～200	16828	长/m	64.4	123.7	10.8	34.0	5815.0
		宽/m	12.9	11.5	5.4	9.3	458.0
		长宽比	4.0	2.7	1.7	3.3	55.1
200～1000	4867	长/m	36.4	46.2	10.8	21.5	730.4
		宽/m	9.0	5.6	5.4	6.8	64.8
		长宽比	3.4	2.1	2.0	2.5	27.3
>1000	1131	长/m	43.8	73.4	10.8	21.5	976.4
		宽/m	10.4	10.0	5.4	6.8	116.4
		长宽比	3.5	2.1	2.0	2.6	24.9
汇总	7361	长/m	160.8	298.7	38.0	91.5	7363.0
		宽/m	26.4	33.4	8.1	20.6	1894.4
		长宽比	5.6	4.0	1.9	4.6	114.5

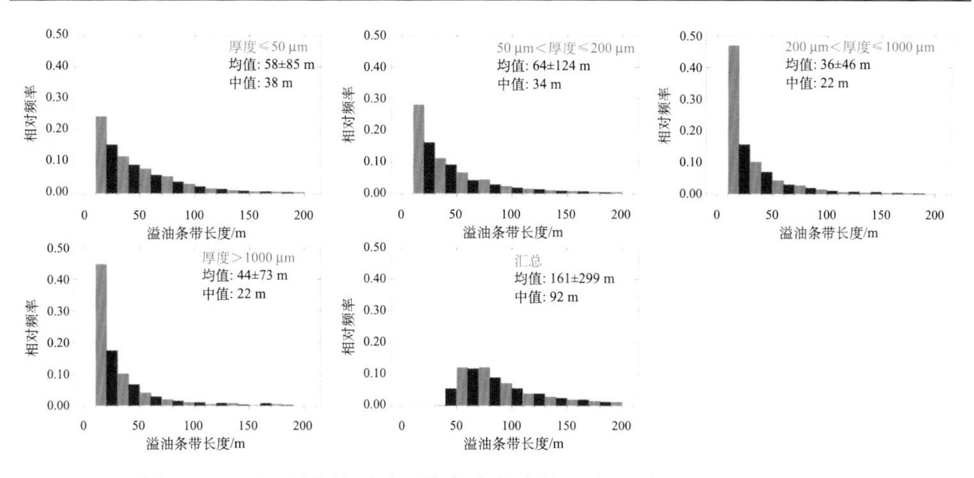

图 7.17　不同厚度的溢油图像条带长度统计直方图(Sun et al.，2016)

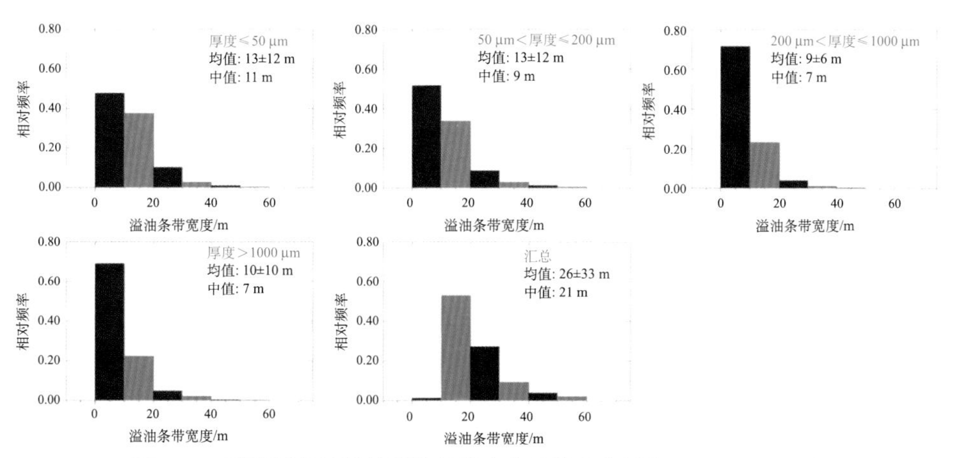

图 7.18　不同厚度的溢油图像条带宽度统计直方图(Sun et al.，2016)

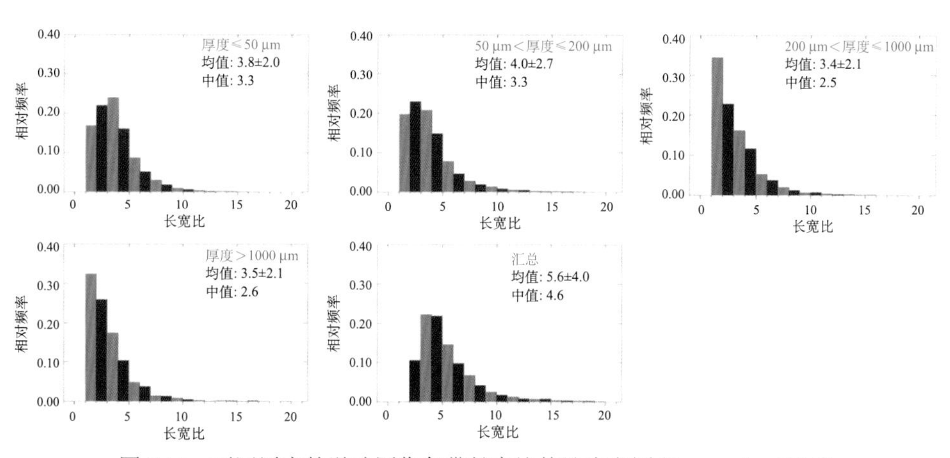

图 7.19　不同厚度的溢油图像条带长宽比统计直方图(Sun et al.，2016)

7.2.2 溢油探测的空间分辨率需求

从溢油图像条带形态特征参数的统计来看，空间分辨率为30～300m的光学遥感传感器很难实现溢油条带的纯像元观测。从图7.18的统计来看，在美国墨西哥湾DWH溢油中，即使是全厚度溢油条带，大约75%的宽度小于30m。为模拟此次溢油事件中溢油条带在中高分辨率遥感传感器上的覆盖情况，将AVIIRS影像的分辨率(7.6m)重采样，生成30m(4×4像元)、60m(8×8像元)、300m(40×40像元)的模拟图像，统计溢油条带在不同空间分辨率影像中的覆盖情况(表7.3和图7.20、图7.21)。

空间分辨率为30m的模拟像元中，单个厚度区间溢油条带的覆盖率中值为31%或者更小。其中，50%以上厚度为200～1000μm的溢油条带在空间分辨率30m像元中，其覆盖率小于19%；仅有不足10%的像元中溢油条带覆盖率为100%。即使是全厚度溢油条带，超过一半的溢油像元中，其溢油条带覆盖率小于50%(表7.3和图7.20)，有大约20%的像元中溢油条带的覆盖率为100%。空间分辨率为300m的模拟像元中，厚度小于200μm的溢油条带在像元中的覆盖率中值小于3.5%，大于200μm的覆盖率中值小于0.6%(图7.21)。全厚度溢油条带模拟结果表明，针对美国墨西哥湾DWH溢油，在空间分辨率为300m的像元中，溢油纯像元的概率也几乎为0(<0.1%)，很难找到300m×300m的单一厚度区间油带均一

表7.3 油带在30m、60m、300m模拟像素下的覆盖率统计

模拟像素尺度/m	厚度/μm	模拟像素数	平均覆盖率/%	标准差/%	最小值/%	中值/%	最大值/%
30 (4×4)	≤50	142155	36.4	26.6	6.3	31.3	100.0
	50～200	92662	38.9	29.1	6.3	31.3	100.0
	200～1000	11561	24.4	20.5	6.3	18.8	100.0
	>1000	3669	35.6	31.3	6.3	25.0	100.0
	汇总	172077	53.4	33.2	6.3	50.0	100.0
60 (8×8)	≤50	59064	22.0	19.8	1.6	15.6	100.0
	50～200	41508	21.8	21.4	1.6	14.1	100.0
	200～1000	6395	11.1	12.2	1.6	6.3	100.0
	>1000	1999	16.4	22.0	1.6	7.8	100.0
	汇总	64921	35.6	29.1	1.6	28.1	100.0
300 (40×40)	≤50	6796	7.9	10.9	0.1	3.5	100.0
	50～200	5937	6.4	9.1	0.1	2.8	100.0
	200～1000	1675	1.7	2.7	0.1	0.6	20.9
	>1000	605	2.2	4.7	0.1	0.6	38.1
	汇总	7050	13.6	17.3	0.1	6.6	100.0

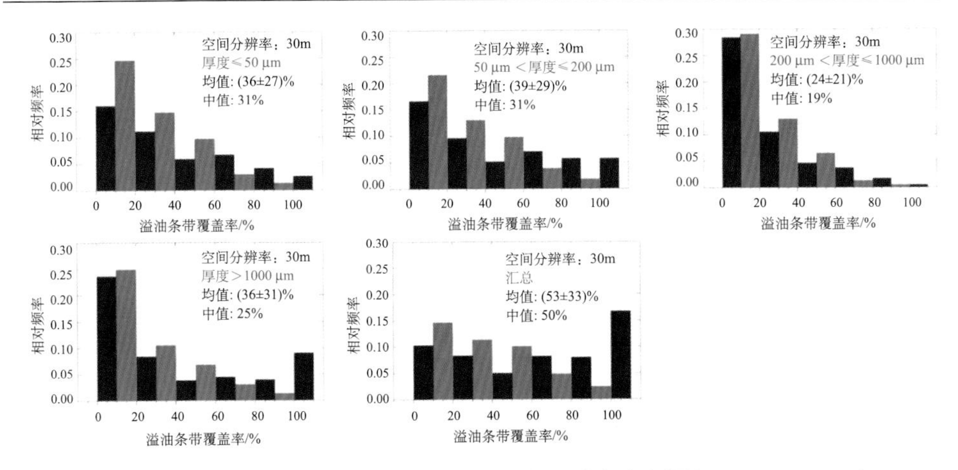

图 7.20　30m 模拟空间分辨率下溢油条带的覆盖率直方图(Sun et al.，2016)

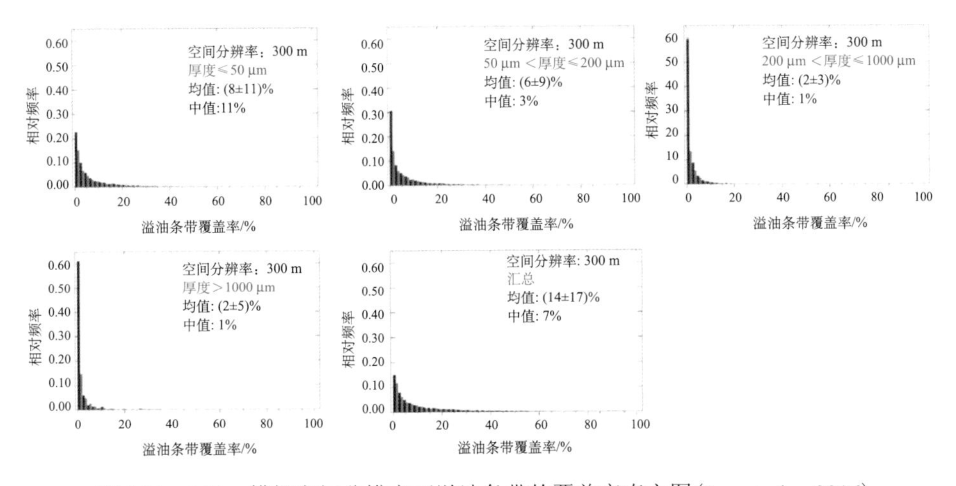

图 7.21　300m 模拟空间分辨率下溢油条带的覆盖率直方图(Sun et al.，2016)

覆盖。空间分辨率为 60m 的模拟像元，其统计数据处于 30m 和 300m 模拟像元之间，像元覆盖率的中值总体上跟像元大小呈反比关系。空间分辨率分别为 30m、60m、300m 的模拟像元中，其全厚度溢油条带覆盖率中值分别为 50%、28.1%和 6.6%。

7.3　海洋溢油的光谱混合与统计分析

7.3.1　海洋溢油的高异质性混合特征

海洋溢油的高异质性空间分布特征给海洋溢油遥感定量估算的带来了挑战。海面上溢油的分布是非常零散的，尤其是溢油乳化物(Sun et al.，2016；Lu et al.，

2019）。这一情况会导致不同空间尺度上的混合像元问题。即使是在现场照片（图 7.22）中，海面溢油的分布也是非常零散的，这也是导致实验室获取的样品级光谱与影像光谱存在较大差异的原因之一。在不同空间尺度的影像上，存在不同层次的影像特征和混合效应。如在现场照片中，其空间分辨率即使能够达到厘米级，海面溢油的分布也非常破碎，存在复杂的光学传输过程。在高空间分辨率遥感图像中，如 2m 空间分辨率的 WV-2 图像和 7.6m 空间分辨率的 AVIRIS 图像上，除了存在现场照片所展现的混合信息，不同溢油污染类型之间的空间分布也表现

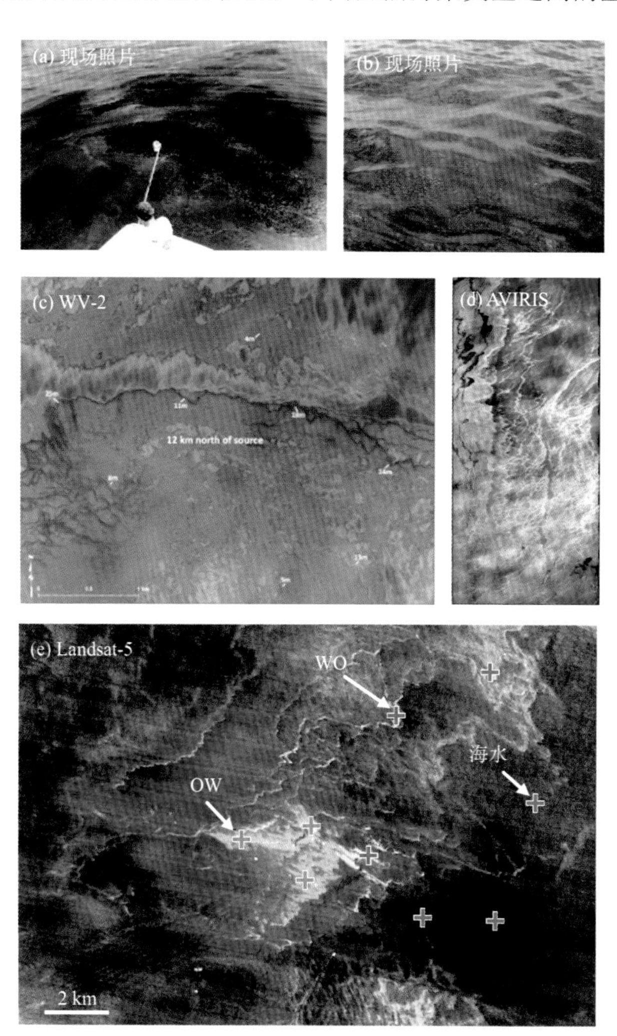

图 7.22　不同空间尺度上海面溢油的混合特征（Clark et al.，2010；Svejkovsky et al.，2016）

（a）和（b）现场照片；（c）WV-2 影像（2m）；（d）AVIRIS 影像（7.6m）；（e）Landsat-5 影像（30m）

出高异质性(图 7.22)。在 30m 空间分辨率的遥感图像(如 Landsat-5)上，像元内来自溢油和非溢油海面的信号被“平均”。海洋溢油的高异质性分布特征，会导致遥感观测获得的像元信息中，不仅包含了水平空间分布上的混合信息，还包含了溢油海面垂直空间分布上的混合信息，在不同空间分辨率尺度上的混合效应差异显著，需要不同的估算策略和方法来解算。

7.3.2　海洋溢油的三维混合现象

海洋溢油的高异质性分布特征使实验测量的样品光谱与现场光谱存在很大差异。实际上，实验室测量获得的是不同溢油污染“样品级”光谱，这种光谱只表达了单一样品内的光学作用过程，而不表达高异质性海洋溢油的混合作用。真实海洋溢油存在三维混合现象，即使是高空间分辨率的光学遥感数据，如 WV-2 和 AVIRIS，其像元光谱也仍然是一种“混合”光谱。以 2010 年墨西哥湾溢油的机载 AVIRIS 高光谱数据(Run10，2010 年 5 月 17 日)为例，其影像光谱(图 7.23)与实验室光谱(详见第 5 章)最明显的形态特征差异，在于短波红外吸收特征的表

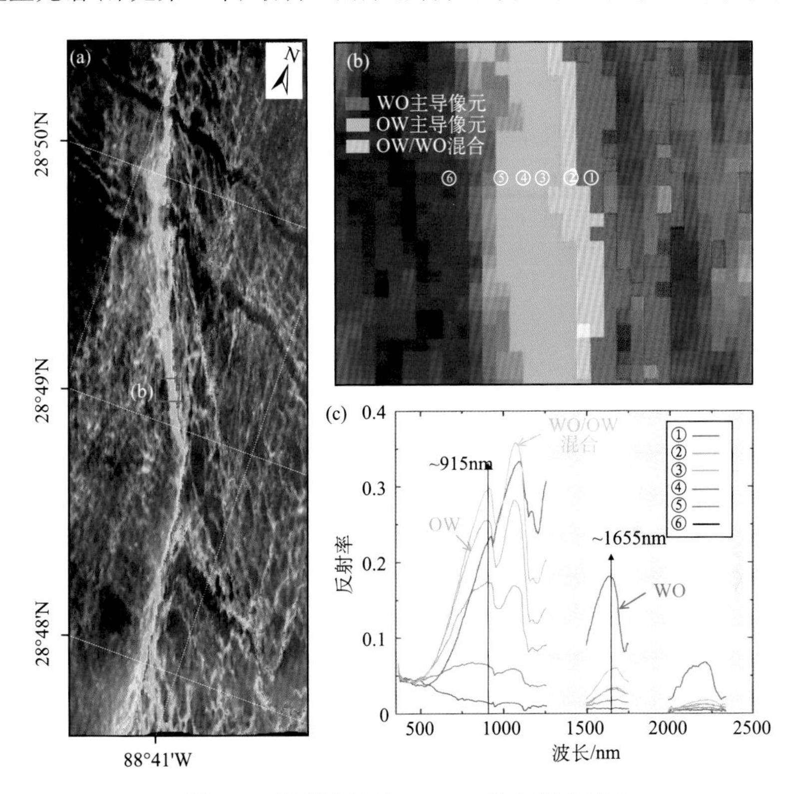

图 7.23　海洋溢油的 AVIRIS 混合光谱特征

(a)为 2010 年 5 月 17 日的 AVIRIS 影像光谱；(b)为(a)中局部放大；(c)为不同类型溢油(WO 或 OW)的像元光谱，和实验室光谱(详见第 5 章)存在差异

现。例如，在实验室测得的 WO 乳化物光谱在～1655nm 和～2200nm 的反射率数值很接近，而在 AVIRIS 影像上对应的 WO 乳化物像素光谱则在～1655nm 和～2200nm 处存在一定的“比例关系”，这种光谱形态特征差异是由 AVIRIS 像元内不同组分的混合作用所形成。

线性光谱混合模型将像元内不同组分(端元)光谱与其所占面积(丰度)，通过线性组合来表达像元光谱，如式(7-2)所示：

$$R_{\text{pixel}} = k_1 \times R_1 + k_2 \times R_2 + k_3 \times R_3$$

$$k_1 + k_2 + k_3 = 1 \tag{7-2}$$

式中，R_{pixel} 代表混合光谱；R_1、R_2 和 R_3 代表不同组分的端元光谱；k_1、k_2 和 k_3 则代表不同组分在混合像元中所占的面积比。结合第 4、5 章不同溢油的光谱特征，可以发现单一的线性混合模型推导结果(图 7.24)，无法解释 AVIRIS 像元混合光谱现象，尤其在短波红外上的光谱差异(图 7.23)。这是因为线性光谱混合模型不考虑光在不同组分间的作用，认为其只反映了一种物质的信息。事实上，海面溢油高异质性分布特征会使光在不同溢油类型和海水之间互相辐射传输，而且溢油分布存在垂直混合，也会影响光的辐射传输作用过程(图 7.25)。因此，实验室测得的样品级光谱要想应用到影像光谱上，还需要考虑像元内溢油的三维混合情况，这实际上是一种非线性混合特征。

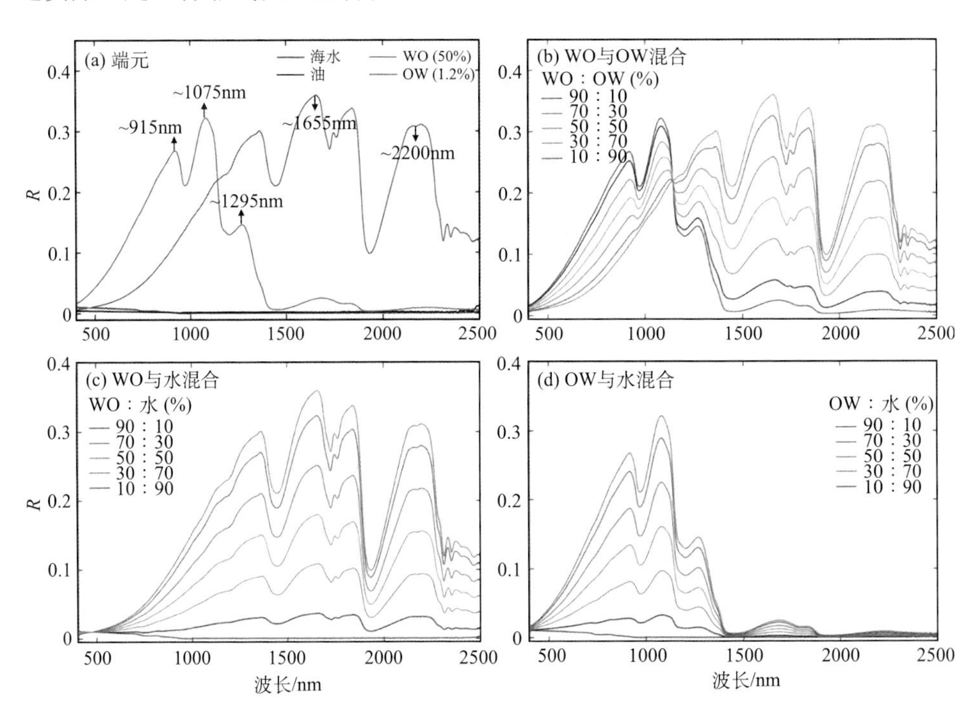

图 7.24　不同溢油乳化物与水的线性混合光谱

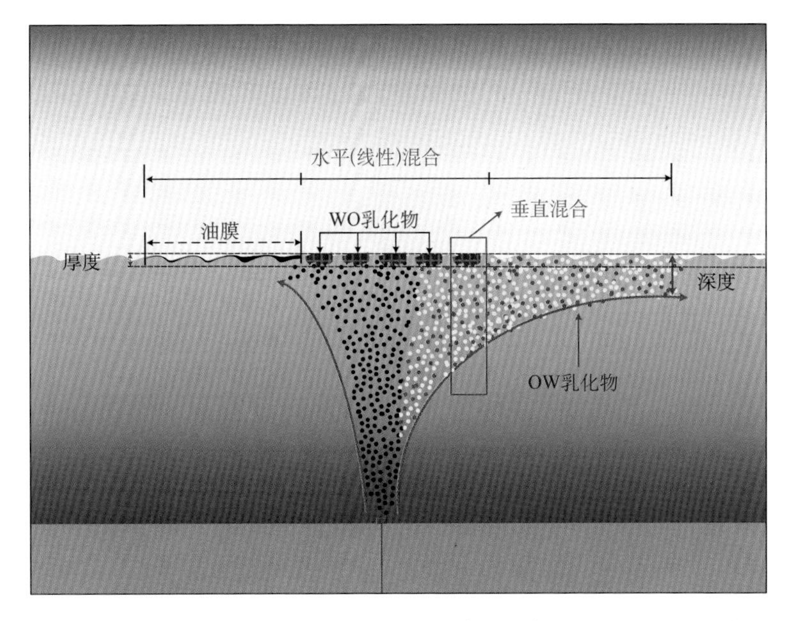

图 7.25　海洋溢油的高异质性三维混合特征示意图(Lu et al.，2020)

7.3.3　不同影像光谱间的线性混合效应

虽然线性混合模型难以将实验室测量的样品光谱直接模拟产生影像光谱，但不同空间分辨率影像之间的光谱关系，却能够使用线性混合模型来表达。以 AVIRIS 和 Landsat-7 影像为例，对于 7.6m 空间分辨率的 AVIRIS 像元光谱和 30m 的 Landsat-7 像元光谱，像元内都包含了不同溢油和海水在“垂直”剖面上的混合信息；从 7.6m 像元到 30m 像元，各自获得的光谱信号可以认为仅是水平“面”上信号的叠加，因此不同空间分辨率影像光谱之间的关系可以用线性混合模型有效表达。

陆应诚等利用成像时间相近的 AVIRIS 和 Landsat-7 影像，验证了不同空间分辨率影像对间的线性混合关系。对机载 AVIRIS 高光谱数据进行空间与光谱重采样，将 AVIRIS 的 7.6m 像元重采样为 30.4m 的像元(4×4 像元)，与 Landsat-7 影像像元(30m)对应，选取较为均匀区域中 9 个点位的典型采样光谱进行相关性分析(图 7.26)。因 AVIRIS 与 Landsat-7 的成像条件不同，Landsat 包含了太阳耀光反射，则需通过计算 Landsat-7 中溢油与周围海水的 R_{rc} 差值，来近似去除耀光和大气校正所导致的差异，如图 7.27(a)～(c)所示(Lu et al.，2020)。将不同波长(～486nm、～571nm、～660nm、～839nm、～1677nm、～2217nm)Landsat-7 图像的 R_{rc} 差值和对应的 AVIRIS 光谱反射率进行统计分析[图 7.27(d)～(i)]。将机载 AVIRIS 高光谱数据每个点位的 16(4×4)条光谱取平均光谱值，并采样到 Landsat 对应的波长，图 7.27 中竖线为这 16 条 AVIRIS 光谱的标准偏差。将机载

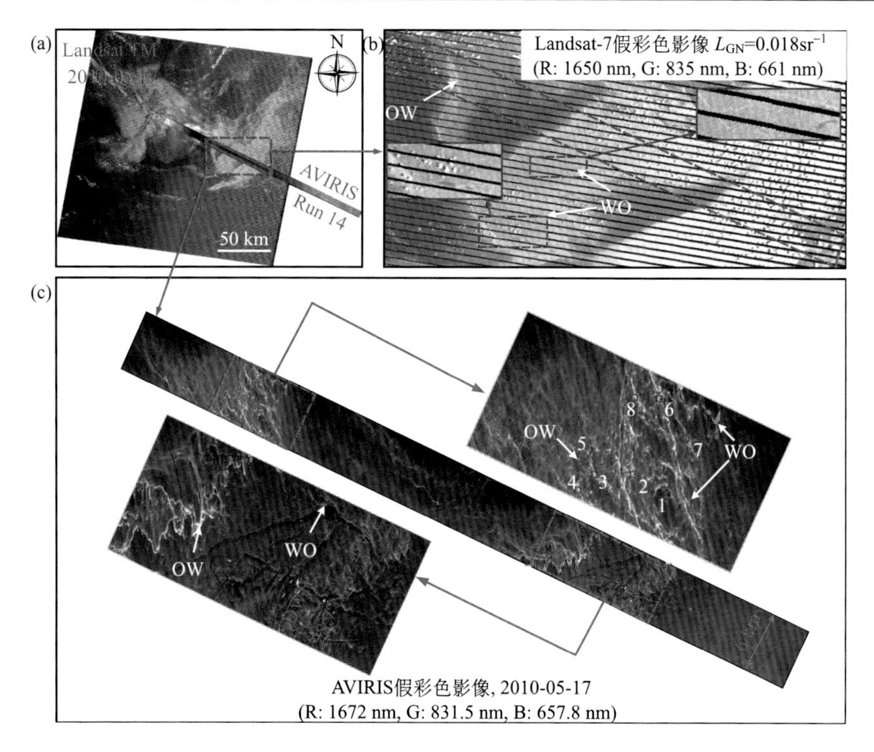

图 7.26　同一天(2010 年 5 月 17 日)的 AVIRIS 与 Landsat-7 影像(Lu et al.，2020)

AVIRIS 空间分辨率为 7.6m，Landsat-7 空间分辨率为 30m

AVIRIS 高光谱数据模拟的 Landsat 光谱反射率与同名点 Landsat 光谱反射率进行对比分析，发现两种影像光谱反射率之间存在较强的相关性，且随着波长增长，相关性增加。这说明影像对间的光谱可以用线性混合模型来表达，尤其针对溢油乳化物，在近红外和短波红外波段，线性混合特征显著。

综上所述，在光学遥感图像中，不同空间分辨率的影像像元光谱间可以利用线性混合模型来有效表达溢油的空间混合作用；这有助于影像层面的估算验证，如胡传民教授利用 AVIRIS 观测值推算到 MODIS 空间分辨率，实现了 MODIS 影像中的美国墨西哥湾海洋溢油量估算(Hu et al.，2018)。这种估算结果能够很好地表达海洋溢油在空间上的分布和相对变化趋势，但难以获得准确的“真值”，“真值”的获得仍需要打破从样品级光谱到影像光谱的壁垒。如何将实验室获得的样品级光谱应用到遥感影像上，实现更精细的遥感定量估算，还需要构建海洋溢油真实分布的三维混合模型，并对定量反演结果进行真实性检验。

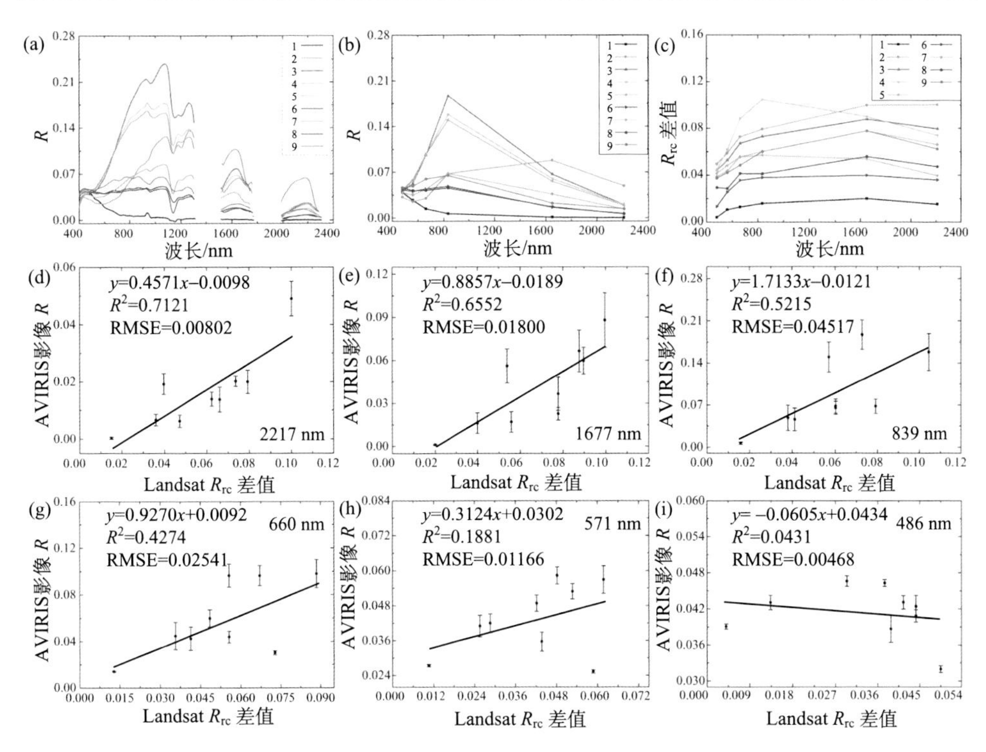

图 7.27　机载 AVIRIS 高光谱数据与星载 Landsat-7 多光谱数据的统计分析(Lu et al.，2020)

(a) 9 个采样点的 AVIRIS 平均光谱反射率；(b) AVIRIS 平均光谱重采样到 Landsat-7 的波长；(c) 同名点的 Landsat-7 光谱反射率，采用溢油与无油海水的 R_{rc} 差值来表达，以减少耀光反射对统计分析的影响；(d)～(i) 6 个波段的 AVIRIS 模拟光谱反射率与 Landsat 光谱反射率的统计分析

参 考 文 献

陆应诚，胡传民，孙绍杰，等. 2016. 海洋溢油与烃渗漏的光学遥感研究进展[J]. 遥感学报，20(5)：1259-1269.

石静. 2019. 海面溢油乳化物的高光谱遥感识别研究[D]. 南京：南京大学.

Bonn Agreement. 2017. Bonn Agreement Aerial Operations Handbook[R].

Clark R N, Swayze G A, Leifer I, et al. 2010. A method for quantitative mapping of thick oil spills using imaging spectroscopy[R]. U.S. Geological Survey Open-File Report.

Hu C, Feng L, Holmes J, et al. 2018. Remote sensing estimation of surface oil volume during the 2010 Deepwater Horizon oil blowout in the Gulf of Mexico: Scaling up AVIRIS observations with MODIS measurements[J]. Journal of Applied Remote Sensing, 12(2): 1.

Leifer I, Lehr W J, Simecek-Beatty D, et al. 2012. State of the art satellite and airborne marine oil spill remote sensing: Application to the BP Deepwater Horizon oil spill[J]. Remote Sensing of Environment, 124(9): 185-209.

Lu Y, Li X, Tian Q, et al. 2012. An optical remote sensing model for estimating oil slick thickness based on two-beam interference theory[J]. Optics Express, 20 (22): 24496-24504.

Lu Y, Shi J, Hu C, et al. 2020. Optical interpretation of oil emulsions in the ocean – Part II: Applications to multi-band coarse-resolution imagery[J]. Remote Sensing of Environment, 242: 111778.

Lu Y, Shi J, Wen Y, et al. 2019. Optical interpretation of oil emulsions in the ocean – Part I: Laboratory measurements and proof-of-concept with AVIRIS observations[J]. Remote Sensing of Environment, 230: 111183.

NOAA. 2016. Open Water Oil Identification Job Aid for Aerial Observation With Standardized Oil Slick Appearance and Structure Nomenclature and Codes[R]. NOAA Office of Response and Restoration, Emergency Response Division, Seattle, Washington: 1-51.

Shi J, Jiao J N, Lu Y C, et al. 2018. Determining spectral groups to distinguish oil emulsions from Sargassum over the Gulf of Mexico using an airborne imaging spectrometer[J]. ISPRS Journal of Photogrammetry and Remote Sensing, 146: 251-259.

Sun S, Hu C, Feng L, et al. 2016. Oil slick morphology derived from AVIRIS measurements of the Deepwater Horizon oil spill: Implications for spatial resolution requirements of remote sensors[J]. Marine Pollution Bulletin, 103 (1-2): 276-285.

Svejkovsky J, Hess M, Muskat J, et al. 2016. Characterization of surface oil thickness distribution patterns observed during the Deepwater Horizon (MC-252) oil spill with aerial and satellite remote sensing[J]. Marine Pollution Bulletin, 110 (1): 162-176.

Wettle M, Daniel P J, Logan G A, et al. 2009. Assessing the effect of hydrocarbon oil type and thickness on a remote sensing signal: A sensitivity study based on the optical properties of two different oil types and the HYMAP and Quickbird sensors[J]. Remote Sensing of Environment, 113 (9): 2000-2010.

Zhong Z, You F. 2011. Oil spill response planning with consideration of physicochemical evolution of the oil slick: A multiobjective optimization approach[J]. Computers and Chemical Engineering, 35 (8): 1614-1630.

第8章　海洋溢油的光学遥感研究案例

本章介绍利用多源光学遥感开展海洋溢油监测的若干研究案例，表明光学遥感技术在海洋溢油监测应用方面的能力、特点与优势。多源光学遥感因其丰富的数据获取能力、不同空间分辨率与光谱分辨率数据的优化组合应用方式，将在海洋溢油的动态监测与定量估算中发挥越来越重要的作用。

8.1　海面溢油的机载AVIRIS高光谱遥感识别估算

8.1.1　基于诊断性光谱特征的海洋溢油识别

1. *海面溢油乳化物与漂浮藻类的识别*

海面溢油、漂浮藻类、塑料垃圾等都是海洋环境遥感研究的重要目标，其有效监测对保护海洋环境具有重要意义(Cózar et al.，2014；Leifer et al.，2012；Liu et al.，2011；Qi et al.，2017；Wang and Hu，2016)。海面目标具有不同的吸收、散射、反射特性，对不同波长入射光具有分异明显的光学作用过程，这些光信号差异能被光学传感器所测量，由此衍生的光谱特征算法，如波段比值、波段差值、模型指数等方法，被诸多学者用于海面目标的探测和识别(Blondeau-Patissier et al.，2014；Hu et al.，2009，2015；Lu et al.，2016)。

溢油乳化物是海洋溢油的主要类型之一。溢油乳化物是原油和海水的混合物，在海面呈“巧克力慕斯状”，颜色多呈深棕色，形态多为条带状，黏度较大，难以被回收或处理，对海洋以及海岸环境的损害极为显著(Zhong and You，2011)。溢油乳化物的光谱响应特征明显，既有不同的散射反射特征，也有诊断性光谱吸收特征(详见第5章)；各类型卫星光学传感器的波段设置具有差异，是否可以有效识别不同海面目标，则需要深入探讨。在美国墨西哥湾海域常见一种大型漂浮藻类——马尾藻，其对海洋与海岸带生态环境具有正面和负面的影响(Hu et al.，2015；Qi et al.，2017；Wang and Hu，2016)。漂浮在海面的马尾藻也多呈现棕色条带状分布，在一定的观测距离上，即使是目视特征也容易产生混淆(图8.1)。

海面溢油乳化物和马尾藻在目视特征上极为相似，即使是现场目视观测，也很难区分，它们在颜色特征和分布形态上几乎相同(图8.1)。多光谱遥感影像虽能够实现这些海面目标的探测，但对于它们的识别与区分却存在挑战。这主要受限于多光谱传感器的波段设置、光谱和空间分辨率、信噪比等，导致这两种海洋目标在多光谱影像上难以实现有效区分，如 Landsat-7 影像中两者光谱特征与图像特征极为相似[图 8.2(g)]；这种同谱异物现象带来的挑战是，在无任何先验知识的前提下，无法仅从多光谱数据的图像特征与光谱特征上，实现溢油乳化物和马尾藻的识别和区分。当溢油乳化物和马尾藻被高光谱传感器观测时，得益于精细的光谱分辨率和连续的波段设置，溢油乳化物和马尾藻的光谱特征差异显著，甚至诊断性光谱特征都能被探测出来，从而实现目标的识别和分类[图 8.2(f)]。

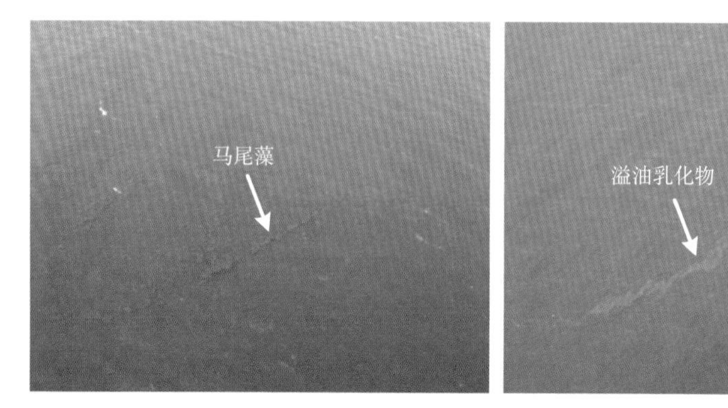

图 8.1　马尾藻与溢油乳化物现场目视特征(Leifer et al.，2012)

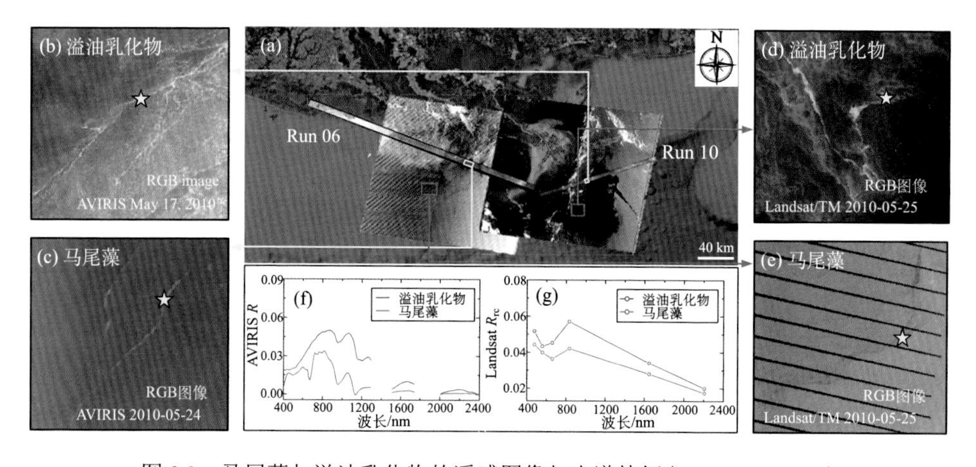

图 8.2　马尾藻与溢油乳化物的遥感图像与光谱特征(Shi et al.，2018)

(a)研究区为美国墨西哥湾近海，研究数据为 Landsat-7 影像和机载 AVIRIS 高光谱影像；(b)和(c)机载 AVIRIS 高光谱真彩色合成影像中的溢油乳化物和马尾藻图像特征；(d)和(e)Landsat-7 多光谱真彩色合成影像中的溢油乳化物和马尾藻图像特征；(f)溢油乳化物和马尾藻的 AVIRIS 反射光谱；(g)溢油乳化物和马尾藻的 Landsat-7 反射光谱

2. 基于诊断性光谱特征的溢油乳化物识别分类

机载 AVIRIS 高光谱影像拥有 224 个波段，波长范围覆盖 350～2500nm，光谱分辨率约 10nm。2010 年 5 月 17 日的 AVIRIS 影像覆盖墨西哥湾溢油区域，探

测到大面积溢油乳化物的存在[图 8.2(b)]；2010 年 5 月 24 日的 AVIRIS 影像在溢油邻近区域观测到漂浮马尾藻[图 8.2(c)]。在无先验知识的情况下，对这两种形态、颜色相似的易混淆海洋目标的有效识别和区分则非常重要。海洋溢油乳化物的诊断性吸收光谱特征主要由“—C—H”和“—O—H”的吸收作用产生，在～960nm、～1130nm(—O—H)、～1210nm、～1750nm、～2300nm(—C—H)等波段存在光谱吸收特征，这些诊断性光谱特征信号在实验室测量光谱和机载 AVIRIS 高光谱中能被有效探测到(详见第 5 章)。马尾藻的诊断性光谱特征主要来自不同生物色素(叶绿素等)的吸收(Hu et al.，2015；Qi et al.，2017；Wang and Hu，2016)。在溢油乳化物和马尾藻的 AVIRIS 影像光谱中可以发现，各自的诊断性光谱都能很好地展现。溢油乳化物中“—C—H”和“—O—H”的吸收特征、马尾藻生物色素的吸收特征(～500nm、～628nm、～668nm)等，都能够被 AVIRIS 高光谱传感器探测到(图 8.3)，反映了高光谱遥感对海洋目标识别分类的技术优势。

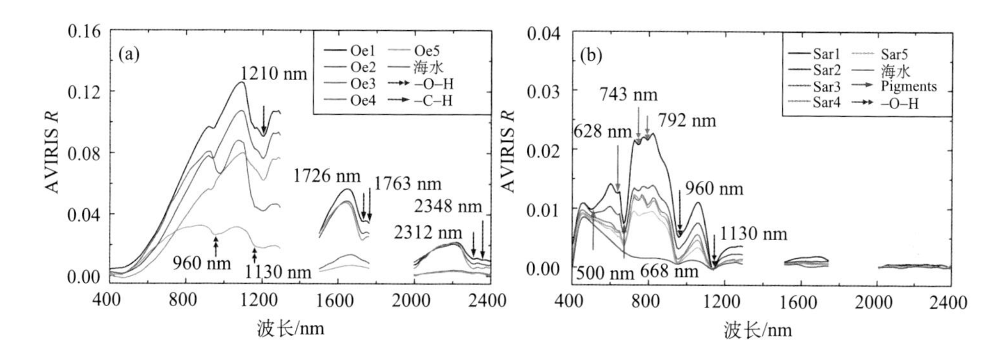

图 8.3　马尾藻(Sar)与溢油乳化物(Oe)的 AVIRIS 影像采样光谱(Shi et al.，2018)

AVIRIS 机载高光谱数据具有较高的空间分辨率和光谱分辨率，基于溢油乳化物和马尾藻的光谱响应特征认知，尤其是诊断性光谱吸收特征认识，可设计一种高光谱反射峰谷检测算法，具体流程见图 8.4。通过对不同目标诊断性光谱特征的定位与鉴别，从而在无其他先验知识条件下，不仅实现了海面目标的探测，还可有效识别并区分溢油乳化物或马尾藻(Shi et al.，2018)。

该算法的基本流程如下：①光谱反射峰和反射谷检测。首先对像元光谱反射率进行归一化处理，之后对光谱进行峰谷检测，获得每个峰或谷的波长位置与归一化数值。②基于离散 Fréchet 距离的光谱相似度判定方法。考虑光谱曲线中每个反射峰或反射谷出现的波长位置和归一化数值，计算目标光谱(马尾藻或溢油乳化物)与像元光谱的相似度，获得每个像元与样品光谱的相似度图像。③基于样品光谱训练获得的阈值，对相似度图像进行分割，获得识别结果。结果如图 8.5 所示，通过诊断性光谱反射吸收特征，溢油乳化物和马尾藻像元均能被有效地识别并提取出来。

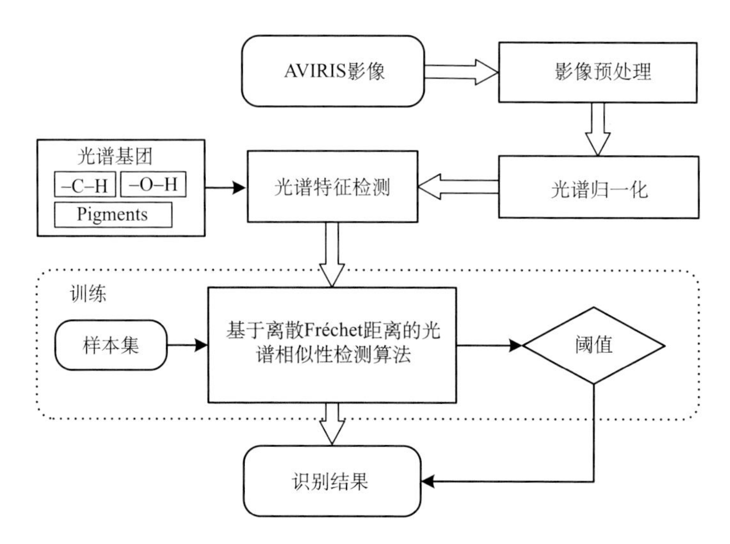

图 8.4 基于诊断性光谱特征检测的海洋溢油乳化物和马尾藻识别算法流程图(Shi et al., 2018)

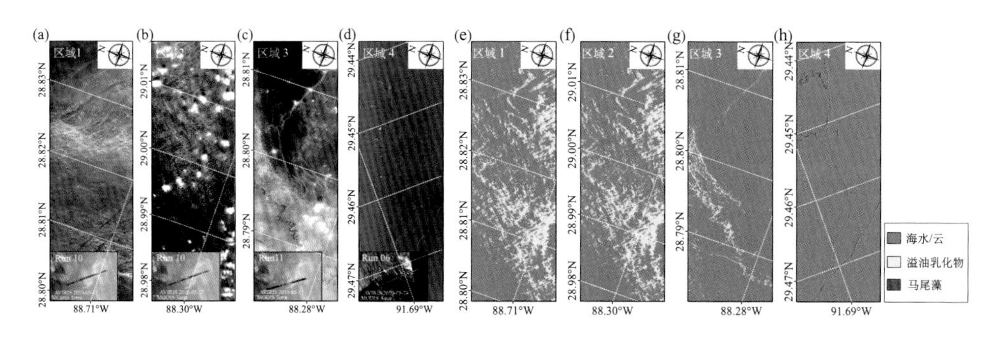

图 8.5 海洋溢油乳化物和马尾藻 AVIRIS 高光谱识别结果(Shi et al., 2018)

不同的溢油乳化物，即水包油状(OW)和油包水状(WO)乳化物，各自的反射光谱特征也不同(详见第 5 章)，因此该方法也能够有效实现不同类型溢油乳化物的分类。两种不同类型的溢油乳化物因其“连续相”和“分散相”的不同(如 WO 的连续相为油，分散相为水滴；OW 的连续相为水，分散相为油滴)，导致各自的后向散射信号有差异。因此，在水包油乳化物光谱中仅检测到“—O—H”的吸收光谱反射谷，在油包水乳化物光谱中可同时检测到“—O—H”和“—C—H”的光谱吸收特征。基于此推论，不同类型的溢油乳化物在高光谱图像中也能够被有效区分，如图 8.6 所示。

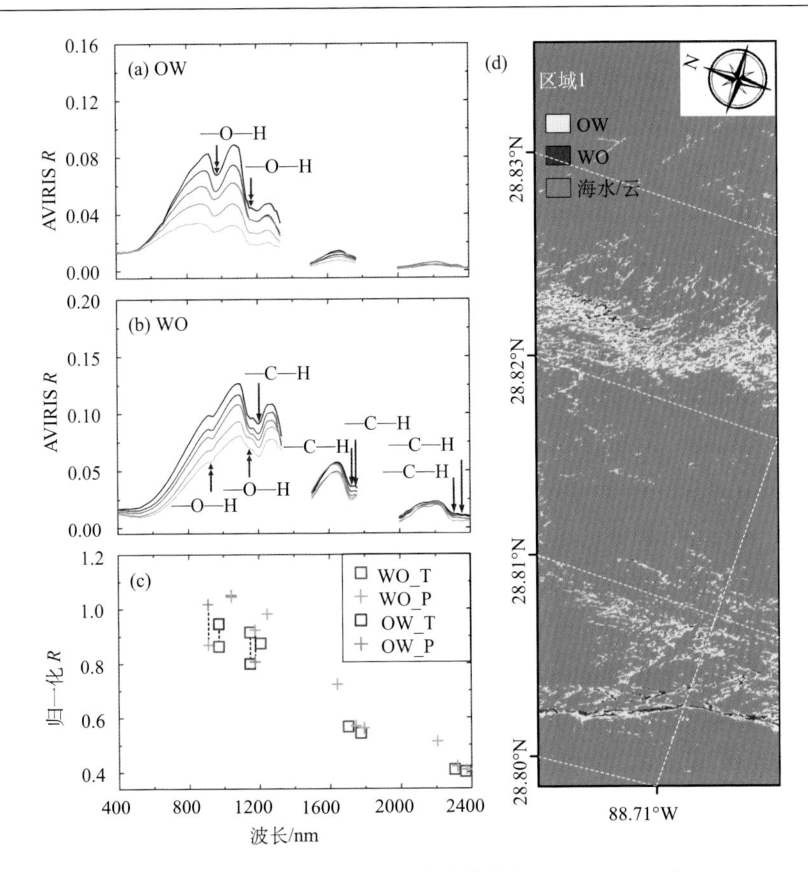

图 8.6　不同溢油乳化物的分类结果(Shi et al.，2018)

WO_T 指 WO 的光谱吸收谷特征；WO_P 指 WO 的光谱反射峰特征；OW_T 指 OW 的谷特征；OW_P 指 OW 的峰特征

3. 传感器光谱分辨率需求

高光谱传感器因具有精细的光谱分辨率与连续的波段探测能力，能够探测到不同海面目标的诊断性光谱特征，从而实现海面目标的识别与分类。不同光谱特征的探测与否，主要取决于传感器的波长设置和光谱分辨率(用半高波宽来表达，full width at half maximum，FWHM)，研究已经表明 AVIRIS 的 10nm 光谱分辨率能够达到很好的效果。因此可利用高斯函数模拟不同光谱分辨率的波段响应函数，将 AVIRIS 机载高光谱数据重采样到 15～40nm，再讨论海洋溢油乳化物探测所需的高光谱传感器光谱分辨率。

不同的诊断性光谱吸收特征，如"—C—H"(～1210nm、～1763nm、～2384nm 等)、"—O—H"(～960nm、～1130nm 等)、生物色素(～500nm、～628nm、～668nm)等，在 10nm 的光谱分辨率下基本都能够显现；当光谱分辨率大于 15nm 时，某

些光谱特征被“平均”而无法被探测到(如～1726nm、～2312nm、～628nm)；但如果中心波长设置合理，即使在40nm的光谱分辨率下，某些强吸收特征依然能有效显现。溢油乳化物的特征光谱主要集中在短波红外波段，而马尾藻则集中在可见光波段，传感器波段设置合理时，海洋溢油乳化物和马尾藻都能被有效地识别和区分(图8.7)。

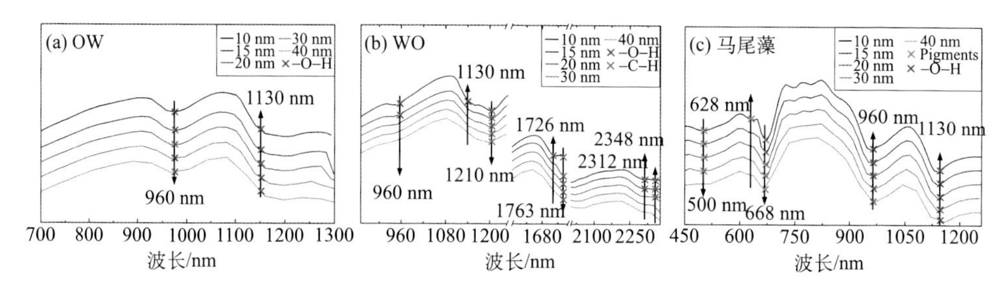

图8.7　探测溢油乳化物和马尾藻的传感器光谱分辨率要求(Shi et al.，2018)

不同光谱分辨率(10～40nm)条件下，溢油乳化物与马尾藻各自的诊断性光谱特征探测与否用“×”表示

8.1.2　海面溢油乳化物的高光谱遥感估算

在2010年墨西哥湾溢油事件中，AVIRIS高光谱传感器搭载于NASA的ER-2飞机上，获取到多条覆盖DWH溢油泄漏点附近的高光谱数据，其中5月17日数据覆盖情况如图8.8所示(数据编号Run08～Run14)。美国地质调查局工作人员通过船只的同步采样，获取了多个溢油乳化物的现场样品，用于后续理化分析和实验室光谱测量(Clark et al.，2010)。

美国地质调查局对现场采样的溢油乳化物样品进行了以下光谱测量：①利用地物光谱仪测量了不同乳化油样品的光谱反射率(350～2500nm)；②对溢油乳化物样品的浓度进行了细致的量化分析，通过蒸发样品中的水分获得了样品的浓度(用油水混合比来表示浓度的差异)；③通过超声波振荡的方式还获得其他不同浓度的溢油乳化物，开展了原油和水的吸收系数测量；④设置不同厚度的乳化油漂浮样品，并开展了光谱测量。需要注意的是，美国地质调查局在基于现场样品及制备的不同浓度溢油乳化物样品中，忽视了溢油乳化物的稳定性，其获取的光谱反射率也存在相应的不确定性问题。美国地质调查局的溢油乳化物光谱实验与观测，揭示了2010年美国墨西哥湾DWH溢油的光谱响应特征，也能通过匹配算法实现溢油浓度变化趋势的大致分类；但溢油乳化物的类型差异、光谱特征、定量估算则进一步由南京大学陆应诚等系统性阐明(Lu et al.，2019，2020)。

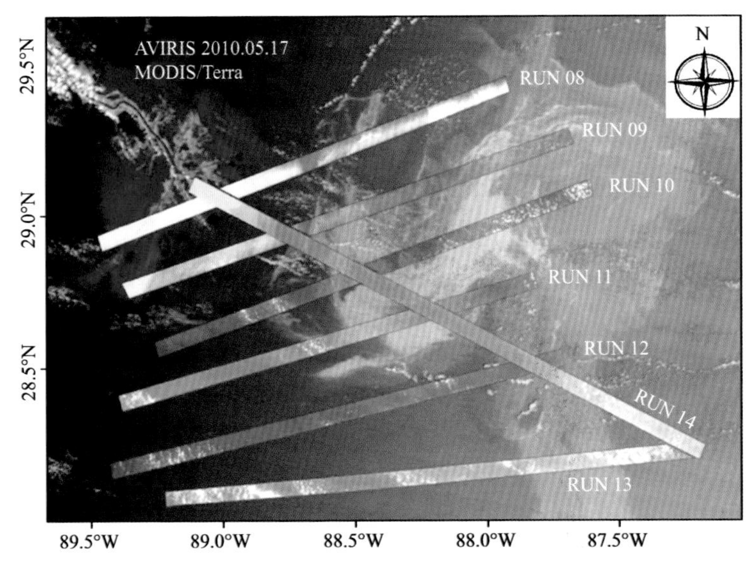

图 8.8　AVIRIS 数据覆盖 DWH 溢油区域(石静，2019)

底图为同一天 MODIS 数据

美国地质调查局在墨西哥湾溢油海域进行了现场采样，溢油乳化物样品在实验室中按不同浓度、不同厚度进行测量，获得的反射率光谱作为参考光谱(共 29 组)；其后，使用一种光谱相似度计算软件“Tetracorder”(Clark et al.，2003)计算 AVIRIS 像元光谱与参考光谱的相似度，从而确定该像元中溢油的浓度和厚度，并进一步估算像元含油量。其基本方法流程如下：① 现场采集的样品经实验室测量，获得不同浓度、不同厚度的参考样品共 29 组。② 设定厚度估算的 3 种模式——“保守”、“激进”和“估测”；“保守”和“激进”给定了在可探测范围内的厚度范围，而“估测”则针对超出光学探测极限的厚度，设定为 2cm。③ 基于光谱相似性计算软件“Tetracorder”(Clark et al.，2003)，计算 AVIRIS 像元光谱与 29 组参考光谱的光谱相似性，推导像元对应的最近似溢油厚度与浓度，其中光谱相似性仅考虑光谱特征和光谱曲线形态，而不考虑反射率数值大小。④ 确定像元中溢油乳化物的丰度，假设海水在近红外的反射率为 0，当与像元光谱最匹配的参考样品确定后(步骤③中)，利用像元光谱近红外反射率与参考光谱反射率数值的比值，来确定该像元中的丰度。⑤ 像元的含油量由式(8-1)计算获得。

$$\text{Volume/pixel}=S\times d\times c\times f \tag{8-1}$$

式中，S 为像元面积(area of pixel)；d 为厚度(thickness)；c 为浓度(oil concentration)；f 为丰度(abundance fraction)，分别对应上述的①～④。

将 Clark 等(2010)提出的方法应用于 AVIRIS 影像，获得像元的溢油浓度(图 8.9)、厚度、丰度及含油量结果(图 8.10)。当浓度估算确定后，根据上述“保守”

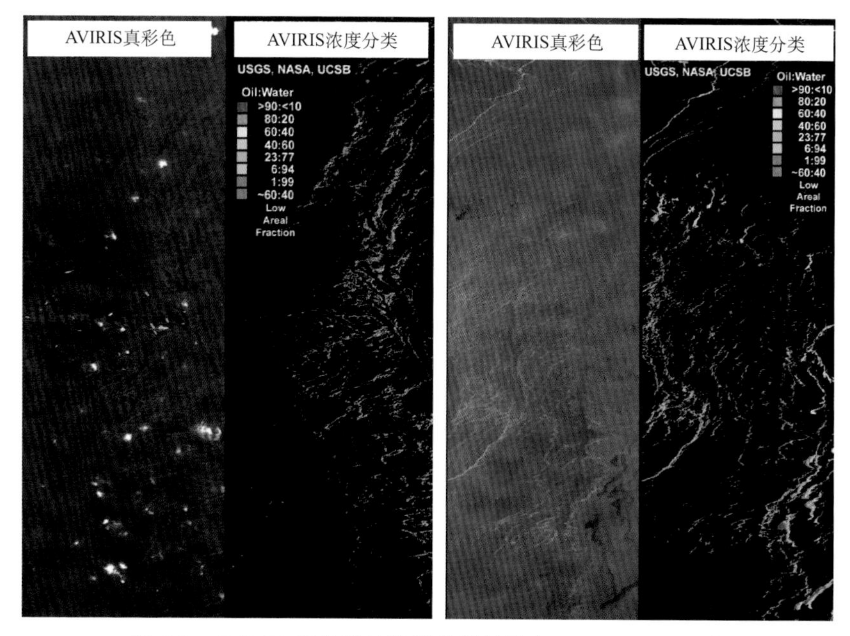

图 8.9　AVIRIS 影像溢油浓度分类结果(Clark et al., 2010)

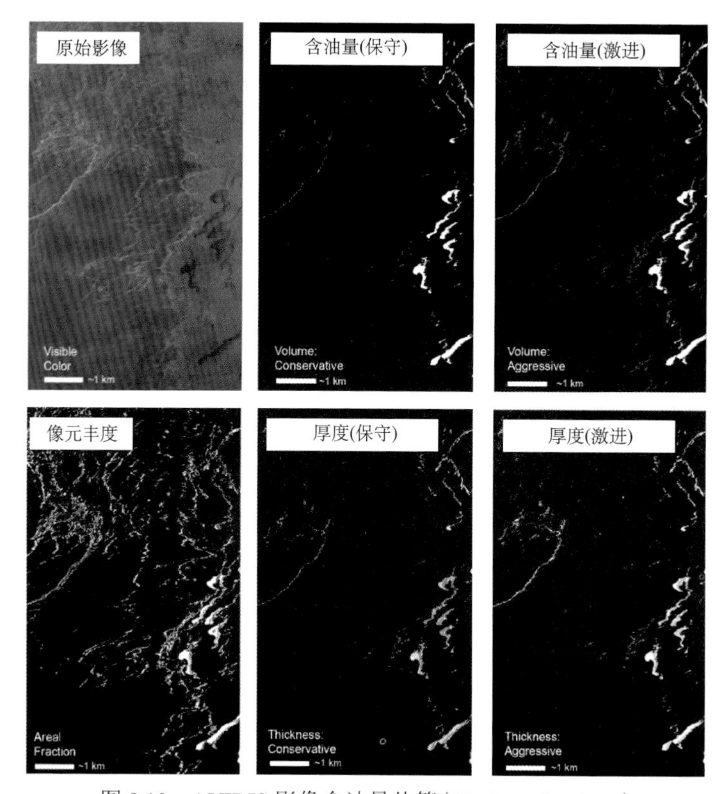

图 8.10　AVIRIS 影像含油量估算(Clark et al., 2010)

和“激进”的厚度估算规则，给出厚度的估算值；并通过反射率数值的比值关系，确定像元的丰度。最后利用式(8-1)，获得两种估算规则下的像元含油量。虽然上述方法还存在诸多不确定性，但是系统地展示了光学遥感开展海洋溢油定量估算的能力。

8.2　基于 MODIS 数据的海面溢油量光学遥感估算

海面溢油厚度或含油量的估算，一直是海洋溢油遥感研究的困难所在，主要体现在海洋溢油类型的复杂性、空间分布的高异质性及表面耀光反射的影响等，这种影响尤其在卫星光学遥感图像中表现显著。美国地质调查局利用高空间分辨率的机载高光谱 AVIRIS 数据，结合现场采样数据与实验模拟，初步实现了高光谱图像中的溢油厚度/含油量估算。美国南佛罗里达大学海洋学院胡传民教授进一步将基于机载 AVIRIS 影像估算的海面油膜厚度，推导到同一天观测的 MODIS 数据中，通过构建统计关系，实现 MODIS 尺度的大范围海面溢油厚度/含油量估算。针对不同溢油海面耀光反射的影响，提出用一种简单的“R_{rc} 差值”(即耀光反射下的溢油海面与邻近无油海面的反射率差值)方法，来减弱太阳耀光反射给海面溢油估算带来的不确定性影响(Hu et al.，2018)。

该方法的基本流程如下(图 8.11)：①基于 USGS 提出的方法对 AVIRIS 影像进行海面溢油估算。②对与 AVIRIS 机载数据同步的MODIS 观测数据，进行瑞利校正、云掩膜等预处理；需要注意的是，在强耀光情况下，常规云检测算法会导致高反射的溢油乳化物误判，Hu 等(2018)提出的云掩膜算法可以有效规避这种情况。③对

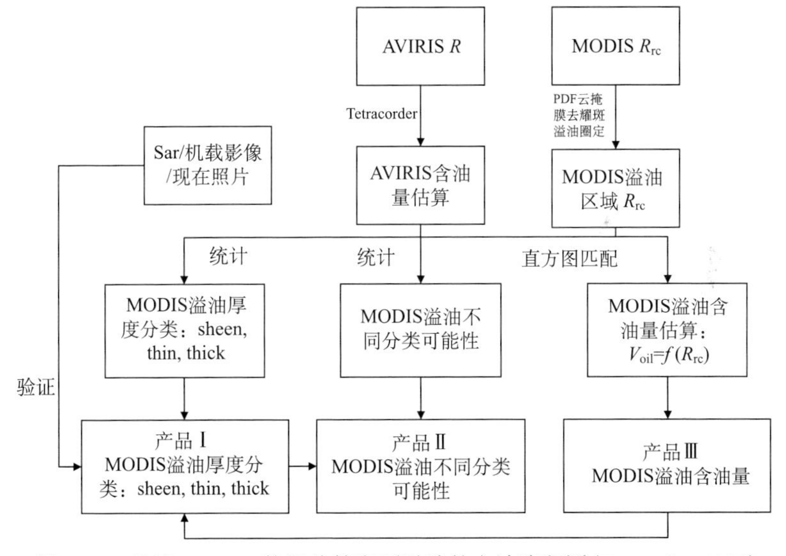

图 8.11　基于 MODIS 数据估算海面溢油的方法流程图(Hu et al.，2018)

于 MODIS 影像，利用“R_{rc} 差值”方法去除溢油表面耀光影响，对于溢油区域的识别还需要人为辅助。④基于直方图匹配的方法，将 AVIRIS 推导的含油量估算结果与 MODIS 的 $R_{rc,1240}$ 和 $R_{rc,1640}$ 构建直方图匹配，利用含油量与 R_{rc} 较好的统计关系(详见第 5 章)，实现 MODIS 影像的含油量估算，这里使用的 R_{rc} 是经过差值方法去除耀光的数据(Hu et al.，2018)。

直方图匹配的方法是将 AVIRIS 溢油估算结果与 MODIS 相应波段 R_{rc} 的累计直方图进行强制匹配[图 8.12(a)]。对 MODIS 的不同波段进行测试和评价，最终选择 MODIS Terra 的 1640nm 波段和 MODIS Aqua 的 1240nm 波段用于统计建模。根据直方图匹配结果，可以发现基于 AVIRIS 推导的含油量与 MODIS 特征波段“R_{rc} 差值”非常吻合，这也是不同光学遥感数据间内在的线性混合特征的表现。基于 AVIRIS 和 MODIS 同步影像(2010 年 5 月 17 日)，构建回归关系模型[图 8.12(b)]，并将该模型和参数用于其他 MODIS 影像来估算溢油量。

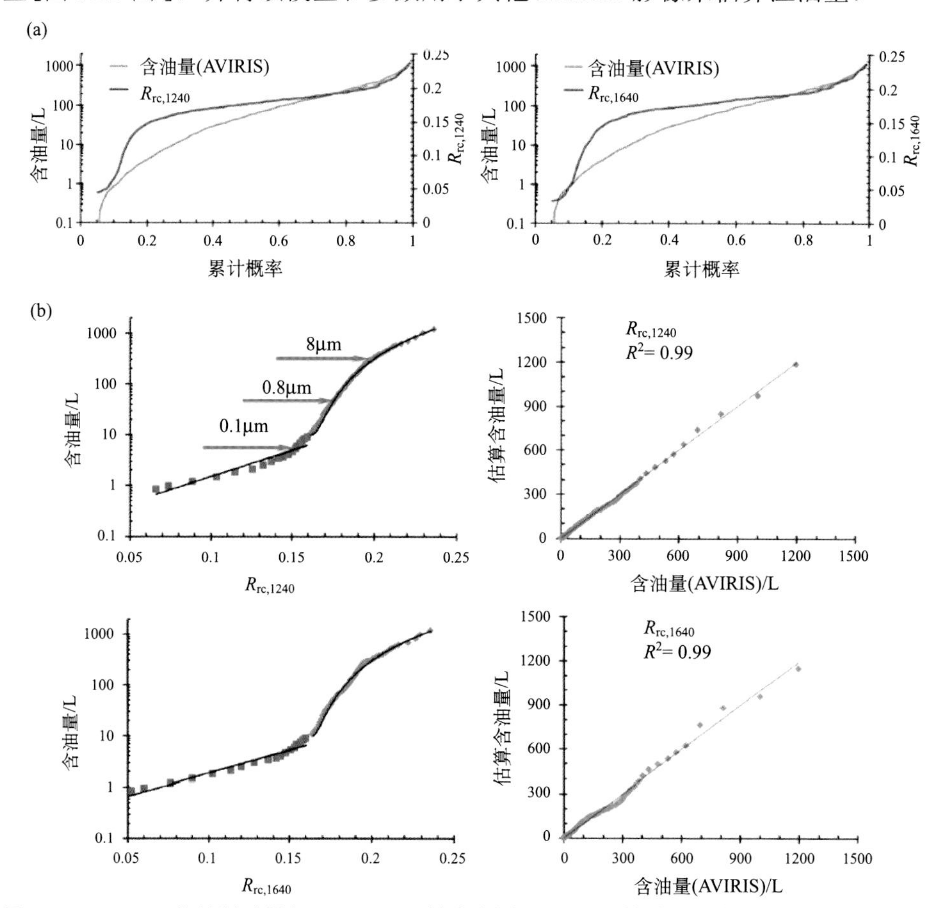

图 8.12　AVIRIS 估算溢油量与 MODIS R_{rc} 的直方图匹配(a)和构建回归模型(b)用于 MODIS 影像含油量估算(Hu et al.，2018)

基于上述方法获得的 MODIS 溢油量估算如图 8.13 所示。不同耀光强度下的估算结果显示，R_{rc} 差值的方法对于耀光的剔除有效。海洋溢油遥感估算验证目前存在一定的难度，主要表现在：①海洋溢油的高异质性分布，即使在米级空间分辨率尺度上也难以忽视；②现场观测中难以直接通过测量获得厚度或含油量，样品采样也存在难度；③前两者共同决定了海洋溢油估算真实性检验的难度，目前尚缺乏遥感溢油估算验证方法和真实性检验数据集。

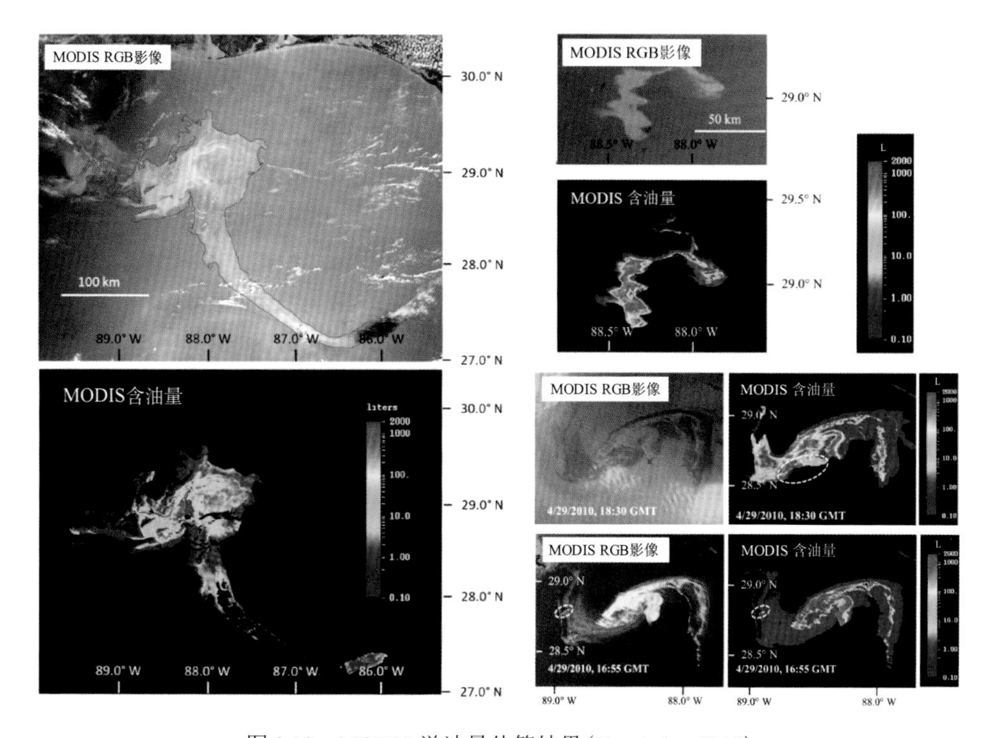

图 8.13　MODIS 溢油量估算结果(Hu et al.，2018)

目前的多种间接验证方法包括：①空间分布直观评估。在近红外和短波红外波段，随含油量的增加(尤其是溢油乳化物)，后向散射信号(b_b，m^{-1})会增加，吸收也会增加(a，m^{-1})，但程度相对较小；光谱反射率与 b_b/a 几乎成比例关系，因此含油量与反射信号也可以近似认为成比例，这也是上述估算方法的本质。②定性评估。随着溢油的泄漏，海面上能探测到的溢油的总含油量增加，因此对不同时间的影像，估算的溢油量理应是随时间而增大的。③其他观测结果的侧面验证，利用如 SAR 影像探测结果、航空照片等。

8.3　中国东海“桑吉”轮溢油的多源遥感集成监测

2018年1月6日晚8点左右，载有约一百万桶凝析油的巴拿马籍油轮“桑吉”号与中国香港籍散货船“长峰水晶”号，在中国东海发生碰撞，导致“桑吉”号油轮失火，发生溢油事故。“桑吉”号在海上漂浮了大约一周时间，于1月14日下午3点左右沉没。此次溢油事件发生后，多源遥感技术被用于开展溢油事件的监测。

8.3.1　“桑吉”轮漂浮轨迹遥感追踪

溢油事件发生后的1月7日至14日，由于事发区域与“桑吉”轮漂浮海域长期被云覆盖，常用的光学影像(MODIS、VIIRS、OLCI、GOCI、Landsat ETM+、OLI等)都无法有效观测到“桑吉”轮溢油及其漂浮位置，这不仅受限于空间分辨率，也受限于时间分辨率。包括Sentinel-1、Radarsat-2、COSMO-SkyMed和TerraSAR-X在内的合成孔径雷达数据，也无法提供有效的连续观测。与其他遥感手段不同的是，VIIRS的夜间数据能够通过夜间热源与火点的探测来指示燃烧油轮的位置，记录其漂浮轨迹。本案例中应用到两种VIIRS夜间数据，第一种为VIIRS的夜火数据(VIIRS Nightfire v3.0)，可从美国国家海洋大气局(NOAA)的Earth Observation Group获取(https://ngdc.noaa.gov/eog/viirs/download_viirs_fire.html)。该夜火产品基于一种多光谱算法，可以探测亚像元中的热源(Elvidge et al.，2013)，并可以获取热源的温度及热源的面积数据(Elvidge et al.，2015)。第二种数据为VIIRS夜间弱光成像DNB(500～900nm)数据，可用于探测城市灯光类的夜间光源(Miller et al.，2013)。本案例中的VIIRS DNB SDR(sensor data records)辐亮度数据从NOAA/CLASS获取。

通过VIIRS夜间火点数据定位1月8日至14日间“桑吉”轮的漂移轨迹及火源面积[图8.14(a)]。报道称“桑吉”轮已于1月14日15时在距初始碰撞地点东南方向280km的海域沉没，但1月15日的VIIRS夜间火点数据中在沉没点附近仍检测到三处火源[图8.14(b)中的黄点符号]，这是由于海面溢油仍处于燃烧中，侧面印证了海面溢油的漂浮，以上探测结果与报道十分吻合。

在此基础上，以VIIRS夜间数据第一次探测到的“桑吉”轮燃点位置为起点，利用Global HYCOM海面流场模型和NCEP Reanalysis风场数据，模拟并重现了“桑吉”轮的漂浮轨迹(图8.15)。在轨迹模拟中，常以风速的3%作为权重模拟溢油的轨迹，但在本案例中，由于船的尺寸较大，经敏感性分析表明，当风速权重系数为4.1%时，船的模拟位置与实际位置间相对偏差最小(约14.3km)，与卫星观测位置较为吻合(图 8.15)。

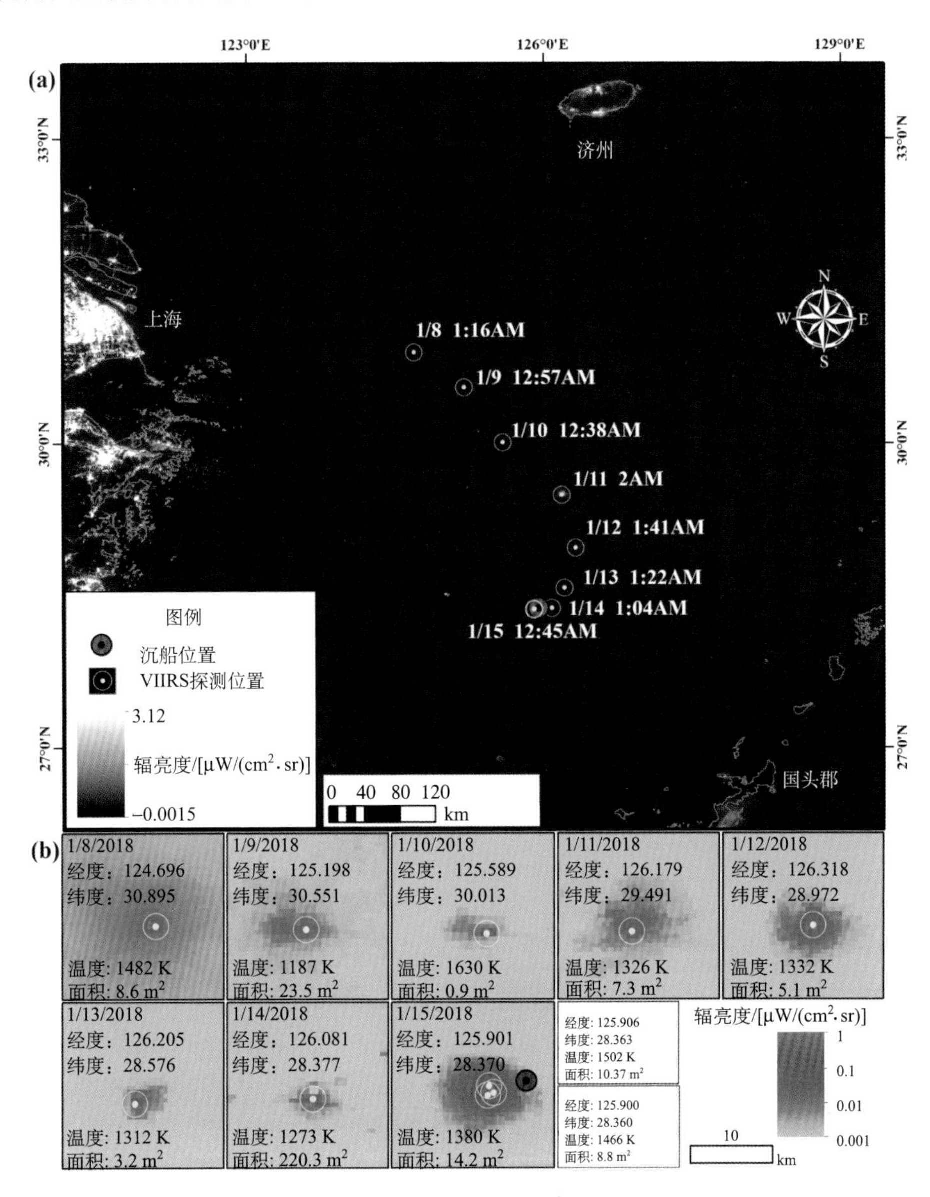

图 8.14　基于 VIIRS 火点数据的“桑吉”轮位置监测(Sun et al.，2018b)

(a) VIIRS 夜间火点数据检测到 1 月 8 日至 14 日间的“桑吉”轮漂移轨迹，红点为其最终沉没的位置；(b) VIIRS 夜间火点数据检测到的热点面积及温度，黄点为检测到的火源位置

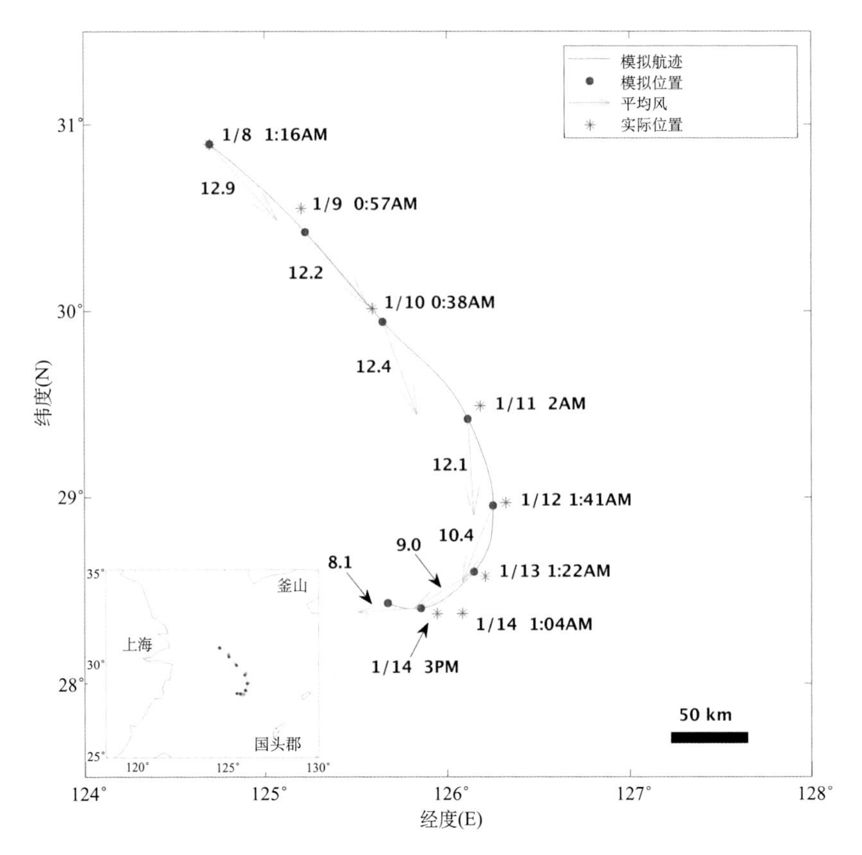

图 8.15　模拟得到的“桑吉”轮漂浮轨迹(Sun et al.，2018b)

风速风向由绿色箭头标注，红色符号为 VIIRS 数据检测到的油轮位置

8.3.2　“桑吉”轮溢油的多源遥感监测

光学遥感用于海洋溢油遥感探测的难点在于，一是受到海面云雾的制约，二是背景差异(如漂浮藻类、海面耀光反射等)带来的不确定性影响，这为光学遥感的业务化应用提出了更高的要求。多源遥感数据能提供更为丰富的溢油污染信息：不仅追踪到“桑吉”轮漂移轨迹，还能监测“桑吉”轮燃烧导致的近海表烟霾；微波雷达数据可提供疑似溢油信息，光学遥感又进一步实现溢油污染类型的识别与估算。

“桑吉”轮爆炸发生 7 天后(2018 年 1 月 13 日)，部分区域转为多云天气，受制于空间分辨率，MODIS、MERIS 等光学数据存在云像元混合的影响，无法有效进行溢油的光学遥感监测；但该日高空间分辨率(10m)的 Sentinel-2 MSI 卫星多光谱数据中，“桑吉”轮燃烧引发的近海表棕色浓烟清晰可见(图 8.16)。卫星成像时风向为自东北向西南，风速为 8.1m/s，浓烟位于“桑吉”轮上一次被 VIIRS 探测到位置(9h 前)的西南方向 15km，和下一次(14h 后)被探测到位置的东北方向，这些都与 VIIRS 测探到的油轮位置及当时的天气情况相吻合。

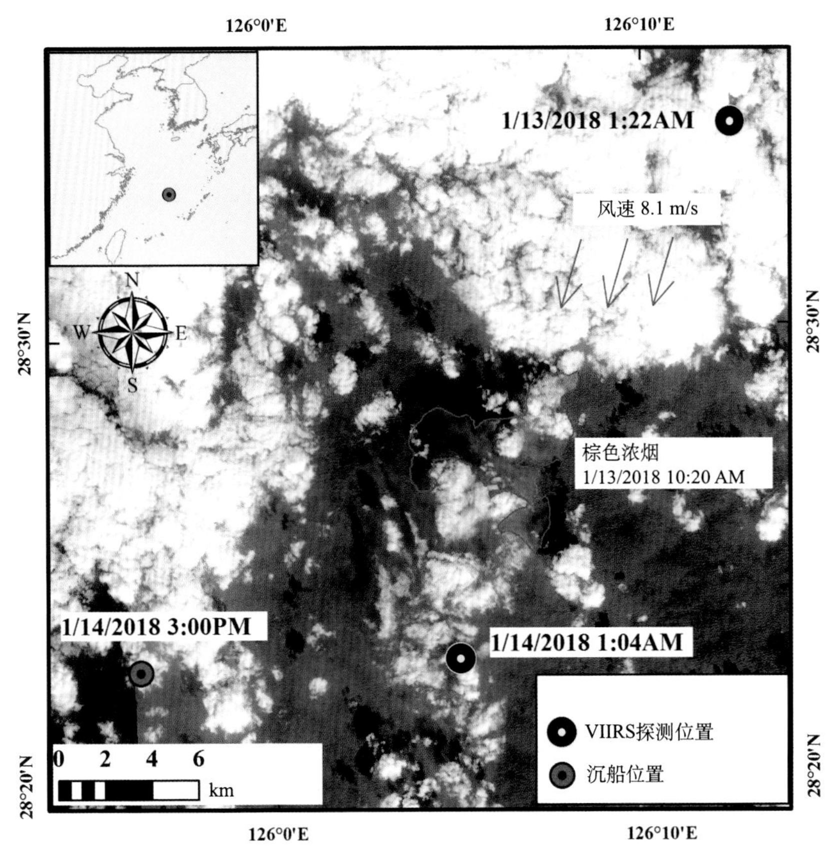

图 8.16　2018 年 1 月 13 日的 Sentinel-2 MSI 真彩色合成影像(红：664nm，绿：560nm，蓝：497nm)(Sun et al.，2018b)

“桑吉”轮失火产生的棕色浓烟由红色虚线标出，VIIRS 检测到的“桑吉”轮位置和沉没位置分别由黑色和红色点状符号标注

微波雷达遥感具有穿云透雾的探测能力，“桑吉”轮事故发生后，中国高分三号(GF-3)合成孔径雷达就被用于探测溢油区域和面积，微波雷达数据覆盖 1 月 14 日至 18 日的主要溢油海域。GF-3 能提供单极化、双极化和全极化三种极化方式、空间分辨率 1～500m 不等、幅宽 5～650km 不等的 12 种成像模式。“桑吉”轮溢油事件监测中，GF-3 获取了条带成像模式的精细条带 2(FSⅡ，空间分辨率 10m，幅宽 100km)、条带成像模式的标准条带(SS，空间分辨率 25m，幅宽 130km)、

扫描成像模式的窄幅扫描(NSC，空间分辨率 50m，幅宽 300km)三种成像方式的 6 幅微波雷达数据，实现了海面溢油位置和范围的监测(图 8.17)。

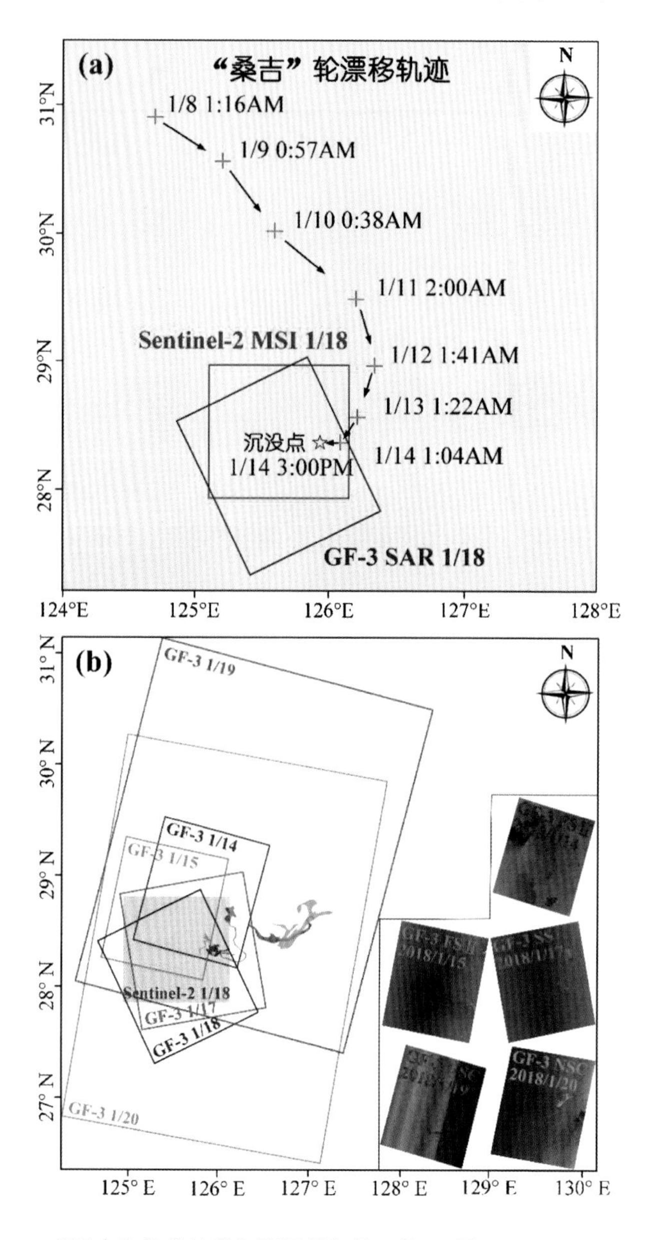

图 8.17　“桑吉”轮事故发生期间获取的 1 月 18 日 Sentinel-2 MSI 及相关时间的 GF-3 的 SAR 影像(陆应诚等，2019)

2018 年 1 月 18 日多云，高空间分辨率的 Sentinel-2 卫星获取了一景有效的溢油光学遥感观测数据，可以从云缝隙中对海面溢油进行有效的观测，同时 GF-3 也获取了一幅有效的 SAR 影像(图 8.18)。光学卫星和微波雷达卫星成像时间相差不超过 1h 30min，由于覆盖区域不完全一致[图 8.17(a)]，GF-3 探测到一个区域溢油，溢油面积约 38.2km^2；MSI 光学遥感数据中监测到两个区域的溢油，其中区域 2 的溢油不在 GF-3 的覆盖范围内，光学监测的疑似溢油区面积分别约为 35.8km^2 和 45.3km^2。同一天的 Sentinel-2 MSI 与 GF-3 SAR 图像覆盖区域有差异，约有 2.1km^2 的 GF-3 SAR 疑似溢油未被 Sentinel-2 MSI 光学卫星覆盖；在疑似溢油区 1 的相同探测范围内，光学与微波雷达监测的溢油面积分别为 35.8km^2 和 36.1km^2，具有较高的一致性。

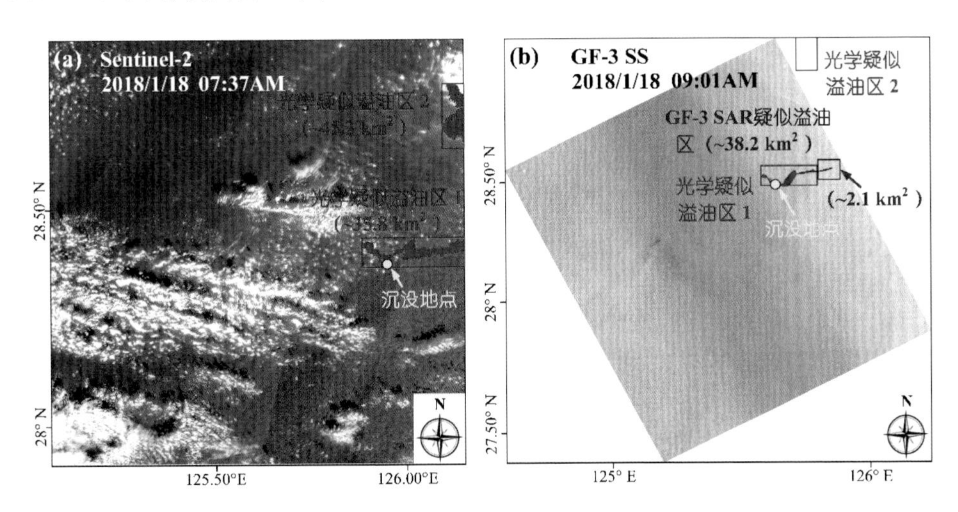

图 8.18　“桑吉”轮溢油的光学与微波雷达监测对比(陆应诚等，2019)

(a)1 月 18 日 7 时 37 分 Sentinel-2 MSI 光学疑似溢油区域(664nm，560nm，497nm 波段的 R_{rc} 数据合成真彩色图像)；(b)1 月 18 日 9 时 01 分的 GF-3 SAR 疑似溢油区域

以 Sentinel-2 MSI 影像中两处主要溢油区域为对象，虽然有零碎的薄云干扰，但不影响对云缝隙下海面溢油的判定。需要注意的是，虽然 MSI 图像不处于海面强耀光反射区，但由于尺度效应，在 10m 分辨率的光学图像上，波浪面的耀光随机反射依然可见。溢油油膜通过对海面粗糙度的调制，弱耀光反射区与背景海水表现为“暗对比”的图像特征，乳化油因具有较强散射特征而呈现“亮”的特征。通过目视解译可以人工圈定 Sentinel-2 MSI 图像上的光学疑似溢油区[图 8.19(a)]。

图 8.19(b)为典型目标的 Sentinel-2 MSI 反射率光谱曲线，分别对应区域 1 和 2，具有如下特征：①背景海水反射率随波长的增加而降低，最大反射率位于蓝光

波段；②油膜反射率低于背景海水，一是因为油膜与背景海水表面粗糙度与折射率不同导致的菲涅耳反射差异，二是油本身对入射光具有吸收特性；③不同溢油乳化物在近红外与短波红外(750～2250nm)范围内，光谱反射率均高于背景海水反射率，油包水状乳化物在短波红外(约1610nm)反射率高于水包油状乳化物，且在可见光波段(490～740nm)反射率又是低值特征(即高浓度 WO 乳化物目视特征为黑色、棕黑色等)；水包油状乳化物反射率基本全部高于背景水体反射率。云具有较高反射率与一定的空间形态特征，与背景海水和不同溢油污染类型具有显著差异。基于 MSI 数据的光谱特征差异，利用决策树分类的方法，可以实现“桑吉”轮事件形成的海面不同溢油污染类型的识别与分类[图 8.19(c)]，区域 1 能鉴别出油膜与水包油状乳化物，区域 2 中还包括油包水状乳化物。

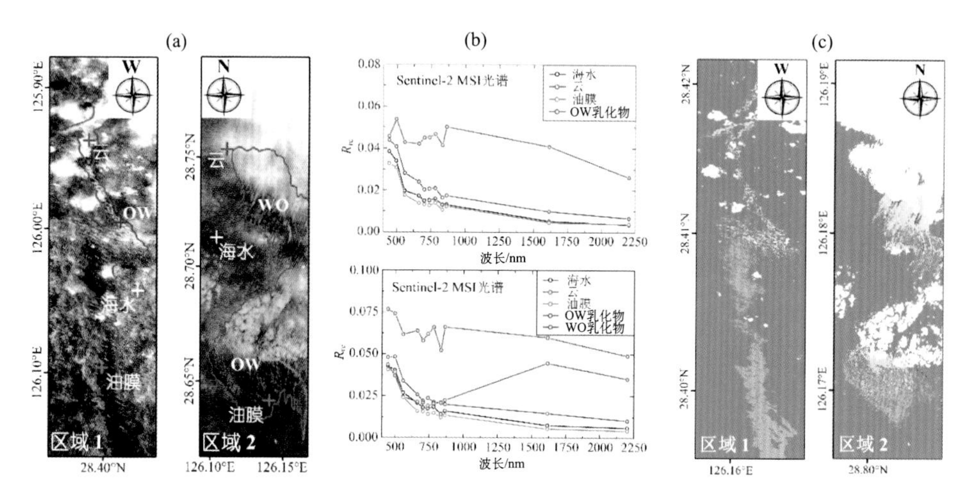

图 8.19　基于 Sentinel-2 MSI 数据的“桑吉”轮溢油识别与提取(陆应诚等，2019)

(a) MSI 影像中疑似溢油区的圈定；(b) 不同溢油污染具有显著的 MSI 光谱反射率差异；(c) 不同溢油污染类型能实现光学遥感识别(红色为油包水状乳化物，黄色为水包油状乳化物，灰色为油膜)

综上，针对此次“桑吉”轮溢油，多源遥感技术发挥了集成监测作用，VIIRS 夜间数据实现了燃烧船只的定位，微波雷达数据能有效探测疑似溢油的位置和面积，光学遥感不仅探测了溢油燃烧的烟霾污染，还从云间隙中实现了溢油位置和面积的探测，与微波雷达数据互为验证，并且基于光谱响应特征差异，实现了多种溢油污染类型的识别与分类。

8.4　美国墨西哥湾 MC-20 溢油的遥感监测

2004 年 9 月，经过美国墨西哥湾的海洋飓风(Ivan)，对位于密西西比河河口三角洲(Mississippi Canyon Block 20，MC-20)区域的 Taylor Energy 公司钻井平台造成重大破坏，该公司钻井平台及其连接的 28 口油井中的 25 口都遭到破坏，引发了重大的海洋溢油污染事件(称为 Taylor Energy 溢油或 MC-20 溢油)。尽管采取了一系列应急响应和减灾措施，包括移除平台桥面、清理底部碎屑、退役连接的输油管道、封堵 9 口受影响油井等，此油井平台周围仍然可以观测到持续的溢油污染。MC-20 溢油位于美国墨西哥湾北部密西西比河河口三角洲，原钻井平台处于密西西比河河口锋面区域，所对应的油井水深约 145m，离岸距离约 17km(图 8.20)，与 2010 年美国墨西哥湾“深水地平线”(DWH)溢油位置距离约 60km。

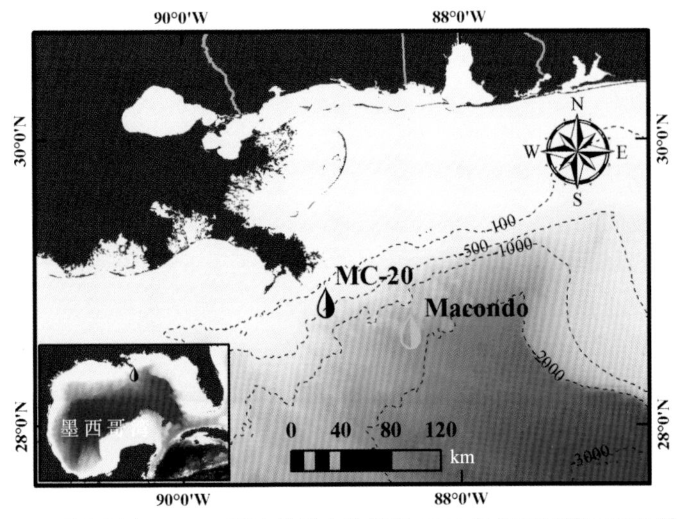

图 8.20　研究区中 MC-20 原油井平台位置及 2010 年墨西哥湾 DWH 溢油的位置(Sun et al.，2018a)

1. 溢油条带的时空统计分析

在墨西哥湾 MC-20 溢油海域，观测到的油带大小为百米级别宽和千米级别长，由于 MODIS 空间分辨率为 250～1000m，对于评估 MC-20 的溢油尺度而言，空间分辨率过低。采用中高分辨率(10～30m)的光学遥感影像，包括 Landsat-5 TM、Landsat-5 ETM+、Landsat-8 OLI 和 Sentinel-2 MSI，来评估 MC-20 区域从 2004 年 9 月至 2016 年 12 月的溢油情况。此外，2010 年的墨西哥湾 DWH 溢油也曾影响此区域，为避免 DWH 溢油的影响，2010 年的遥感数据结果不参与此次的统计分析。Landsat 影像重访周期为 16 天，两个传感器的双星组网观测则是 8 天(2004～2011 年的 TM 和 ETM+，2013～2016 年的 ETM+和 OLI)。2004 年 9 月至 2016 年 12 月，在此区域共覆盖有 513 景中高分辨率影像，其中有 294 景影像不受云覆盖影响。

海洋溢油光学遥感的两个基本原理：①溢油的光学性质与水不同；②太阳耀光产生的油水反射率差异。基于不同类型溢油污染的光学性质差异(Clark et al.，2010；Leifer et al.，2012；Shi et al.，2018；Lu et al.，2019，2020)，黑色浮油和不同类型乳化油在弱耀光和无耀光情况下，仍然可以在光学影像中被探测到。当油膜非常薄时(厚度<1μm)，其对入射光的吸收与散射作用可以忽略，只有在适合的耀光强度下，才能在光学影像中探测到油膜(对于 MODIS，$L_{GN}>10^{-5}sr^{-1}$，Sun and Hu，2016)。对卫星光学遥感而言，美国墨西哥湾每年 4～9 月都有一定强度的耀光反射，这有益于海洋溢油的遥感探测(Hu et al.，2009；Sun and Hu，2016)，利用此时间段的光学遥感数据探测海面溢油具有较高的可信度。在 MC-20 区域，每年约有 15 景图像具有适合的太阳耀光反射强度；采样频率高于或者与 MODIS 1km 空间分辨率的全球叶绿素 a 产品覆盖频率(每 20 天或者 5%)相当，因此采样频率具有统计意义，可以用来对 MC-20 区域的溢油进行评估。

图 8.21 展示了不同传感器在 MC-20 区域探测到的溢油。无云影像上探测到的溢油信息，被应用于溢油出现频率统计，同时利用 ArcMap 软件进行溢油信息统计。如图 8.21(d)中探测到的溢油图像条带，源于 MC-20 原平台位置，虽被应用于无云影像溢油频率统计，但由于大块的云覆盖无法提取溢油范围，因此不参与溢油图像条带的面积统计。统计结果显示，在 2004 年 9 月到 12 月的 ETM+影像中没有探测到任何的溢油图像条带[图 8.22(a)]，2005 年 ETM+无云影像在此区域探测到溢油图像条带的频率<50%、2007 年为 79%、2008～2011 年频率在 57%～93%之间波动，自 2012 年起，探测到溢油的频率较稳定，在 71%～100%。TM、ETM+、OLI 和 MSI 影像得到的结果类似：2004 年此区域探测到溢油的频率为 0，2005 年<50%、2006 年为 89%，从 2012 年起>90%。对比 ETM+传感器与其他传感器探测结果的差别：2006 年 ETM+在 53%的无云影像中探测到溢油，而同期的 TM 影像中此频率为 89%；ETM+在 2008 年、2009 年、2011 年探测到溢油的频率分别为 75%、93%和 57%，同期 TM 探测的结果为 67%、64%和 83%。结合所有的传感器(ETM+、TM、OLI、MSI)探测结果，无云影像中在 MC-20 区域探测到溢油的频率分别为 2004 年的 0，2005 年约为 40%，2006～2011 年约为 70%，2012～2016 年>80%(其中大多数时间大于 90%)。

图 8.22(c)显示了提取的溢油图像条带面积，在探测到溢油的影像中，溢油面积从 $0.06km^2$ 到 $394km^2$ 不等，除去面积特别大的溢油(>平均值+2×标准差)，平均面积和中值面积分别为 $19.0km^2$ 和 $7.6km^2$。若考虑所有无云影像(未探测到溢油面积记为 0)，2005～2016 年(除去 2010 年)此区域的平均溢油面积为 $14.9km^2$。从提取的溢油面积时间序列中，无法体现溢油面积的年际变化趋势，但是可以清楚地观测到季节变化：大部分面积大的溢油图像条带(>$19km^2$)都是在每年 4～9 月的影像中探测到的。

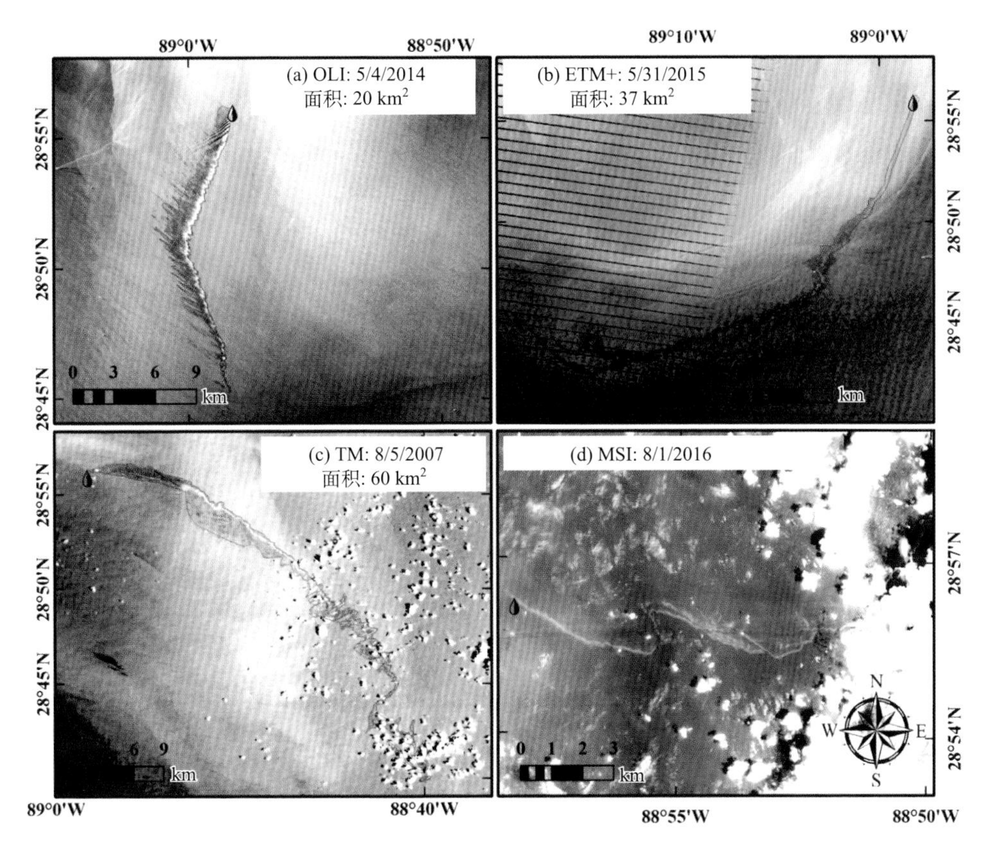

图 8.21　不同传感器在 MC-20 附近探测的溢油(Sun et al.，2018a)

弱耀光对比条件下，黑色的为油膜，白色的为溢油乳化物

将遥感影像中提取的所有溢油面积累加，得到图 8.23 中累积溢油覆盖范围图，溢油覆盖环绕密西西比河三角洲区域，累积污染面积达 1900km^2。统计分析显示，其中 98%的区域在无云影像中溢油的出现频率<5%，无云影像中探测到溢油频率较高(>20%)的区域只占 0.17km^2，环绕在原钻井平台位置的周围。由于源于原平台位置的油带通常呈细长形，尽管平均溢油面积为 14.9km^2，但只有以上 0.17km^2 是在>20%的时间被溢油覆盖。实际上，生成图 8.23 的溢油累积覆盖频率图大部分(>50%)由<10km^2 的油带影像组成，只有偶尔(8.6%)才出现>90km^2 的溢油影像。从图 8.23 中还可以很清楚地观测到，靠近原油井平台的溢油被观测到的频率高，而远离油井平台频率低很多。

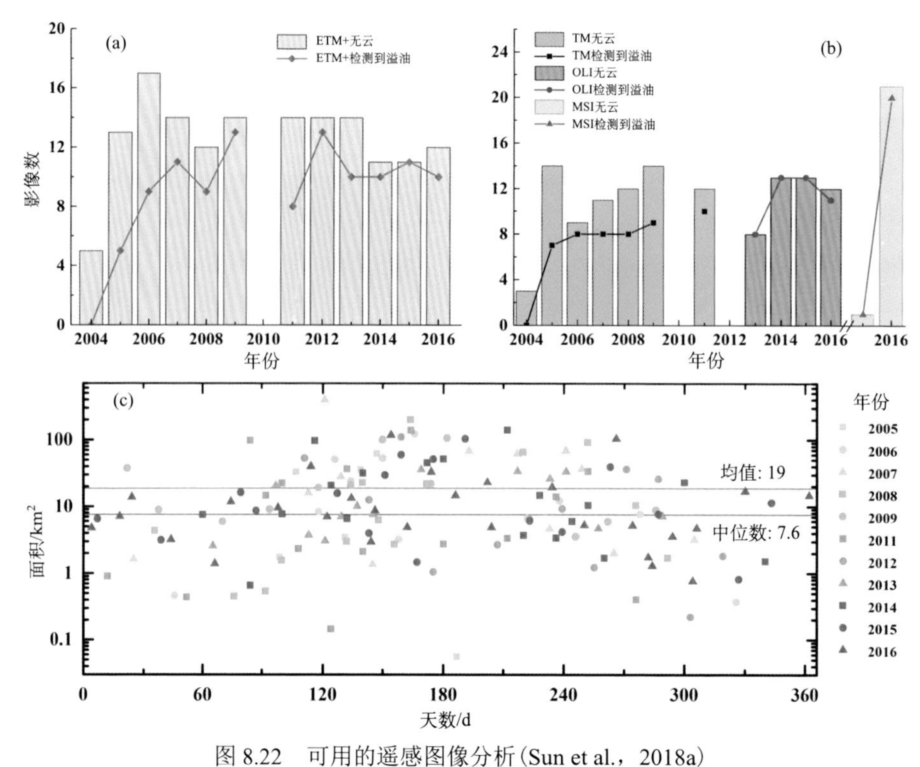

图 8.22　可用的遥感图像分析(Sun et al.，2018a)

(a)、(b)ETM+、TM、OLI 和 MSI 结合获取的 MC-20 区域无云影像与探测到溢油影像数目对比；(c)MC-20 区域的溢油面积统计

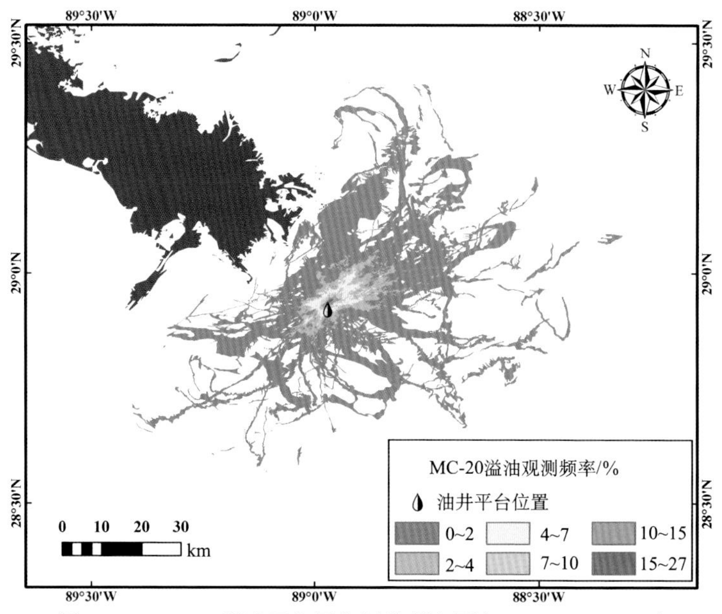

图 8.23　MC-20 溢油面积累积覆盖频率图(Sun et al.，2018a)

2. 短期海洋动力作用分析

以光学和合成孔径雷达为主的卫星多源遥感技术，一般能在 1～3 天的时间尺度内开展多次观测，得益于这种高时间分辨率的多源遥感观测，结合风场(NCEP)和模拟流场(GoM-HYCOM 1/50；Le Hénaff and Kourafalou，2016)数据，可以分析影响溢油在海面分布的环境动力因素。图 8.24(a)显示了 MC-20 溢油在同一天(2011 年 9 月 9 日)的 ETM+和 COSMO-SkyMed-4 SAR 数据，两幅影像的成像时间相差 4.5h，两幅影像中的溢油条带扩展方向都与此区流场方向一致。图 8.24(a)中的暗黑色区域为密西西比河河口羽状流分布区域，淡黑色区域为开阔大洋水体。模拟的流向在羽状流区域内为西南向，在开阔大洋水体中为西北向，微波雷达 SAR 影像探测到的溢油条带分布明显与羽状流锋面分布一致。图 8.24(a)中黄色箭头指示了溢油条带南部，在两幅影像成像时间之间向西南方向移动了约 5km，而模拟的流场数据为 0.1～0.3m/s，在 4.5h 内不足以产生 5km 的位移，因此与流向大体同向的风向与风速也直接影响了此处溢油的迁移。

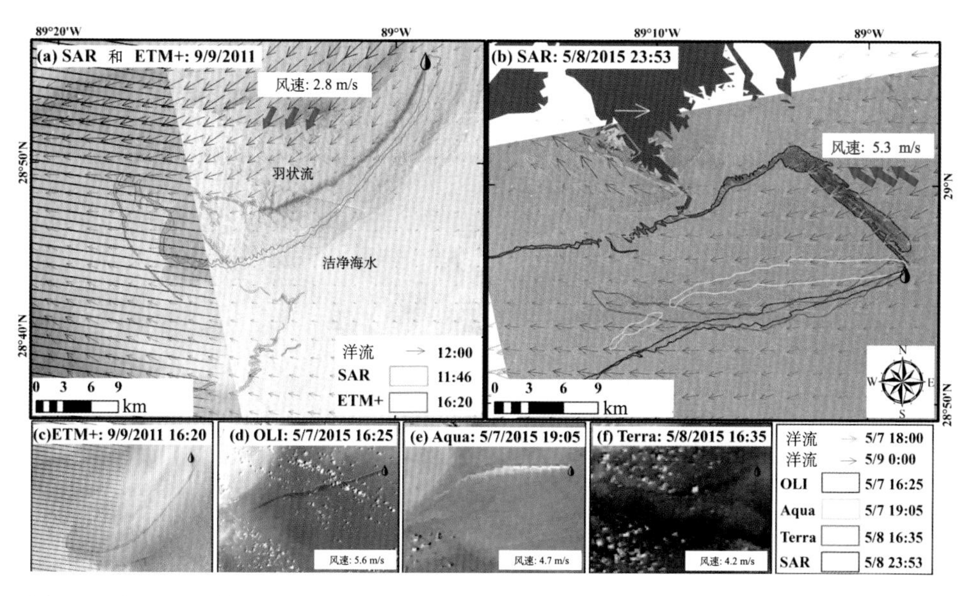

图 8.24　短时间尺度(1～2 天)内多景遥感影像中探测的溢油分布与风场和模拟流场的关系(Sun et al.，2018a)

图 8.24(b)、(d)、(e)和(f)显示了 2015 年 5 月 7 日到 8 日的另外一组影像，5 月 7 日 16:25(UTC 时间，下同)Landsat OLI 探测到的溢油条带为西南走向；7 日 19:05 的 MODIS Aqua 和 8 日 16:35 的 MODIS Terra 影像显示了溢油条带首先向北移动，然后又整体往南移动；到 8 日 23:53 时，溢油条带主要部分呈现往西

北方向的急剧变化。模拟的流场数据显示 7 日在此区域为西向，与西向的油带覆盖一致；流场方向在 7～9 日并没有大的变化，但是流场的流速从 7 日 18:00 的 0.89m/s 变为 9 日 0:00 的 0.39m/s。风速和风向在 7～9 日没有明显变化，但是 8 日 23:53 的溢油条带分布方向与风向十分吻合，显示了风向对溢油条带迁移的明显作用。

图 8.25 为 7～10 日 VIIRS 和 MODIS 影像获取的叶绿素 a 在密西西比河河口的空间分布，清楚地显示了羽状流在此区域内往海岸方向的退缩变化。7～8 日，密西西比河的羽状流包含了 MC-20 区域；9 日，叶绿素 a 浓度数据显示 MC-20 原平台位置位于羽状流的边缘部位；10 日，平台位置已经完全在羽状流范围之外。可见，7～8 日，溢油条带受羽状流较强流场的影响，主要为西向分布；8 日较晚时间至 9 日，河流锋面向北退缩，由于开阔水体流场变小，风场变为溢油运移的主要驱动因子；溢油条带也随锋面向北退缩而往北运移；在最北边处，被羽状流包含的溢油条带受羽状流内强流场影响，其分布和运移与羽状流内部流场一致。MC-20 溢油点位于密西西比河河口羽状流锋面处的特殊位置，当羽状流能包含 MC-20 时，由于羽状流流速较高，溢油扩散分布的主导动力因素为流场；而当羽状流不位于 MC-20 位置时，起主导动力的因素会是风场。

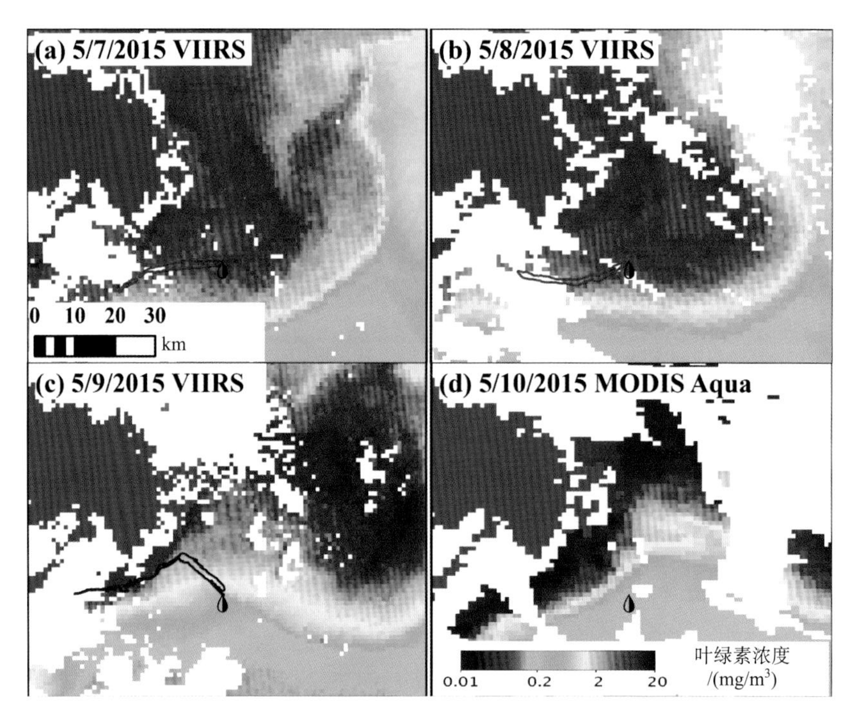

图 8.25 叶绿素浓度数据显示 2015 年 5 月 7～10 日密西西比河河口的羽状流变化（Sun et al., 2018a）

3. 影像交叉验证

由于缺少现场实测数据，采用同一天的多源影像交叉验证的方式，来分析光学遥感探测溢油面积的不确定性。图 8.26(a)和(b)中，OLI 和 MSI 成像时间相差 15min，两个传感器探测的溢油位置、形状、分布和面积(分别为 38.7km^2 和 39.1km^2)十分吻合；图 8.26(c)和(d)中，同一区域的 ETM+和 Radarsat-2 SAR(分布面积提取方法为 TCNNA，Garcia-Pineda et al.，2008)成像时间相差 7.4h，两者探测到的油带，尽管都源于平台点向西扩散延伸，但分布、形状和面积具有较大差别(分别为 8.1km^2 和 5.6km^2)。表 8.1 总结了所有同一天获取的不同传感器影像对，时间差不超过 8h，用无偏平均相对误差(unbiased mean relative error，UMRE)来估算遥感探测溢油条带的相对误差。遥感探测以及溢油条带在短时间动态变化所产生的相对误差，UMRE 值为 52.3%。

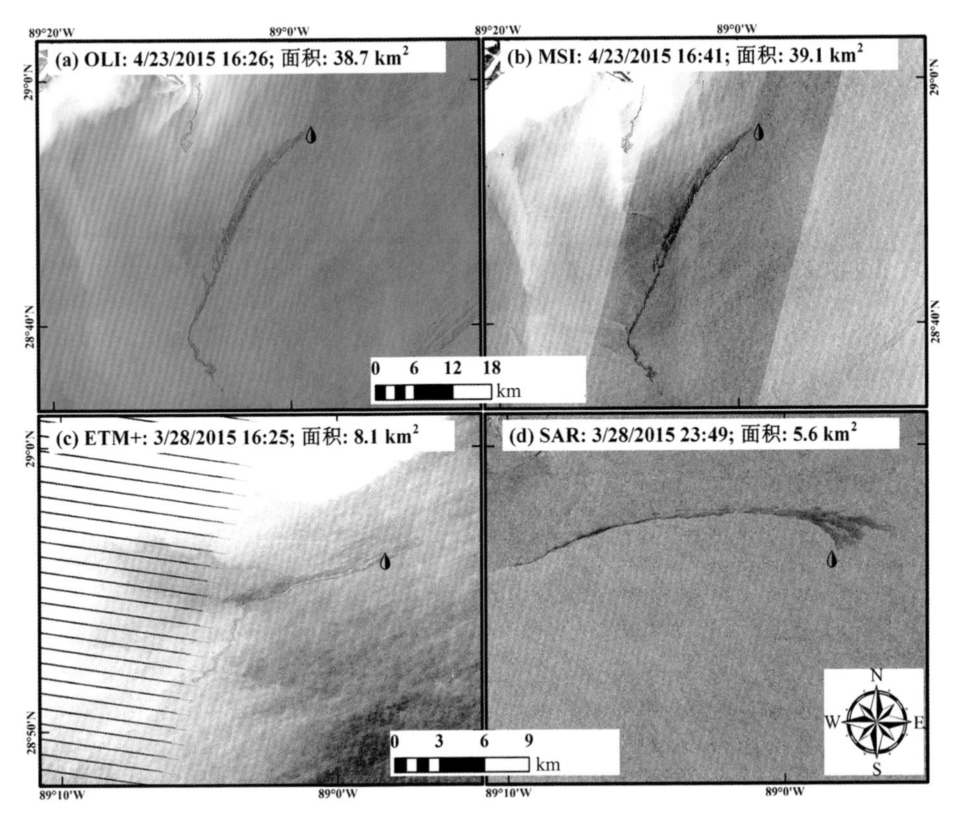

图 8.26　多源遥感数据对 MC-20 溢油面积监测结果的交叉验证(Sun et al.，2018a)

表 8.1 同一天获取的不同传感器影像对上探测到的溢油面积对比(Sun et al., 2018a)

传感器 1	日期	时间	面积/km^2	传感器 2	日期	时间	面积/km^2
SAR1	9/9/2011	11:46	8.6	ETM+	9/9/2011	16:20	16.5
SAR2	3/28/2015	23:49	5.6	ETM+	3/28/2015	16:25	8.1
MSI	12/25/2015	16:41	3.7	ETM+	12/25/2015	16:27	2.2
SAR3	1/18/2016	11:49	1.2	OLI	1/18/2016	16:26	6.9
MSI	4/23/2016	16:41	39.1	OLI	4/23/2016	16:26	38.7
MSI	9/30/2016	16:46	4.9	OLI	9/30/2016	16:26	6.0

4. 溢油量估算

溢油量的遥感估算是海洋溢油遥感研究的最大挑战。为估算 MC-20 的溢油泄漏量，基于现场实测和经验值，给定若干简单假设：现场实测在 MC-20 溢油处观测到不同厚度的溢油，如彩虹色油膜、黑色浮油和不同类型乳化油(Herbst et al., 2016；Garcia-Pineda et al., 2016)。

在溢油应急响应中，存在多个通过溢油颜色估测溢油厚度的查找表，如 Bonn Agreement Oil Appearance Code(Bonn Agreement, 2017)和 American Society of Test Materials Code(ASTM International, 2017)，目前以 Bonn Agreement Oil Appearance Code 应用更为广泛(后文简称“波恩协议溢油编码”)。波恩协议与 NOAA 2016 年公布的“Open Water Oil Identification Job Aid for Aerial Observation with Standardized Oil Slick Appearance and Structure Nomenclature and Codes”(NOAA, 2016)(后文简称“NOAA 溢油编码”)中的颜色与厚度基本一致，不同的是“NOAA 溢油编码”将“波恩协议溢油编码”中的 Silver sheen(0.04～0.3μm，银色亮油膜)和 Rainbow sheen(0.3～5μm，彩虹色亮油膜)归为一类，统称为 Sheen(0.04～5μm，甚薄油膜)。

此研究中：①定义甚薄油膜厚度按“NOAA 溢油编码”中“Sheen”的厚度范围(0.04～5μm)，定义厚油按照“NOAA 溢油编码”和“波恩协议溢油编码”中的“Metallic”厚度范围(5～50μm)；②油膜面积中厚油与薄油面积比参照墨西哥湾 DHW 溢油中统计给出，按照 5∶95 比例来参与计算(Sun et al., 2016)；③油膜在海表面的滞留时间(residence time)，基于 Daneshgar Asl 等(2017)得出的结论，该研究基于不同风场与流场的模型，计算墨西哥湾北部 Green Canyon 600 天然烃渗漏处油带的滞留时间，发现该处油带的平均滞留时间为 6.4h，超过 10km 长的溢油条带平均滞留时间为 14.4h。假设以上得出的 6.4h 平均滞留时间适用于 MC-20 溢油条带平均下限面积 14.9×(1−52.3%)km^2，14.4h 滞留时间适用于本书中得到的上限面积 14.9×(1+52.3%)km^2。基于此，每日的平均溢油量(V_d)可以根据以下公式计算：

$$V_d = \text{Area} \times (5\% \times \text{Metallic} + 95\% \times \text{Sheen}) \times 24\text{h}/\text{Residence} \quad (8\text{-}2)$$

表 8.2 显示了式(8-2)中对应的输入项，其计算的 V_d 转换成桶(US barrels)为 48～1724 桶/d。鉴于其中有半年的时间(10 月至次年 3 月)未参与统计，影响了对溢油面积的估算；因此估算的 48～1724 桶/d 的溢油量仅代表在以上假设成立前提下的保守估计。

表 8.2　每日平均溢油量(V_d)计算的输入项

项目	面积 /(km^2/d)	银色亮油膜 /μm	金属色油膜 /μm	滞留时间 /h	日平均溢油量 1 /(m^3/d)	日平均溢油量 2 /(桶/d)
下限	7.1	0.04	5	6.4	7.7	48
上限	22.7	5	50	14.4	274.1	1724

8.5　美国墨西哥湾 Ixtoc 溢油的遥感监测

1979 年 6 月 3 日，墨西哥石油公司(Petróleos Mexicanos)位于墨西哥湾南部坎佩切湾(Campeche)的 Ixtoc-Ⅰ油井(距离墨西哥卡门城约 80km)发生原油泄漏，直到 1980 年 3 月 23 日泄漏油井才被封堵上，溢油泄漏长达 290 天。据估计，约 475000t 原油泄漏到墨西哥湾中，成为有历史记录以来，仅次于 2010 年墨西哥湾 DWH 溢油的第二大溢油事件。尽管没有 Ixtoc-Ⅰ溢油去向的官方报告，但据 Jernelöv 和 Linden(1981)估算，约 50%的溢油通过蒸发作用进入大气中，25%的溢油通过沉积作用输送到海底，12%的溢油被生物、化学和光降解，剩下的溢油在墨西哥和美国得克萨斯州的海滩登陆，或在溢油的应急响应处理中被回收、清除和现场焚烧。Ixtoc 溢油发生过程中及溢油结束后，并没有系统性地评估其对生态环境的影响，其溢油沉积物对海洋底栖环境的长期影响，可以为 DWH 溢油的长期影响分析提供很好的借鉴。Ixtoc 溢油发生在水深 50m 的大陆架区域，大部分的溢油能到达海表面；因此，海面溢油的覆盖范围和漂移轨迹能提供其对生态环境的影响，并为溢油沉积物的位置提供关键信息。对于 40 年前的 Ixtoc 溢油，当时缺少足够的现场观测数据，但存档的卫星数据可为综合评估 Ixtoc 溢油的影响提供有效的数据源。1979～1980 年，尚缺少卫星 SAR 的数据，但可利用历史存档的 Coastal Zone Color Scanner(CZCS，1978～1986 年)和 Landsat Multispectral Scanner(MSS，1972～1999 年)数据来探测和提取 Ixtoc 溢油的覆盖范围。CZCS 与 MSS 数据的结合，既能提供相对较高的时间分辨率(CZCS 为 5 天，MSS 为 18 天)，也能提供相对较高的空间分辨率(CZCS 为 800m，MSS 为 60m)。

8.5.1　Ixtoc 溢油范围的遥感探测

图 8.27 显示了 Ixtoc 溢油期间的 CZCS 影像，从 1979 年 6 月 3 日溢油事故发生开始，首次被 6 月 5 日的 CZCS 卫星光学遥感探测[图 8.27(a)]。此次溢油事故中原油与大量油气混合，在较大的压力($50kg/cm^2$)下由海底向外泄漏，溢油快速上升漂浮到海面形成乳化油(Jernelöv and Linden，1981)，因此海面油井附近观测到的溢油条带以乳化油为主。图 8.27(a)为油井附近的棕红色乳化油。在弱太阳耀光反射下，非乳化油膜和乳化油与周围水体呈现出暗对比和亮对比特征[图 8.27(b)]；1979 年 9 月在尤卡坦(Yucatan)半岛北部海域远离事故油井区域观测到多个溢油条带，黑色溢油条带表明是弱耀光下的暗对比特征[图 8.27(c)]；事故油井被封存的前一周，也就是原油泄漏 9 个月后，在事故油井附近仍然能观测到大量的黑色溢油(弱耀光下的暗对比特征)[图 8.27(d)](Sun and Hu，2016)。

Landsat MSS 图像中探测到的溢油如图 8.28 所示。图 8.28(a)为 1979 年 6 月 20 日在墨西哥湾中部探测到的溢油，最终被确定为烃渗漏产生的溢油条带；图 8.28(b)和图 8.28(c)分别为 1979 年 8 月在美国得克萨斯州南部与墨西哥东岸探测到的溢油条带；图 8.28(d)为油井附近探测到的乳化油，其在近红外波段的反射率远远高于周围水体反射率。

基于 1979 年 6 月至 1980 年 3 月所有的 CZCS 和 Landsat MSS 影像监测结果，并通过光谱及形态分析，排除了溢油类似物(浮游藻类、内波等)和天然烃渗漏油膜的影响(Sun et al.，2015)，得到了覆盖整个溢油事故期间的溢油覆盖图(图 8.29)。大部分的溢油分布在 Ixtoc 油井西部到北部 200km 范围内，在墨西哥湾西岸观测到大量的溢油条带，有的溢油甚至到了美国得克萨斯州的科珀斯克里斯蒂市(Corpus Christi)，在油井平台尤卡坦半岛的北面海域也能观测到溢油条带。

8.5.2　Ixtoc 溢油的漂移轨迹分析

基于 Landsat MSS 和 CZCS 探测到的较大溢油条带，从其空间分布和探测时间可知：溢油于 1979 年 7 月底从油井区域被运移至西北方向。在此期间，墨西哥坦皮科市(Tampico)附近海域观测到多个大型溢油，这些溢油随后沿墨西哥东岸流往北输送至美国得克萨斯州海岸。同年 9 月中旬开始，光学遥感监测结果显示，溢油常分布于事故油井的东北部方向，部分溢油分布于事故油井的南边和东南方向，但与 7 月相比，鲜有溢油出现在事故油井的西北方向。在 1979 年 11 月至 1980 年 3 月间，事故油井附近仍然能持续监测到较大溢油条带，大都分布在事故油井周围 200km 内[图 8.30(a)和(b)]。

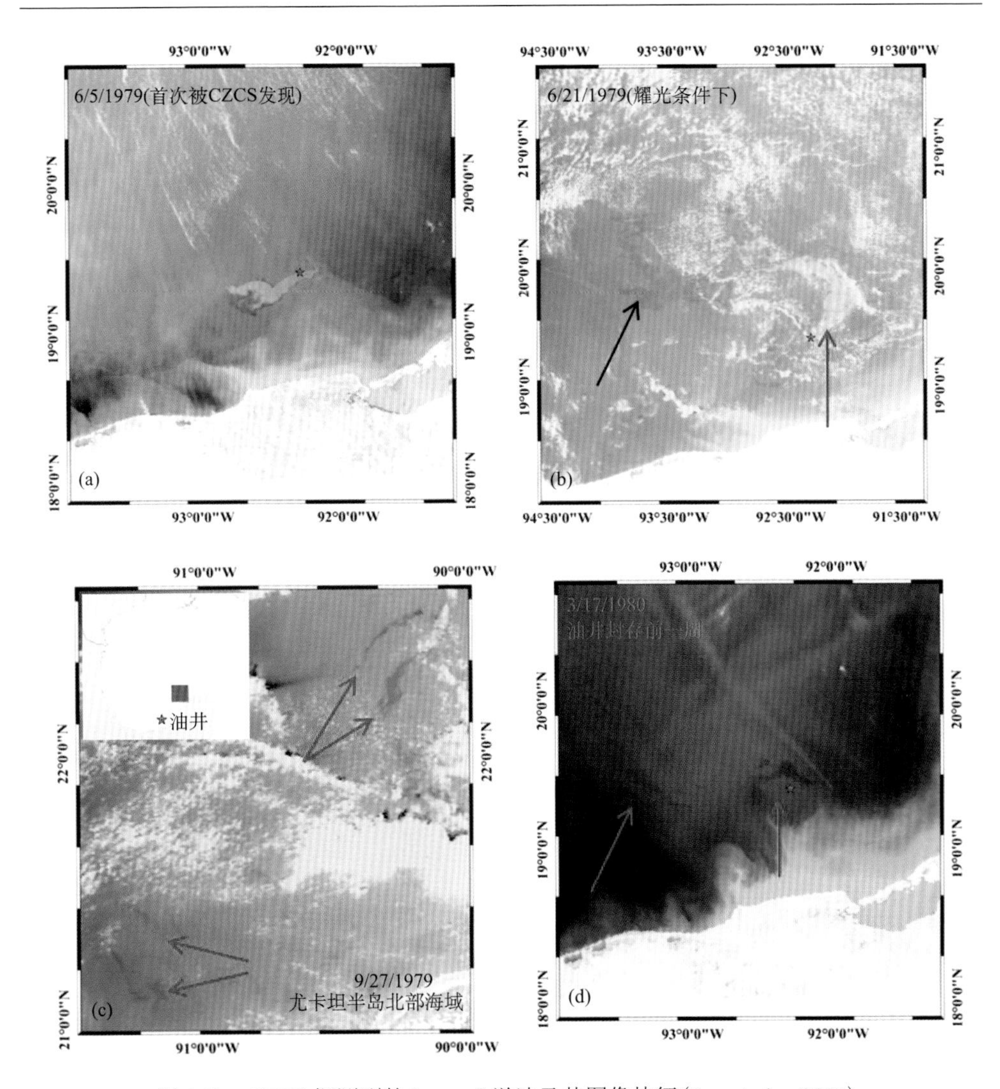

图 8.27　CZCS 探测到的 Ixtoc-Ⅰ溢油及其图像特征(Sun et al.，2015)

溢油的时空分布表明，1979 年 7～8 月，墨西哥东岸的溢油遵从一个往北和西北方向的漂移轨迹，光学遥感探测到的溢油漂移轨迹与数值模拟结果十分吻合(Galt，1981)。根据风场和流场数据，模型预测海面溢油首先往西和西北方向输送，当溢油到达墨西哥坦皮科市附近海域时，受北向的墨西哥沿岸流影响，从而被运移到北面。8 月 1～2 日，坦皮科市和布朗斯维尔市(Brownsville)沿岸海域的两个大的溢油[图 8.30(a)]就处于墨西哥沿岸流的西北方向输送带上；数值模拟表明，此两处较大的海面溢油最终将被北向的墨西哥沿岸流带到美国得克萨斯州南部沿岸。据新闻报道，来自 Ixtoc 溢油事故的海面溢油，于 1979 年 8 月 6 日在美

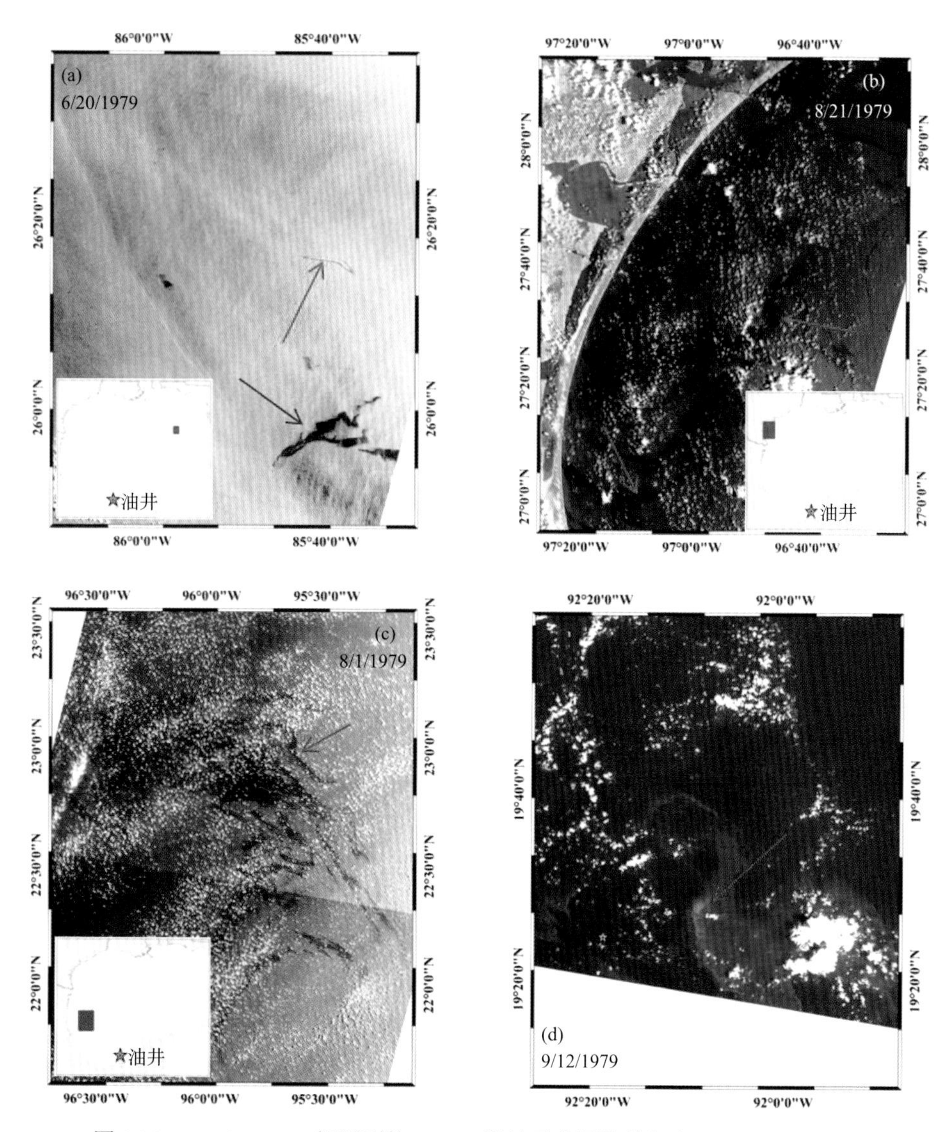

图 8.28　Landsat MSS 探测到的 Ixtoc-I 溢油及其图像特征(Sun et al.，2015)

国得克萨斯州海岸被首次发现，该州近 27km 的海岸被焦油球污染。光学遥感检测结果[图 8.30(a)和(b)]与物理海洋模拟结果相互验证[图 8.30(c)]，都显示溢油首先往西北方向输送，当到达坦皮科市外海时，向北运移到得克萨斯州南部海岸。ERCO(1982)发现北向的墨西哥湾西沿岸流在 1979 年 9 月时方向发生反转，由北向输送变为南向输送；Farrington(1983)发现此后事故油井附近的溢油更多分布在其东北部、东部和东南部[图 8.30(a)]，自 1979 年 9 月开始，大的油溢多分布在油井的北部、东北部、南部和西南部。

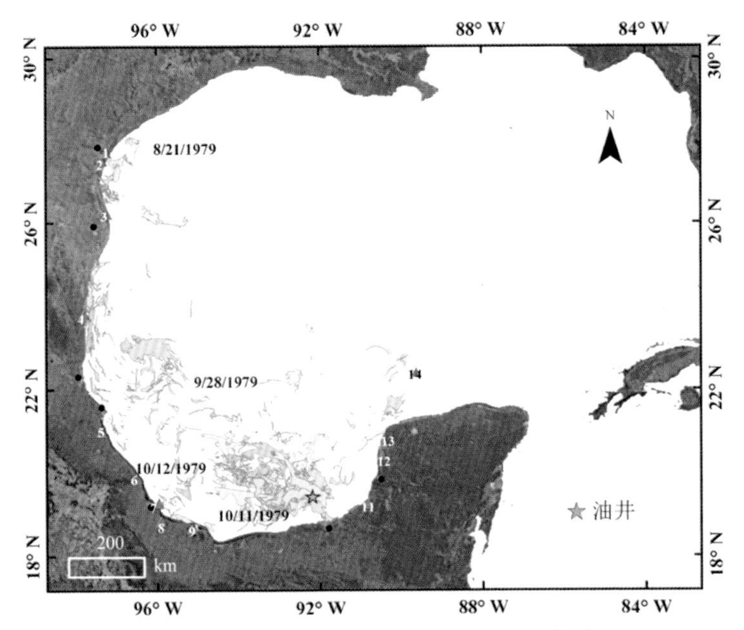

图 8.29　Landsat MSS 与 CZCS 获取的 Ixtoc 溢油累积分布图(Sun et al.，2015)

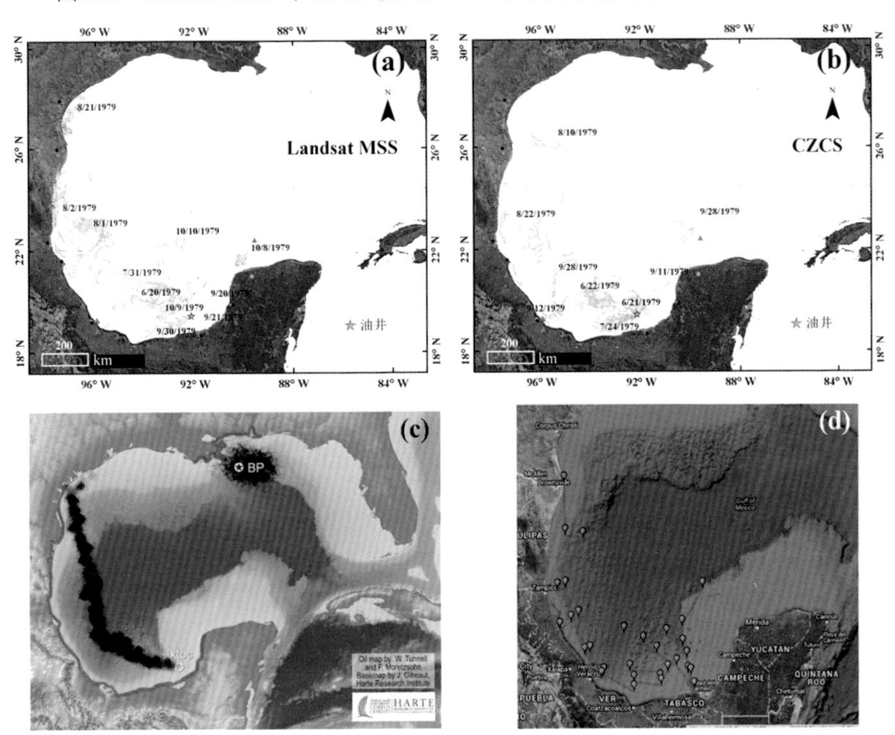

图 8.30　墨西哥湾 BP 溢油和 Ixtoc 溢油的时空分布特征(Sun et al.，2015)

(a)和(b)在 Landsat MSS 和 CZCS 影像中探测到的部分较大油带的输送轨迹；(c)由 Harte Research Institute(Texas A&M University-Corpus Christi)提供的溢油运行轨迹示意图；(d)2015 年 7～8 月航次的现场采样点

8.5.3 结果验证

由于缺少现场同步数据，采用非同步现场观测的间接验证方法评估光学遥感监测结果。来自 Ixtoc 的溢油最先在 1979 年 8 月 6 日进入得克萨斯州南部海域(Gundlach et al.，1981)，并污染了得克萨斯州南部长达 250km 的海岸。图 8.31(a)显示了 8 月 24 日马斯坦(Mustang)上严重的油污染，Ixtoc 溢油对得克萨斯州沿岸污染的记载比较详细。相比之下，对于墨西哥沿岸沙滩与岛屿污染仅有零星的记载，图 8.31(b)～(d)显示了溢油污染海岸和近岸水体的部分照片。图 8.31 中所有的标记点都受到溢油和沥青球(tar ball)的污染。从遥感获取的溢油累积分布图(图 8.29)可以看出，在这些点的附近海域都观测到了来自 Ixtoc 的溢油，也间接证明了光学遥感监测到的溢油污染。

图 8.31 墨西哥湾西部和南部沿岸的溢油污染现场照片(Sun et al.，2015)

(a)图 8.29 中对应的点 1 位置；(b)图 8.29 中对应的点 5 位置；(c)图 8.29 中对应的点 7 位置；(d)图 8.29 中对应的点 14 位置

参 考 文 献

陆应诚, 刘建强, 丁静, 等. 2019. 中国东海“桑吉”轮溢油污染类型的光学遥感识别[J]. 科学通报, 64(31): 69-78.

石静. 2019. 海面溢油乳化物的高光谱遥感识别研究[D]. 南京: 南京大学.

ASTM International. 2017. Standard Guide for Visually Estimating Oil Spill Thickness on Water (ASTM F2534-17) [R]. West Conshohocken, PA: ASTM International.

Blondeau-Patissier D, Gower J F R, Dekker A G, et al. 2014. A review of ocean color remote sensing methods and statistical techniques for the detection, mapping and analysis of phytoplankton blooms in coastal and open oceans[J]. Progress in Oceanography, 123: 123-144.

Bonn Agreement. 2017. Bonn Agreement Aerial Surveillance Handbook[R].

Clark R N, Swayze G A, Leifer I, et al. 2010. A method for quantitative mapping of thick oil spills using imaging spectroscopy[R]. U.S. Geological Survey Open-File Report.

Clark R N, Swayze G A, Livo K E, et al. 2003. Imaging spectroscopy: Earth and planetary remote sensing with the USGS Tetracorder and expert systems[J]. Journal of Geophysical Research Atmospheres, 108 (12).

Cózar A, Echevarría F, González-Gordillo J I, et al. 2014. Plastic debris in the open ocean[J]. Proceeding of the National Academy of Science, 111 (28): 10239-10244.

Daneshgar Asl S, Dukhovskoy D S, Bourassa M, et al. 2017. Hindcast modeling of oil slick persistence from natural seeps[J]. Remote Sensing of Environment, 189: 96-107.

Elvidge C D, Zhizhin M, Baugh K, et al. 2015. Methods for global survey of natural gas flaring from Visible Infrared Imaging Radiometer Suite data[J]. Energies, 9 (1): 14.

Elvidge C D, Zhizhin M, Hsu F C, et al. 2013. VIIRS nightfire: Satellite pyrometry at night[J]. Remote Sensing, 5 (9): 4423-4449.

ERCO. 1982. Ixtoc oil spill assessment. Final report[R]. Executive summary. Report prepared for the Bureau of Land Management, AA851-CTO-71,Cambridge, MA.

Farrington J W. 1983. NOAA Ship Researcher/Contract Vessel Pierce cruise to Ixtoc-1 oil spill: Overview and integrative data assessment and interpretation[R]. Report Prepared for the Office of Marine Pollution Assessment, NOAA, NA80RAC0017.

Galt J A. 1981. Transport, distribution, and physical characteristics of the oil: Part Ⅰ - Offshore movement and distribution[R]// Hooper C H. The Ixtoc I Oil Spill: The Federal Scientific Response. NOAA Hazardous Materials Response Project, Boulder, Colorado: 13-39.

Garcia-Pineda O, Macdonald I, Silva M, et al. 2016. Transience and persistence of natural hydrocarbon seepage in Mississippi Canyon, Gulf of Mexico[J]. Deep Sea Research Part II: Topical Studies in Oceanography, 129: 119-129.

Garcia-Pineda O, Macdonald I, Zimmer B. 2008. Synthetic aperture radar image processing using the supervised textural-neural network classification algorithm[C]//IEEE International Geoscience and Remote Sensing Symposium.

Gundlach E R, Finkelstein K J, Sadd J L. 1981. Impact and persistence of Ixtoc I oil on the south Texas coast[J]. International Oil Spill Conference Proceedings, (1): 477-485.

Herbst L, Decola E, Kennedy K. 2016. New pathways for developing and testing oil spill response equipment in real world conditions[C]//Oceans 2016 MTS, IEEE.

Hu C, Feng L, Hardy R F, et al. 2015. Spectral and spatial requirements of remote measurements of pelagic Sargassum macroalgae[J]. Remote Sensing of Environment, 167: 229-246.

Hu C, Feng L, Holmes J, et al. 2018. Remote sensing estimation of surface oil volume during the 2010 Deepwater Horizon oil blowout in the Gulf of Mexico: Scaling up AVIRIS observations with MODIS measurements[J]. Journal of Applied Remote Sensing, 12(2): 1.

Hu C, Li X, Pichel W G, et al. 2009. Detection of natural oil slicks in the NW Gulf of Mexico using MODIS imagery[J]. Geophysical Research Letters, 36(1): L01604.

Jernelöv A, Linden O, et al. 1981. Ixtoc I: A case study of the world's largest oil spill[J]. AMBIO - A Journal of the Human Environment, 10(6): 299.

Le Hénaff M, Kourafalou V H. 2016. Mississippi waters reaching South Florida reefs under no flood conditions: Synthesis of observing and modeling system findings[J]. Ocean Dynamics, 66(3): 435-459.

Leifer I, Lehr W J, Simecek-Beatty D, et al. 2012. State of the art satellite and airborne marine oil spill remote sensing: Application to the BP Deepwater Horizon oil spill[J]. Remote Sensing of Environment, 124(9): 185-209.

Liu Y, Macfadyen A, Ji Z G, et al. 2011. Introduction to monitoring and modeling the Deepwater Horizon oil spill[J]. Geophysical Monograph Series, 195: 1-7.

Lu Y, Shi J, Hu C, et al. 2020. Optical interpretation of oil emulsions in the ocean – Part II: Applications to multi-band coarse-resolution imagery[J]. Remote Sensing of Environment, 242: 111778.

Lu Y, Shi J, Wen Y, et al. 2019. Optical interpretation of oil emulsions in the ocean – Part I: Laboratory measurements and proof-of-concept with AVIRIS observations[J]. Remote Sensing of Environment, 230: 111183.

Lu Y, Sun S, Zhang M, et al. 2016. Refinement of the critical angle calculation for the contrast reversal of oil slicks under sunglint[J]. Journal of Geophysical Research Oceans, 121(1): 148-161.

Miller S, Straka W, Mills S, et al. 2013. Illuminating the capabilities of the suomi national polar-orbiting partnership (NPP) visible infrared imaging radiometer suite (VIIRS) day/night band[J]. Remote Sensing, 5(12).

NOAA. 2016. Open Water Oil Identification Job Aid for Aerial Observation With Standardized Oil Slick Appearance and Structure Nomenclature and Codes[R]. NOAA Office of Response and Restoration, Emergency Response Division, Seattle, Washington, 1-51.

Qi L, Hu C, Wang M, et al. 2017. Floating algae blooms in the East China Sea[J]. Geophysical Research Letters, 44(Part A).

Shi J, Jiao J N, Lu Y C, et al. 2018. Determining spectral groups to distinguish oil emulsions from Sargassum over the Gulf of Mexico using an airborne imaging spectrometer[J]. ISPRS Journal of Photogrammetry and Remote Sensing, 146: 251-259.

Sun S, Hu C. 2016. Sun glint requirement for the remote detection of surface oil films[J]. Geophysical Research Letters, 43(1): 309-316.

Sun S, Hu C, Feng L, et al. 2016. Oil slick morphology derived from AVIRIS measurements of the Deepwater Horizon oil spill: Implications for spatial resolution requirements of remote sensors[J]. Marine Pollution Bulletin, 103(1-2): 276-285.

Sun S, Hu C, Garcia-Pineda O, et al. 2018a. Remote sensing assessment of oil spills near a damaged platform in the Gulf of Mexico[J]. Marine Pollution Bulletin, 136: 141-151.

Sun S, Hu C, Tunnel J W. 2015. Surface oil footprint and trajectory of the Ixtoc-I oil spill determined from Landsat/MSS and CZCS observations[J]. Marine Pollution Bulletin, 101(2): 632-641.

Sun S, Lu Y, Liu Y, et al. 2018b. Tracking an oil tanker collision and spilled oils in the East China Sea using multisensor day and night satellite imagery[J]. Geophysical Research Letters, 45: 3212-3220.

Wang M, Hu C. 2016. Mapping and quantifying Sargassum distribution and coverage in the Central West Atlantic using MODIS observations[J]. Remote Sensing of Environment, 183: 350-367.

Zhong Z, You F. 2011. Oil spill response planning with consideration of physicochemical evolution of the oil slick: A multiobjective optimization approach[J]. Computers and Chemical Engineering, 35(8): 1614-1630.

第9章　中国海洋一号C卫星的溢油光学遥感应用

随着中国海洋水色业务卫星的发射与应用，能为海洋环境监测提供丰富的数据资料，利用自主海洋光学遥感数据开展溢油监测应用日趋成熟。本章将简单介绍中国首颗海洋水色业务卫星的相关性能，设计针对中国海洋水色业务卫星的溢油识别算法，并介绍在中国及周边海域开展的溢油监测应用，以展现中国海洋水色业务卫星监测溢油的能力。

9.1　中国海洋一号C卫星简介

9.1.1　卫星主要载荷

海洋一号C卫星(Haiyang-1C或HY-1C)是“海洋一号”系列的第三颗卫星，是中国民用空间基础设施“十二五”任务中4颗海洋业务卫星的首发星，也是中国首颗海洋水色业务卫星。HY-1C卫星于2018年9月7日在太原卫星发射中心由长征二号丙运载火箭成功发射，开启了中国自然资源卫星陆海统筹发展的新时代。

HY-1C卫星配置了海洋水色水温扫描仪(Chinese ocean color and temperature scanner，COCTS)、海岸带成像仪(coastal zone imager，CZI)、紫外成像仪(ultraviolet imager，UVI)、星上定标光谱仪(satellite calibration spectrum，SCS)、船舶自动识别系统(automatic identification system，AIS)等5个载荷，经过系统地在轨测试与严格的定标处理，于2019年6月投入业务化应用。搭载有相同载荷的HY-1D星于2020年6月发射，HY-1C/D双星组网，将大幅提高我国海洋光学遥感卫星的全球覆盖能力，为全球大洋水色水温环境监测、海岸带资源环境调查、海洋防灾减灾、海洋资源可持续利用、海洋生态预警与环境保护，以及气象、农业、水利等行业提供数据服务。HY-1C星在太阳同步轨道，轨道高度782km，其中水色水温扫描仪幅宽≥2900km，星下点地面分辨率优于1100m；海岸带成像仪幅宽≥950km，星下点地面分辨率优于50m；紫外成像仪幅宽≥2900km，星下点地面分辨率优于550m，具体性能指标见表9.1、表9.2和表9.3。

表9.1　海洋水色水温扫描仪技术指标

编号	波段/μm	测量条件[1]	S/N	最大亮度[2]	应用对象
1	0.402～0.422	9.10	349	13.94	黄色物质、水体污染
2	0.433～0.453	8.41	472	14.49	叶绿素吸收

续表

编号	波段/μm	测量条件[1]	S/N	最大辐亮度[2]	应用对象
3	0.480～0.500	6.56	467	14.59	叶绿素、海水光学、海冰、浅海地形
4	0.510～0.530	5.46	448	13.86	叶绿素、水深、低含量泥沙
5	0.555～0.575	4.57	417	13.89	叶绿素、低含量泥沙
6	0.660～0.680	2.46	309	11.95	中高含量泥沙、大气校正、气溶胶
7	0.730～0.770	1.61	319	9.72/5.0[3]	大气校正、高含量泥沙
8	0.845～0.885	1.09	327	6.93/3.5[3]	大气校正
9	10.30～11.30	0.20K(300K 时 NEΔT)		200～320K[4]	水温、海冰
10	11.50～12.50	0.20K(300K 时 NEΔT)		200～320K[4]	水温、海冰

[1] 测量条件为典型输入光谱辐射亮度[mW/(cm^2·μm·sr)]；

[2] 最大辐亮度单位为 mW/(cm^2·μm·sr)；

[3] 动态范围可设置两挡可调(低端为默认档)；

[4] 此处为亮温测量范围。

表 9.2　海岸带成像仪技术指标

波段/μm	测量条件[1]	S/N	最大辐亮度[2]			应用对象
			L：浑水	M：35%	H：80%	
0.42～0.50	8.41	410	14.0	21.0	48.3	叶绿素、污染、冰、水下地形
0.52～0.60	4.57	300	14.0	21.0	47.0	叶绿素、中低浓度泥沙、污染、植被、冰、滩涂
0.61～0.69	2.46	248	12.0	18.0	39.0	中等浓度泥沙、植被、土壤
0.76～0.89	1.09	240	4	12	25	植被、高浓度泥沙、大气校正

[1] 测量条件为典型输入光谱辐射亮度[mW/(cm^2·μm·sr)]；

[2] 动态范围可设置三挡可调(低端为默认档)，辐亮度单位 mW/(cm^2·μm·sr)。

表 9.3　紫外成像仪技术指标

波段[1]/μm	测量条件[2]	S/N	最大辐亮度[2, 3]	应用对象
0.345～0.365	7.5	1000	35.6/18.5	浑浊水体大气校正，溶解有机物
0.375～0.395	6.1	1000	38.1/16.5	浑浊水体大气校正，溶解有机物

[1] 谱段范围对应归一化系统 50%透光率对应的光谱范围；

[2] 测量条件为典型输入光谱辐射亮度[mW/(cm^2·μm·sr)]；

[3] 两档动态范围(低值为默认档)。

9.1.2 主要数据产品

海洋一号 C/D(HY-1C/D)卫星数据分为 0 级、1 级、2 级和 3 级数据，2～3 级产品数据采用 HDF5 数据格式。海洋水色水温扫描仪(COCTS)、紫外成像仪(UVI)和海岸带成像仪(CZI)各传感器数据分别对应有 0～3 级数据产品。COCTS 和 UVI 的 2 级产品合并存储，UVI 数据空间分辨率可重采样至 COCTS 相同的空间分辨率，重采样后 UVI 和 COCTS 对应像素的地理坐标相同。

COCTS 和 UVI 的 2 级数据产品分为四类，分别如下：

2A——基础产品，包括各波段归一化离水辐亮度、大气气溶胶相关参数等。

2B——标准产品，包括叶绿素、总悬浮物浓度、悬浮泥沙浓度、565nm 归一化离水辐亮度、海表温度、水体漫衰减系数。

2C——实验和扩展产品，包括 750nm 和 865nm 波段归一化离水辐亮度、黄色物质浓度、总色素浓度、太阳耀光系数、水体透明度等。

以上各级产品中均包括一个掩膜与标识参数。

2D——应急数据处理产品。

CZI 的 2 级数据产品分为三类，分别如下：

2A——基础产品，包括各波段归一化离水辐亮度等。

2B——标准产品，包括总悬浮物浓度、归一化植被指数等。

2C——实验和扩展产品，目前仅包括叶绿素浓度和水色透明度。

以上各级产品中均包括一个掩膜与标识参数。

目前 HY-1C 星各级光学数据产品已经对公众开放(下载网站：https://osdds.nsoas.org.cn/#/)，对海洋溢油污染监测、漂浮藻类识别与估算等应用研究而言，不仅在 L1B 级产品中提供了辐亮度数据产品，在 L2A 级产品中又提供了反射率校正产品(瑞利校正反射率产品，R_{rc})；此外还提供了天阳天顶角(θ_0)、卫星天顶角(θ)、相对方位角(φ)等关键角度信息，可用于太阳耀光反射影响的评估与计算。

9.2 中国海洋一号 C 卫星的溢油探测能力分析

9.2.1 研究区与数据获取

HY-1C 星在轨测试期间，于 2019 年 2 月 20 日在中国南海东沙岛周边航运通道上，监测到一次海洋溢油污染事件。CZI 与 COCTS 均对此次溢油事件进行了观测，基于大气瑞利散射校正反射率(R_{rc})数据，此次溢油真彩色合成影像如图 9.1 所示。

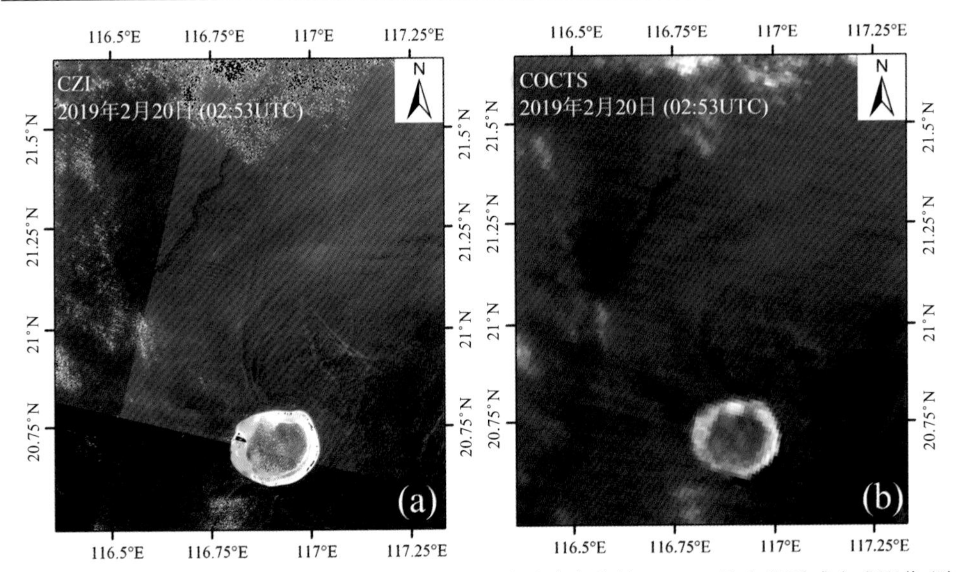

图9.1　2019年2月20日中国南海东沙岛附近海域溢油事件的HY-1C星光学遥感合成影像(沈亚峰，2020)

(a) CZI真彩色合成图像；(b) COCTS真彩色合成图像

基于HY-1C星监测到的中国东沙岛附近海域溢油污染，同时收集了美国VIIRS、MODIS Terra和Aqua载荷在该海域当天的观测数据作为参照，对比分析HY-1C星的溢油探测效能。对上述比较数据也进行相同的大气校正处理，生成瑞利校正反射率(R_{rc})数据，其真彩色合成图像如图9.2所示，VIIRS真彩色合成影像也能观测到此次东沙岛溢油污染，但MODIS Terra和Aqua真彩色合成影像上无法有效辨识此次溢油污染。

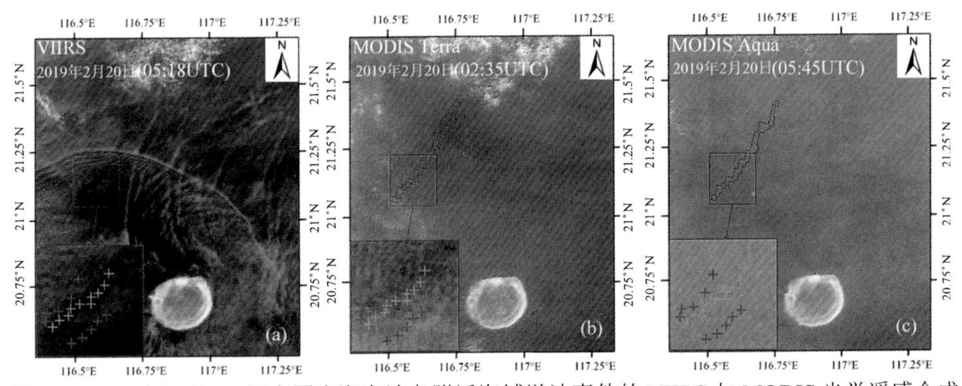

图9.2　2019年2月20日中国南海东沙岛附近海域溢油事件的VIIRS与MODIS光学遥感合成影像(沈亚峰，2020)

(a) VIIRS真彩色合成图像；(b)和(c) MODIS Terra和Aqua真彩色合成图像。基于VIIRS上识别的溢油区域，可以圈出MODIS Terra和Aqua上溢油存在位置，并给出溢油与周边无油海水的相同采样点位置

9.2.2　耀光反射差异影响

根据光谱响应特征，海面溢油污染可以分为不同厚度油膜、不同类型与浓度的溢油乳化物等若干种类型(Lu et al.，2013，2019，2020；Shi et al.，2018)。在光学卫星观测中，由于溢油海面太阳耀光反射差异及其高异质性空间混合的综合影响，溢油体现出复杂的卫星光学响应特征(Sun and Hu，2016，2019；Lu et al.，2020)。经过多年探索，海洋溢油污染不同类型的光谱特征成因已基本阐明，即受不同厚度油膜光吸收特征、不同(类型与浓度)乳化油光后向散射特征(红光、近红外、短波红外波段)的共同影响(Clark et al.，2010；Leifer et al.，2012；Shi et al.，2018；Lu et al.，2019；陆应诚等，2016，2019)；不同溢油海面耀光反射差异成因也得以厘清，即受到溢油海面折射率与粗糙度的共同作用(Hu et al.，2009；Jackson and Alpers，2010；Lu et al.，2016；Sun et al.，2015；陆应诚等，2016)。要想识别海洋溢油污染，首先要进行溢油海面耀光反射差异分析，其中有效的指针为“镜面反射太阳光的方向与传感器探测方向的夹角(θ_m)”(Hu et al.，2009；Lu et al.，2016；Wen et al.，2018)，其可以通过太阳天顶角(θ_0)、卫星天顶角(θ)、天阳与卫星之间的相对方位角(φ)计算给出，如式(9-1)所示。

$$\cos\theta_m = \cos\theta_0\cos\theta - \sin\theta_0\sin\theta\cos\varphi \tag{9-1}$$

θ_m 直接指示了卫星光学图像上的耀光反射强弱，其中溢油海面与清洁海面耀光反射明暗对比与反转的临界角位于 12°～13°(Wen et al.，2018)。考虑溢油海面耀光反射差异的溢油污染类型鉴别思路如图 9.3 所示。

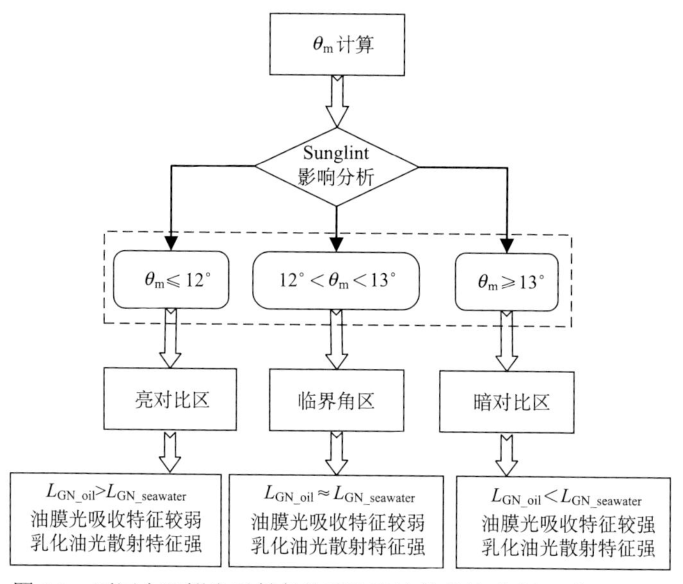

图 9.3　不同太阳耀光反射条件下的溢油信号构成(沈亚峰，2020)

溢油海面的耀光反射差异现象由 Hu 等(2009)首次阐明；此后，Jackson 和 Alpers(2010)利用“临界角”概念清晰展现了这种亮度对比与反转现象，并进一步利用 Cox-Munk 模型进行计算；溢油海面耀光反射率的精确计算，则由陆应诚等(2016)通过参数完善进一步实现，溢油海面折射率及其表面粗糙度是影响溢油海面耀光反射率计算的关键(Lu et al.，2016；Wen et al.，2018)。可根据 θ_m 的大小来划分溢油海面耀光反射的影响，在强耀光反射区($\theta_m \leqslant 12°$)，光学卫星观测到的信号包括强耀光反射信号($L_{GN\text{-}oil}$)、乳化油后向散射信号，而不同厚度黑色油膜对入射光的吸收差异则湮没在强耀光反射信号中，所有类型的溢油污染都表现出比背景水体亮的特征；在耀光反射的临界角区内($12° < \theta_m < 13°$)，溢油海面与背景清洁海面的耀光反射率差异不大，油膜不易鉴别，但是乳化油的散射信号明显；在弱耀光反射区($\theta_m \geqslant 13°$)，溢油海面耀光反射率小于清洁海水耀光反射率，因此卫星光学探测的信号来源由不同溢油污染类型的光吸收特征与散射特征组成，此时易于鉴别不同类型的溢油污染。根据卫星提供的角度参数，各传感器获取的 2019 年 2 月 20 日中国南海东沙岛溢油图像对应的 θ_m 角度值可以计算给出(图 9.4)。

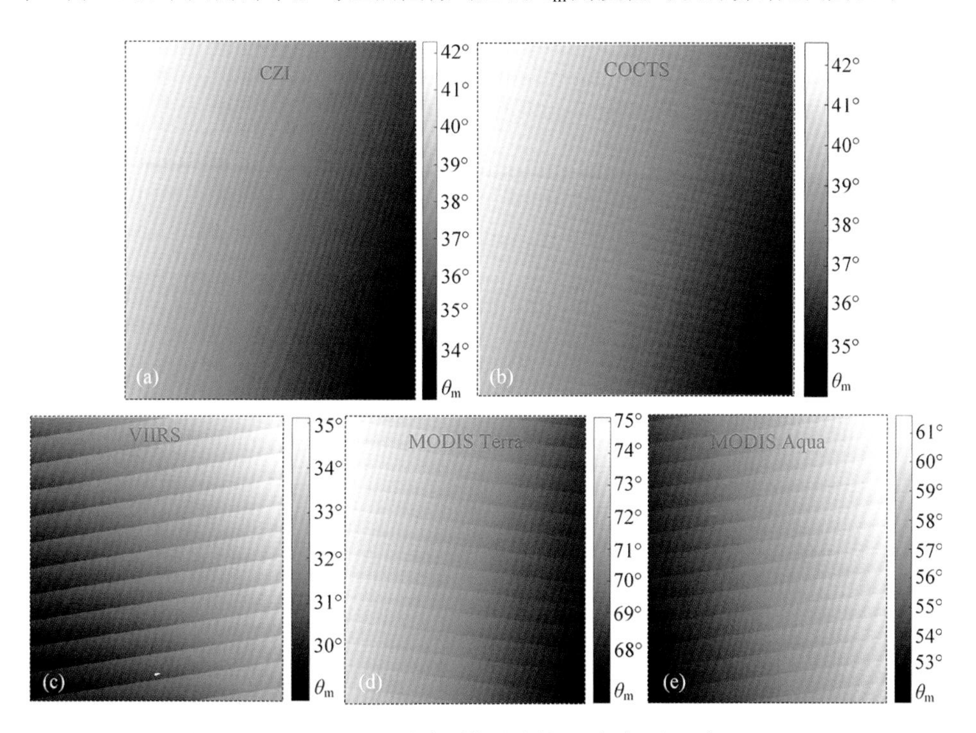

图 9.4　不同卫星光学遥感图像对应的 θ_m 角度(沈亚峰，2020)

COCTS、CZI、VIIRS、MODIS Terra 和 Aqua 遥感图像的 θ_m 值均远远大于 13°，这表明溢油海面耀光反射应为负对比特征(即溢油海面耀光反射率小于背景海水耀光反射)，太阳耀光反射的影响可以忽略(这并不意味着清洁海水表面的耀光反射可以忽略)。此时，光学卫星遥感探测到的溢油信号，主要构成是溢油目标内部对入射光的吸收与散射特征差异。基于 Cox-Munk 模型推导的溢油海面或清洁海面太阳耀光反射率($L_{GN\text{-}oil}$ 或 $L_{GN\text{-}seawater}$)空间分异特征，适用于空间分辨率为 250m～1km 的卫星光学遥感数据(COCTS、VIIRS、MODIS Terra 和 Aqua)，虽然未必完全适用于 50m 空间分辨率的卫星光学数据(CZI)；但在本书中，暂时不考虑这种海面耀光反射的遥感尺度效应，一并认为 CZI 载荷数据也处于弱耀光区，且一样可以忽略溢油海面耀光反射率对整体信号的贡献。

9.2.3 光谱响应特征差异

针对 2019 年中国南海东沙岛溢油污染所获取的各光学遥感数据，均进行了同样的大气校正过程，生成相应的 R_{rc} 反射率数据。由太阳耀光反射影响的评估可知，溢油海面耀光反射率贡献相比而言可以忽略，卫星光学数据中的信号贡献主要来自溢油内部与背景海水。对 COCTS、CZI、VIIRS、MODIS Terra 和 Aqua 卫星光学图像分别进行光谱采样分析，COCTS 和 CZI 光谱采样位置如图 9.5 所示。CZI 图像上能清晰区分乳化油(后向散射特征)与油膜(吸收特征)，对该景 CZI 影像上两种不同溢油类型和背景海水分别进行光谱采样(采样数各 10 条)。由于像元混合的影响，在 COCTS 图像上没有检测出乳化油像元，则只对其油膜和背景海水进行光谱采样。至于 VIIRS、MODIS Terra 和 Aqua 卫星图像，只有 VIIRS 图像上的溢油能被目视解译，因此在 VIIRS 图像中圈定溢油的主要范围，并将之用于 MODIS 图像中对应溢油区域的标注；此后在 VIIRS 图像上选择油膜和背景海水光谱各 10 条，对 MODIS 图像也给出与 VIIRS 相同的采样点光谱。溢油乳化物光谱特征主要受不同类型(油包水状、水包油状)乳化油的后向散射与光谱吸收作用的影响(Shi et al.，2018；Lu et al.，2019，2020)，主要光谱特征集中在近红外-短波红外波段，虽然 CZI 缺乏短波红外波段，但近红外波段(中心波长位于～825nm)可以满足乳化油鉴别的需要。CZI 图像中的乳化油光谱反射率整体高于背景海水光谱反射率，而油膜光谱反射率整体低于背景海水光谱反射率，分别是因为乳化油的后向散射特性和油膜对入射光的吸收特征差异引起。在 COCTS 与 VIIRS 光谱中，油膜反射率也因其对入射光的吸收作用，而展现出反射率低于背景海水反射率的光谱特征。在 MODIS Terra 和 Aqua 图像光谱中，则无法有效区分油膜与背景海水光谱反射率，原因主要在于如下两点：一是 MODIS Terra 和 Aqua 所观测区域整体反射光能量相对较弱(θ_m 相较于其他影像而言过大)；二是辐射分辨率的影响，使其在低辐亮度区的辐射分辨率不足以体现油膜对入射光吸收的差异。

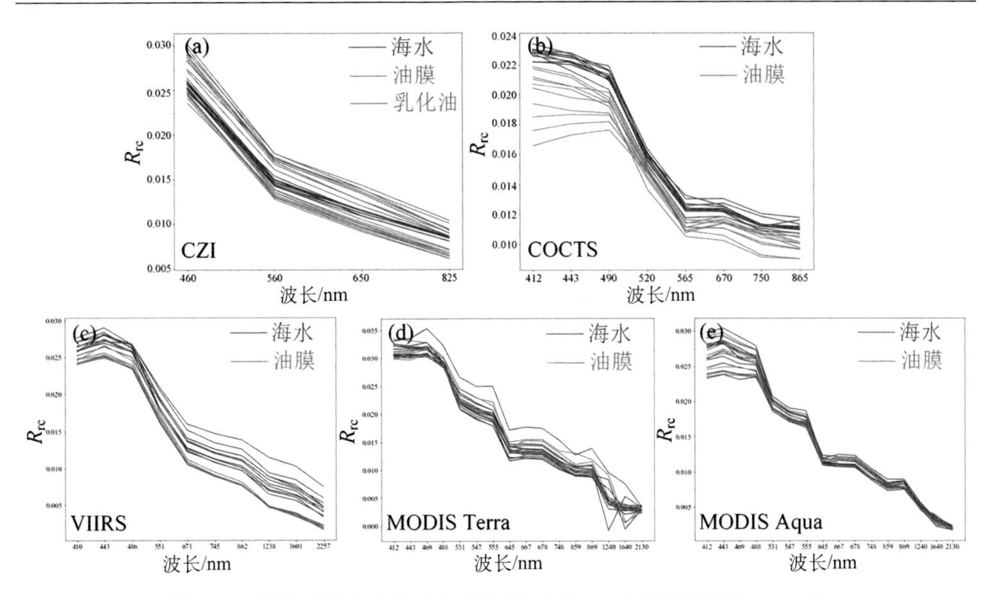

图 9.5　各遥感图像中海水与不同溢油的 R_{rc} 光谱(沈亚峰，2020)

9.2.4　COCTS 与 CZI 对溢油识别能力的评估

为准确评估 HY-1C 光学载荷对海洋溢油的识别与区分能力，排除大气校正带来的不确定性影响，在 L1B 级数据上开展分析。COCTS 和 CZI 的 L1B 级辐亮度数据，不仅包括了离水辐亮度、溢油辐亮度、表面菲涅耳反射辐亮度，还包括瑞利散射与气溶胶散射辐亮度信号。不确定性评估参数主要采用如下公式(Hu et al., 2009)：

$$\delta_i = (L_t - L_{t\_mean}) / L_{t\_mean} \tag{9-2}$$

$$\gamma = (1/N) \sum \delta_i \tag{9-3}$$

$$\Gamma = (1/N) \sum |L_t - L_{t\_mean}| \tag{9-4}$$

式中，L_t 表示像元辐亮度[mW/(cm^2·μm·sr)]；L_{t_mean} 表示所选同一区域中所有像元的平均辐亮度；δ_i 是某一个像元的辐亮度和平均辐亮度差值比上辐亮度平均值；N 是所选区域的像元总数；γ 是同一区域所有像元的 δ_i 值的平均值；Γ 是所有像元的辐亮度与平均辐亮度差值的平均值。海水背景的 γ 可以反映光学传感器给辐亮度带来了多少的不确定性，而油膜和乳化油辐亮度的变化则可以看成由两部分组成，一部分为油膜厚度变化、乳化油浓度变化及混合像元的影响，另一部分为传感器的影响。

在 COCTS 和 CZI 影像的溢油类型识别与提取基础上，系统地评估 HY-1C 星光学载荷各波段对不同溢油类型的区分能力，探讨其不确定性，分析 HY-1C 星是否具有开展溢油定量估算的潜力(图 9.6)。经过分析评估发现：①在弱耀光反射区域,CZI、COCTS、VIIRS 这三个载荷均有探测到此次溢油事件的能力,同时 COCTS 对海洋溢油的区分能力不弱于 VIIRS；而 MODIS Terra 和 Aqua 均未能探测出此次溢油。②CZI 不仅能有效监测溢油，还能进一步实现对溢油污染类型(油膜与乳化油)的识别与区分。③COCTS 与 CZI 光学载荷对溢油量的识别与分类效能取决于溢油自身辐亮度的离散特征与传感器信噪比；在此次小范围溢油事件中，溢油本身(油膜与乳化油)的辐亮度平均差异已经大于背景噪声差异，表明基于 HY-1C 星的 CZI 光学载荷有希望进一步实现海洋溢油量的光学遥感估算。HY-1C 星光学载荷(COCTS 与 CZI)具备信噪比高、辐射性能好，量化等级高、获取的图像细节特征清晰等优点，还具有较高的时间分辨率。随着 HY-1D 星成功发射，双星组网观测可以提供时间覆盖更密集的卫星遥感数据，一定能在海洋溢油污染的实时监测、识别、分类与定量估算中发挥更大的作用。

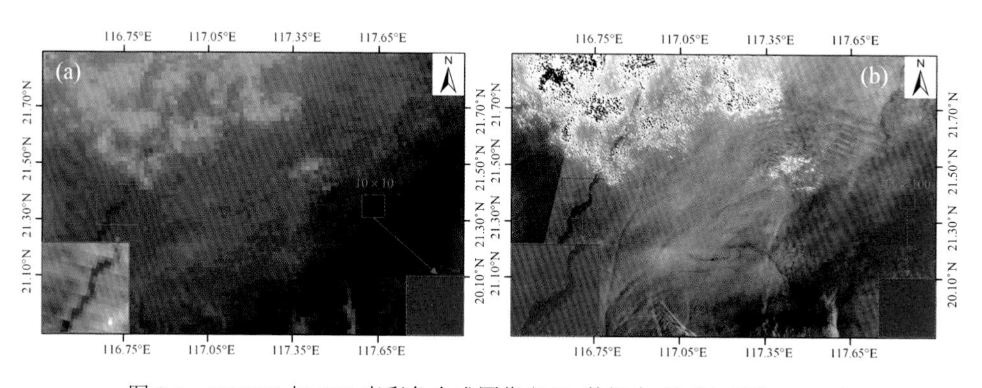

图 9.6　COCTS 与 CZI 真彩色合成图像(L1B 数据合成)(沈亚峰，2020)

9.3　基于耀光反射的溢油识别方法

随着海洋溢油光学遥感机理的阐明，光学遥感的技术优势为海洋溢油监测提供了不同的解决方案。尽管其光学遥感机理与特征已经基本阐明，但对光学遥感影像的溢油自动提取算法的研究仍然不足。本节基于耀光反射差异，优选 HY-1C 星 CZI 近红外波段(0.76～0.89μm)，设计人机交互式溢油提取方法，并针对各类误判信息给出针对性解决方案。评估典型溢油海域 CZI 图像(见附录图)上溢油提取方法的准确度和普适性，并使用美国墨西哥湾 DWH 溢油的 MODIS 数据，评估其在粗空间分辨率影像的表现。分析结果表明，利用耀光反射差异的提取方法，能有效地识别并提取海面溢油，且有较好的抗干扰能力，可较好地剔除异常粗糙度水体、轮船尾迹等多种因素导致的干扰，还可以进一步区分弱耀光条件下的油膜和乳化油。对CZI数据上不同水体环境的溢油进行测试，展现了较好的溢油提取效能，该溢油提取方法同样适用于空间分辨率较粗的影像(如MODIS)。

9.3.1　CZI溢油图像特征及干扰因素

HY-1C星COCTS与CZI光学载荷对海洋溢油均有不错的识别能力,其中CZI因有较高的空间分辨率及优良的信噪比，相比COCTS更容易探测并区分不同的溢油污染类型。COCTS载荷虽然有较多的波段数，但不具备识别乳化油“—C—H”诊断光谱的能力，需基于溢油对入射光的散射和反射特征，设计更有针对性的识别提取算法。

背景水体在近红外波段表现出强吸收特征，乳化油则具有高散射的特性，两者在该波段中的强、弱耀光条件下均能形成较好的对比。不同厚度的油膜与海水在近红外波段都表现为强吸收，但是油膜的光吸收特征更为显著，选择CZI传感器的近红外(825nm)波段作为应用波段，设计海面溢油图像识别提取方法。为了能准确识别、提取各场景下的溢油目标，首先需要阐明典型干扰因素与溢油目标的遥感特征差异。

1. 溢油与背景海水反射率混淆的影响

在不同的太阳耀光反射下，油膜和背景海水因折射率和表面粗糙度的差异，会形成或暗或亮的对比特征，但这种亮暗对比的空间范围只局限于油膜和其周围的海水，即需要两者的 θ_m 近乎相同；而对于距离溢油较远的水体，油膜与海水的亮暗对比意义不大，导致基于亮暗对比特征的算法在大范围窗口下实现起来较为困难。图9.7(a)和图9.7(c)均为弱耀光条件下的溢油区域，油膜与周边水体为暗对比特征，但在图9.7(a)耀光反射率较低的水体中，存在部分水体像元的辐亮度比其他区域的油膜暗的现象；而图9.7(c)中耀光反射较高处的部分水体像元可能会比乳化油辐亮度还大。图9.7(b)和图9.7(d)中的 R_{rc} 反射率数据进一步说明了这一点。使用决策树可以较好地区分CZI影像中的油膜、乳化油和背景水体。这种方法只有在耀光反射空间差异不显著，且水体较为均匀的情况下才适用。可以想象，如对图9.7(a)和图9.7(c)使用决策树的方法提取溢油，会出现部分水体像元被误判为溢油的情况。目前，虽然可以模拟估算耀光反射率，但无法准确地剔除，这依然是制约光学遥感提取海面溢油不可忽视的因素。

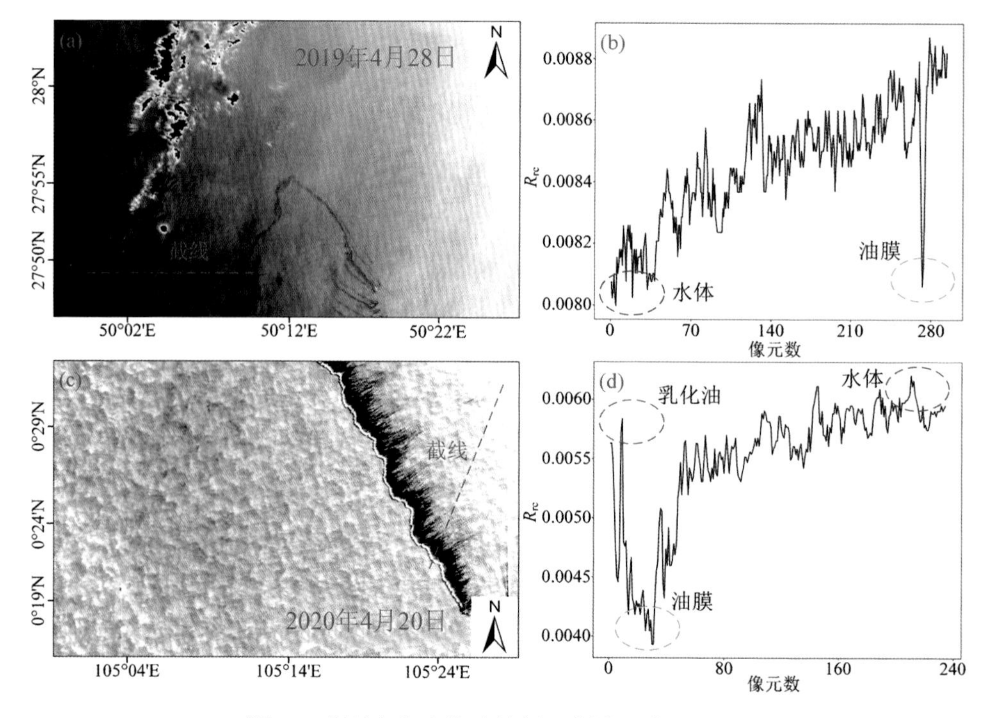

图 9.7 溢油与海水的反射率混淆(沈亚峰，2020)

(a)和(b)为 CZI 825nm 波段处油膜与不同距离水体的 R_{rc} 对比；(c)和(d)为 CZI 825nm 波段处乳化油与不同距离水体的 R_{rc} 对比

2. *海面粗糙度的影响*

对于空间分辨率较粗的遥感影像，由于像元混合平均，海面的一些细节特征不明显，例如表面耀光反射率差异；但是在 CZI 载荷影像(空间分辨率 50m)中，随空间分辨率的提高，水面的细节信息逐渐清晰地呈现出来。水面粗糙度差异对溢油识别产生较大干扰，在 CZI 影像(图 9.8)中，海面由于环境因素影响，表面粗糙度差异显著，因而呈现或明或暗的特征；表面粗糙度不同的水体，仍具有相近的光谱形态，但难以利用谱间关系有效消除此类干扰，背景水体表面粗糙度的差异给溢油的识别带来影响。

此外，船尾迹特征(如船首波、开尔文波、湍流尾迹等)也会显著改变水面粗糙度，且会与周围水体存在亮暗对比。船尾迹虽然形态特征表现不同，但本质也为表面粗糙度异常海水，在光谱形态特征上与普通海水无明显区别(图 9.9)，同样会给溢油的自动提取带来不利影响。

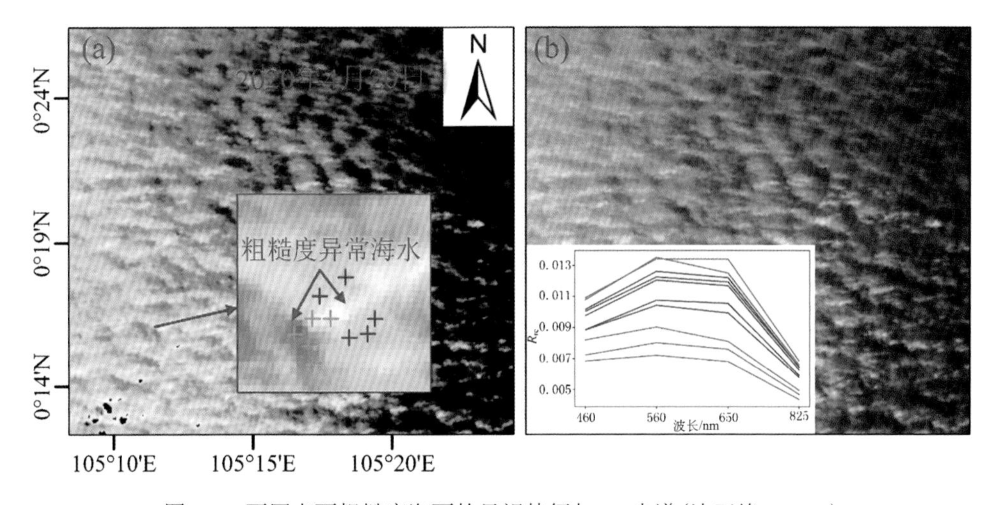

图 9.8　不同表面粗糙度海面的目视特征与 R_{rc} 光谱(沈亚峰，2020)

(a) CZI 真彩色图像，绿色、蓝色十字符号分别代表粗糙度不同的海面；(b) CZI 825nm 灰度图像及采样光谱

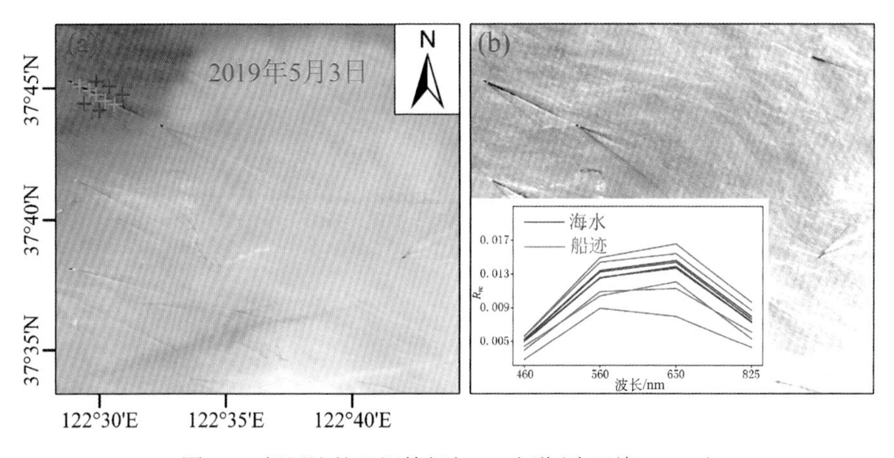

图 9.9　船尾迹的目视特征与 R_{rc} 光谱(沈亚峰，2020)

(a) CZI 真彩色图像，图中绿色、蓝色十字符号分别代表轮船尾迹和海水采样点；(b) CZI 825nm 灰度图像及采样光谱

3. 大型漂浮藻类的影响

海面典型的大型浮游藻类(马尾藻、浒苔等)也会对溢油提取结果产生影响。马尾藻含有叶绿素 c 及岩藻黄质两种特征色素，叶绿素 c 在 460nm、485nm、630nm 及 635nm 谱段表现为吸收特征，岩藻黄质在 480nm 及 520nm 谱段存在吸收峰(Dierssen et al.，2015)。这些吸收特征使马尾藻在 580～650nm 谱段的反射率得到增强，因此马尾藻在真彩色合成影像上常为褐色；叶绿素 c 在 630nm 及 635nm 谱段的吸收作用使马尾藻在 632nm 附近有特征反射率谷。如图 9.10 所示，马尾藻

在 CZI 近红外(825nm)波段表现为亮特征，在弱耀光条件下会影响乳化油的识别，在强耀光条件下会对乳化油和油膜的提取造成干扰；但其与海水在 CZI 中的影像光谱形态差异较大，反射光谱中，马尾藻在 825nm 的反射率比海水高，其余波段反射率接近海水，在 460nm 和 560nm 较为明显。浒苔由于叶绿素含量丰富，在真彩色合成影像上表现为鲜绿色。在图 9.10 中，浒苔在 CZI 近红外波段的 R_{rc} 反射率同样高于背景海水，至于 460nm 和 560nm 谱段两者差异不大，在 560nm 处海水的反射率略低于浒苔。马尾藻与浒苔都会对溢油提取产生干扰，但在特定的耀光条件下，油膜、乳化油在 CZI 图像中表现为与周围海水相近的光谱形态，可以考虑利用反射率差异剔除大型浮游藻类对溢油提取的干扰。

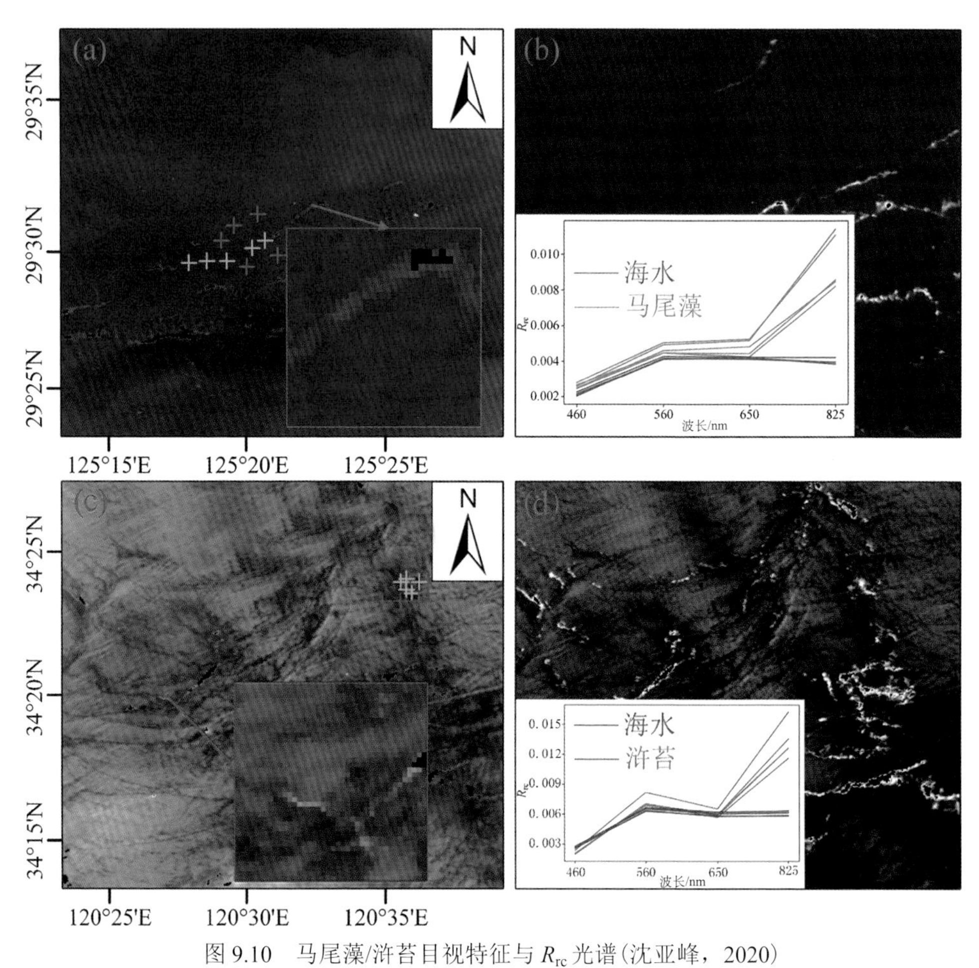

图 9.10　马尾藻/浒苔目视特征与 R_{rc} 光谱(沈亚峰，2020)

(a)马尾藻在 CZI 真彩色图像上目视特征为褐色，图中绿色、蓝色十字符号分别代表马尾藻和海水采样点；(b)CZI 近红外波段及海水与马尾藻 R_{rc} 光谱；(c)浒苔在 CZI 真彩色图像上目视特征为绿色，图中绿色、蓝色十字符号分别代表浒苔、海水采样点；(d)浒苔在 CZI 近红外波段目视特征及其与海水的 R_{rc} 光谱

9.3.2　基于耀光反射差异的溢油提取

CZI 影像中存在诸多干扰因素，会影响溢油信息的遥感提取，且大多干扰信息无法仅依靠光谱特征去除。针对上述不同干扰的特点，基于溢油海面与清洁海面太阳耀光反射的差异，发展了一种人机交互式的海面溢油提取方法。光学遥感影像中的耀光反射影响不可忽视，由于其背景并非均匀不变的，通过统计全局的亮暗特征并设定阈值的方法，很难达到区分溢油海面与清洁海水的目的。虽然海洋环境的复杂多变造成了各类明暗对比特征，但可以基于图像亮暗特征的统计规律，通过设计各类误判剔除方案，提升溢油海面识别的准确性；目前，溢油海面耀光反射率的精准模拟计算难以实现，但耀光反射差异的空间分布特征仍然具有利用价值。耀光反射率差异与观测几何和表面折射率密切相关，对于不同的溢油区域，耀光反射率的相对强弱分布各不相同，主要是因为观测几何条件存在差异。图 9.11(a)和(b)为两个不同区域的耀光反射率的模拟结果，因只考虑相对强弱而不需关注数值的具体大小，所以做了归一化处理。在图 9.11(a)的中心位置耀光反射比左右两侧高，图 9.11(b)则表现为从左上到右下的方向由低变高。如果两者对应的地区都存在溢油，并设定阈值区分溢油与背景，则图 9.11(a)因为耀光导致的误判会分布在左右两侧，而图 9.11(b)会使误判集中在左侧。

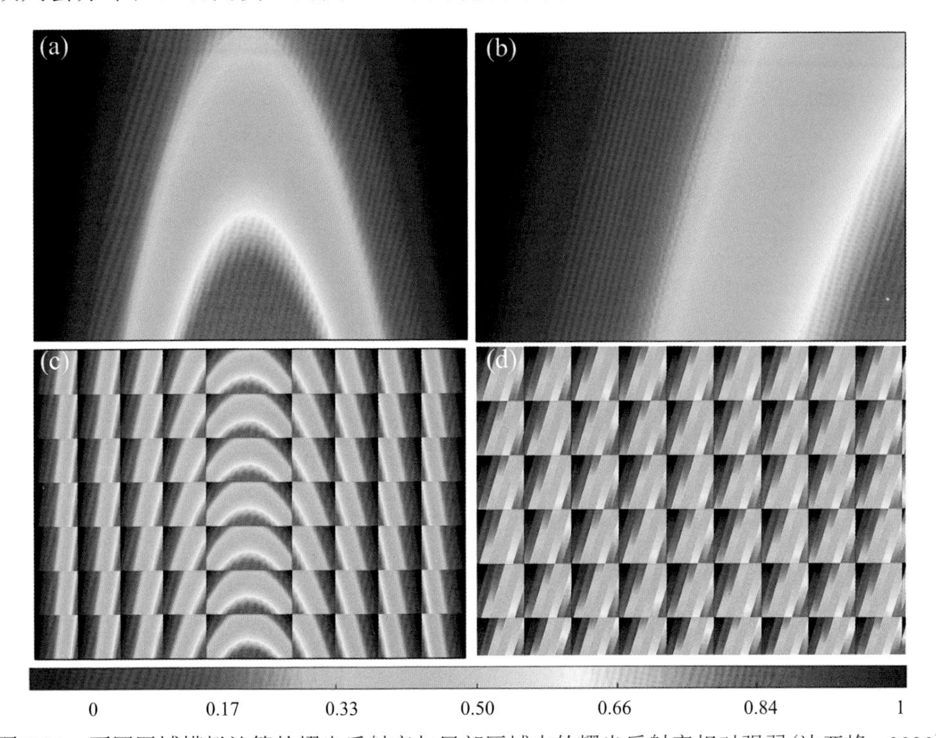

图 9.11　不同区域模拟计算的耀光反射率与局部区域内的耀光反射率相对强弱(沈亚峰，2020)

将影像分割为多个较小的子区域，在某一个子区域内，耀光反射率的变化规律通常表现为在某一个主要方向上渐变，于是较弱或较强的耀光往往都分布在边界。将图 9.11(a)和(b)的耀光反射模拟结果划分成若干小区域，对每一个小区域做归一化处理(用于反映小区域内耀光反射的相对强弱)，可以观察到在小区域内，不论强弱，耀光反射率的极值像元都落在矩形区域的边界。在每个子区域内部，背景水体与溢油的 θ_m 值相近，可以视为其满足 9.2.2 节中的溢油海面与背景海水的耀光反射亮暗对比判别流程，上述溢油海面与背景海水混淆情况在小区域内则较少出现。基于此，将影像划分为矩形小区域，再进行亮暗特征统计分析，并针对不同的误判特征设计有针对性的去除方案，实现高精度提取溢油对象的目的(总流程如图 9.12 所示)。

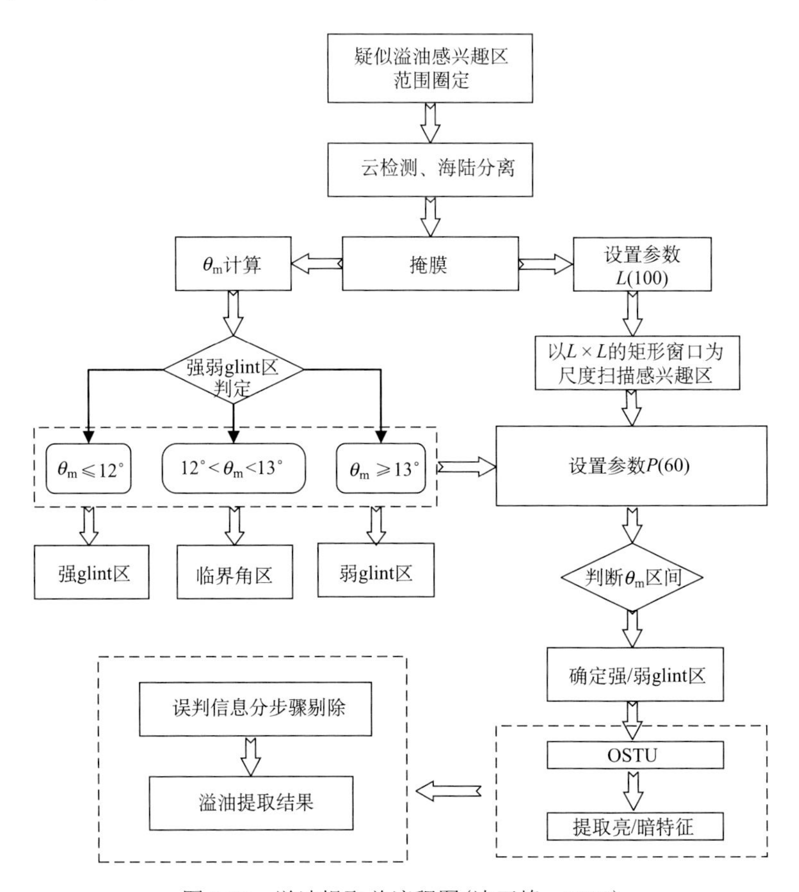

图 9.12　溢油提取总流程图(沈亚峰，2020)

如图 9.12 所示，数据预处理工作，首先对影像进行目视解译寻找到溢油事件发生的地点，然后圈定重点区域，对区域内的云和陆地做掩膜处理；其次计算感兴趣区内每个像元对应的 θ_{m} 值。完成预处理工作之后在重点区域内进行溢油提取，设置 $L \times L$ 大小的矩形窗口，并以窗口为扫描尺度遍历整景影像，边界处不足窗口大小的区域则缩减窗口面积。对于每一个矩形分割的窗口区域，根据区域中像素对应的 θ_{m} 值大小做不同的处理，如果有像素的 θ_{m} 值处于临界角区，则该窗口不做处理；如果处于强耀光区，则保留后 $P\%$(保留的像元百分比)亮度值的像元用于后续提取亮特征(此时难以区分类型)；如果位于弱耀光区，则保留前 $P\%$ 亮度值的像元用于提取暗特征(此处指油膜)。对于油膜提取中有效的参数设置未必适用于乳化油，且乳化油经常与前者共同存在，但面积规模未必与油膜相同。因此，若区域内同时存在油膜和乳化油，又恰好处于弱耀光对比区域，则需要先进行提取油膜的工作，最后才提取乳化油。对于每个分割窗口保留的像元，使用最大类间方差法(OSTU 算法)实现自适应阈值分割。采用自适应阈值的优势是阈值不需要用户手动设定，而是依据一定的算法判断给出。OSTU 算法将影像通过某个预设值分割为前景和背景，并不断尝试新的分割值，使得前景和背景的类间方差最大。利用 OSTU 算法的最佳阈值进行影像分割，提取到的亮暗特征结果包含了正判和误判两部分，因此需要通过后续的误判去除方案做进一步处理。图 9.12 中参数 L(矩形窗口边长)和 $P\%$的取值并不固定，由于海洋环境复杂多变，使用固定的参数值无法满足不同水体环境下的亮暗特征提取，因此采用人机交互式的溢油提取方法，且方法中所有参数都进行开放式定义，方便手动调整参数大小。

9.3.3　误判信息的剔除策略

对溢油区域影像进行区域分割并遍历提取亮暗特征后，如果某个矩形窗口内存在溢油，且其与背景水体具有亮暗对比特征，便可以被正确提取到；对于没有溢油像元的窗口，许多干扰因素可能会被误判为溢油，如不同表面粗糙度的水体、船尾迹、马尾藻等；此外，当该窗口内的耀光影响不可忽视时，耀光反射率较高或较低的像元也容易被错误地划分为溢油。在图 9.13(a)中耀光对该区的影响就较为明显，该景影像有油膜像元的窗口，经过矩形窗口内的自适应阈值分割后[图 9.13(b)]，油膜像元都能被较好地提取；对于没有油膜的窗口，许多耀光反射率较弱的像元也都被误判成为溢油像元。

可以观察到误判信息大多在矩形窗口边界处聚集，且与周围矩形窗口的误判像元很少连接，其原因是 OSTU 算法是在各矩形区域内单独执行的，相邻区域内的耀光强弱变化方向相近。溢油因其显著的明暗特征能被准确地提取，且横跨若干相邻窗口的溢油均会在边界处较好地连接(图 9.13)。在图 9.14 中，矩形扫描窗口的边界用红色线条表示，每个像元就是一个蓝边方框，亮暗特征提取后被判为水体的像元填充白色，阈值分割后得到的暗特征像元填充为黑色，溢油在矩形窗口边界处的像元填充为紫色。矩形扫描窗口中的溢油可以被正确地提取出，因而在扫描窗口边界处可以正常连接；青色方块虽然也处于边界，但其与邻近窗口的黑色(暗特征)像元几乎没有连接。定义紫色方块的类别为“与邻近窗口有连接的边界像元”，青色方块的类别为“与邻近窗口无连接的边界像元”。

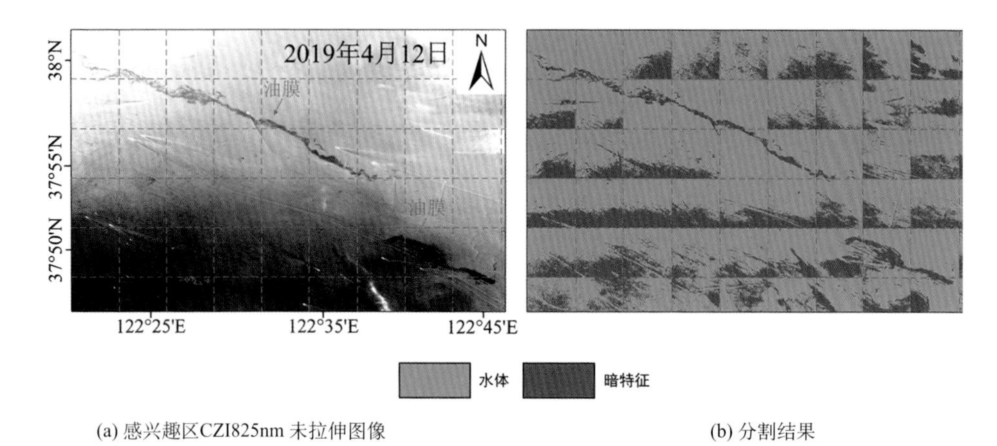

(a) 感兴趣区CZI825nm 未拉伸图像　　(b) 分割结果

图 9.13　局部区域内的自适应阈值分割结果(沈亚峰，2020)

L=100，P=60，红色虚线为矩形窗口边界

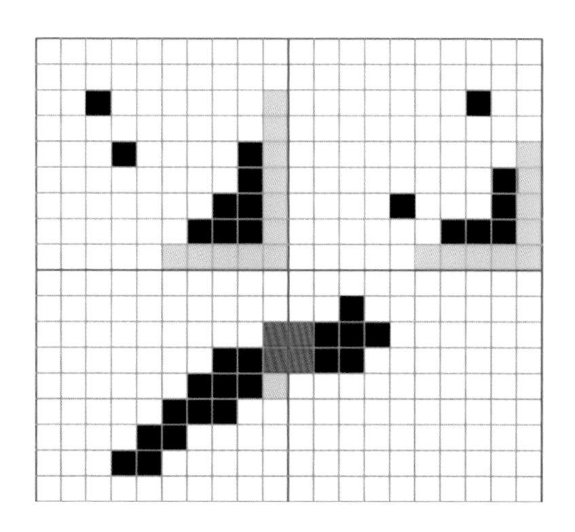

图 9.14　溢油与耀光影响导致的误判的边界差异(沈亚峰，2020)

紫色方块为溢油在矩形窗口边界处的像元，青色方块为耀光影响的误判信息在边界处的像元

此外，相比其余干扰因素，溢油与周围水体具有更清晰的对比和边界。这一图像特征使得目视判定较为容易，因此可以利用溢油与其他误判信息边界像元的差异性进一步区分溢油与误判信息。对于海面粗糙度异常等细节来说，边界像元与周围水体像元的对比主要取决于粗糙度差异。通常海面粗糙度不同的边界与周边水体对比弱于油膜边界。同理，其他情况下，溢油边界像元与水体的对比均比

表面粗糙度不同的水体明显。基于上述规律，可以计算相邻目标间边界像元的“近邻差”，利用这个指标来指征相邻目标间的边界差异度。需要强调的是，像元的近邻差可以在一定程度上消除耀光分布差异所引入的不确定性，因此该统计特征可以应用于不同溢油区域，具有一定普适性，从而优化了溢油误判信息的消除策略。具体而言，在目视特征上，图 9.15 的水体细节虽然也表现为亮暗对比特征，但是与溢油海面存在一定的差异。如图 9.15(d) 中表面粗糙度不同的水体在图像像元中难以观察到清晰的边界，因为其与邻近水体存在紧密联系，粗糙度的变化是一个渐变的过程。对溢油而言，油膜会压制水体表面的毛细波，使粗糙度发生较大改变，而且其具有光吸收特征，因此溢油与水体对比明显，边界较清晰[图 9.15(b)]。对于船尾迹而言，明暗特征共同存在，在其相接处的边界像元的对比往往明显大于其余干扰因素的边界像元与周围水体的对比。

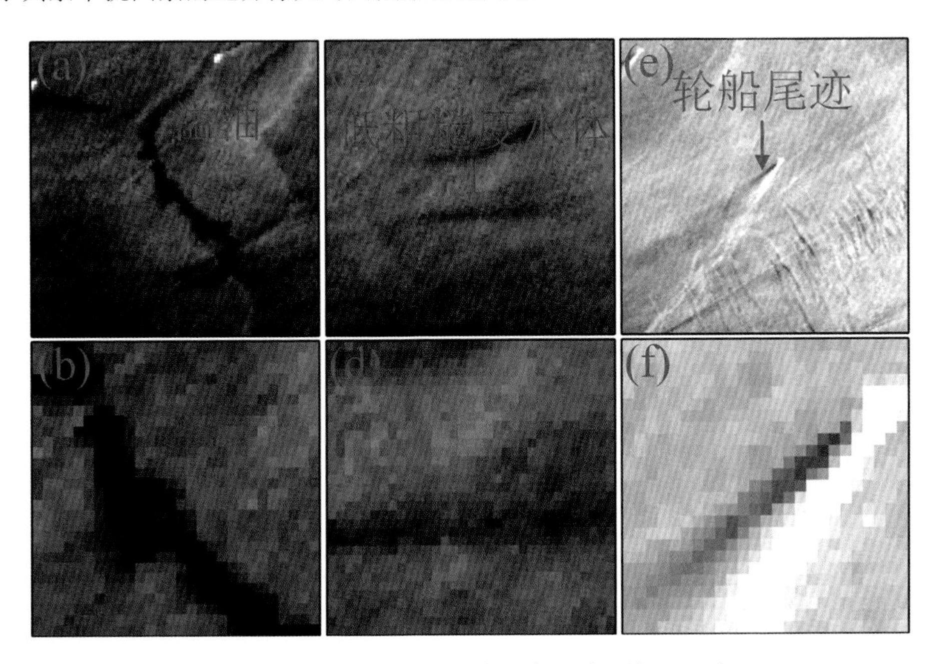

图 9.15　不同海面目标的边界差异(沈亚峰，2020)

(a) 溢油；(c) 不同表面粗糙度水体；(e) 船尾迹；(b)、(d) 和 (f) 为对应放大显示结果

基于上述特征，误判信息分步骤去除的方法为：①消除耀光反射率较高或较低的水体像元，剔除耀光的影响；②剔除不同粗糙度水体、船尾迹等干扰信息，剔除水体细节特征导致的误判；③考虑溢油与其余误判信息在边界像元的差异，进一步区分溢油与误判信息，此步骤可以使剩余误判信息得到较好的剔除。最终误判信息消除结果如图 9.16 所示，各类误判信息均得到较好的剔除。

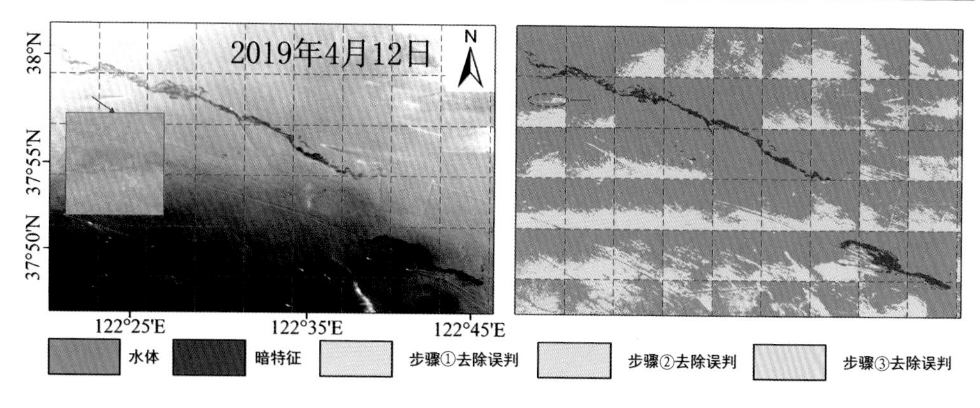

图 9.16 分步骤去除误判结果(沈亚峰, 2020)

9.3.4 典型溢油的算法应用与评价

共收集百余景 2019 年 2 月～2020 年 5 月的 CZI L2A 数据，覆盖多个溢油事件多发区域(中国近海、波斯湾、印尼沿海等)，最终保留 11 景溢油影像，均处于弱耀光暗对比区域。此外，收集 4 景 MODIS R_{rc} 数据(空间分辨率 250m，覆盖美国墨西哥湾溢油，时间范围 2010 年 4 月～2010 年 5 月)，用于测试本次溢油提取方法在粗空间分辨率影像上的表现，并作为强耀光条件下的补充数据。所有溢油数据经过目视解译后确定了疑似溢油区，并使用 9.3.3 节中的溢油提取方法进行测试(图 9.17～图 9.19)。需要注意的是，不同溢油区域溢油形态特征、水体状况等存在差异，对应参数配置也不尽相同。

9.4 AIS 辅助的疑似溢油船只追踪

船舶自动识别系统(automatic identification system，AIS)是一种新型的船舶避撞系统(Koto et al., 2014)，星载 AIS 监测系统主要用于获取船舶位置和属性信息，可以有效提升针对远洋船只信息的监控范围和监控频次，在航道管理、渔业资源管理、应急抢险等方面具有重要作用。

为满足用户对全球船只信息的监测需求，海洋一号 C/D 卫星配置的 AIS 系统主要用于获取大洋船舶位置和属性信息，为海上权益维护、海洋防灾减灾和大洋渔业生产活动等提供数据服务。星载 AIS 系统具备在轨全球侦收、存储和转发 AIS 报文的功能，以及四个频点同时侦收的能力；此外，还拥有接收灵敏度较高(–112dBm①)、可检测幅宽大(≥950km)等优势。通过多星组网，国产海洋卫星 AIS

① 分贝毫瓦(decibel relative to one milliwatt)。

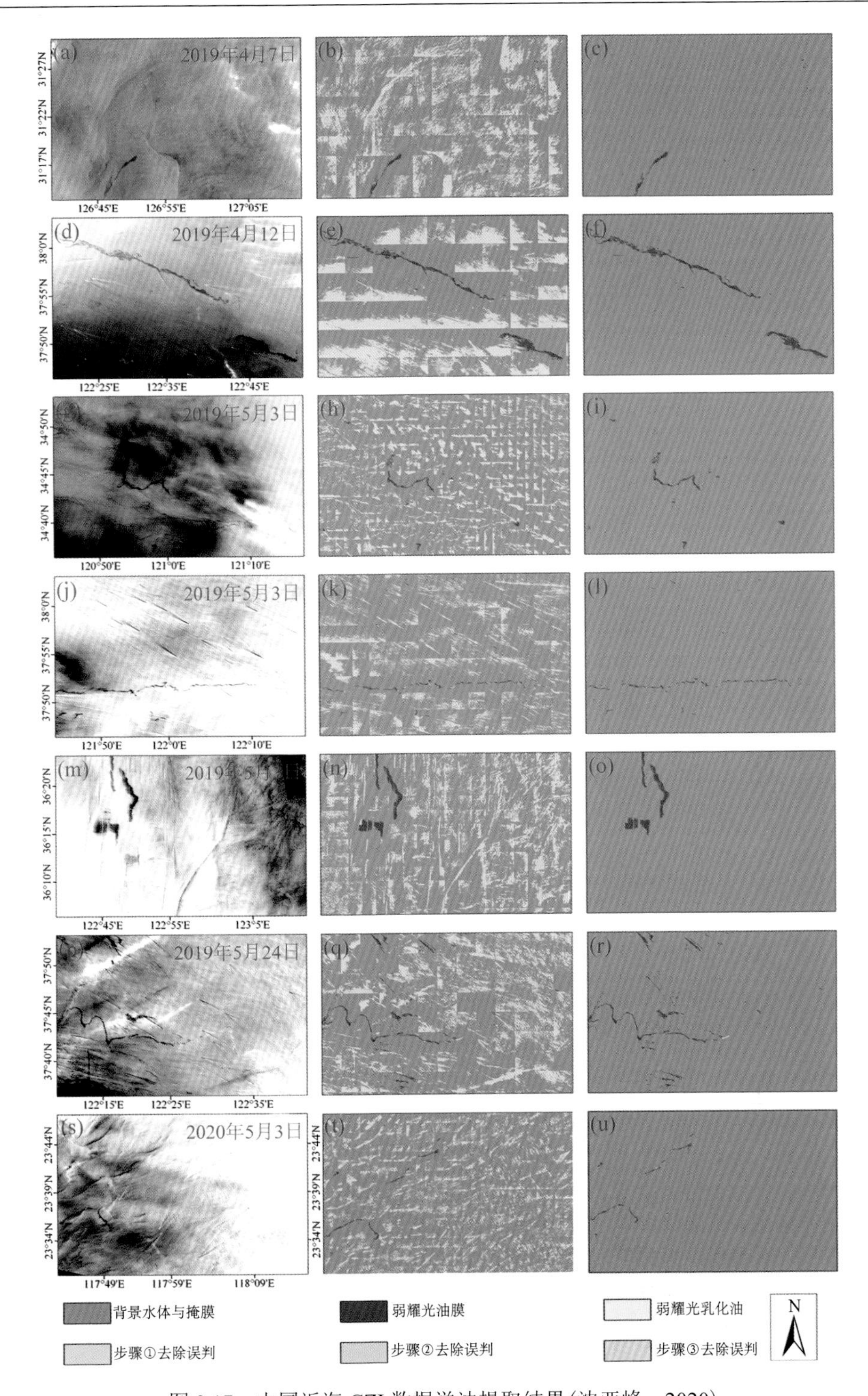

图 9.17　中国近海 CZI 数据溢油提取结果(沈亚峰，2020)

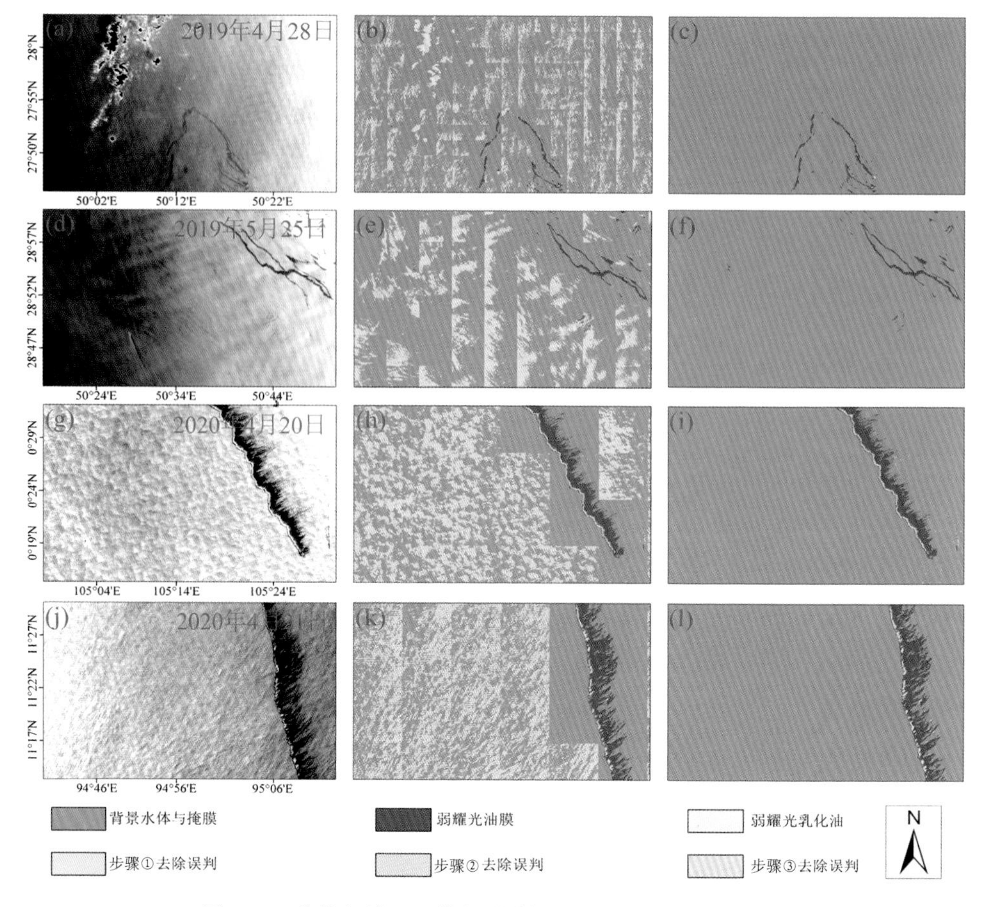

图 9.18　其他海域 CZI 数据溢油提取结果(沈亚峰，2020)

具有针对全球范围大洋区域，进行每天 4 次的船舶信息采集和监测能力，可以接收全球范围内的船只位置和航行信息，实现全球范围的船舶信息监控。我国自主海洋卫星一天接收到的全球船只 AIS 信息，如图 9.20 所示，图中每个绿点代表一艘船发送报文时的点位。目前，HY-1C 卫星 AIS 载荷数据已经纳入用户业务化运行，AIS 数据产品已对公众开放(https://osdds.nsoas.org.cn/#/)。

HY-1C 星于 2020 年 4 月 20 日在中国南海，靠近新加坡、印度尼西亚海域，监测到一次海洋溢油污染事件。海洋卫星多星组网 AIS 数据产品与 HY-1C 星影像数据互为验证，实现了对该次溢油事件的监测，以及疑似涉事船只的初步锁定，并绘制了该可疑船只在溢油事故前后的船舶轨迹。此次溢油事件真彩色合成影像与可疑船只轨迹如图 9.21 所示。疑似涉事船只的追踪采用基于时空分析的分步骤判定方法。首先，基于 HY-1C 星光学载荷 CZI 监测到此次溢油污染事件；然后，收集 AIS 数据在该海域前后若干天的船舶数据，绘制溢油事故区域的船舶航线可

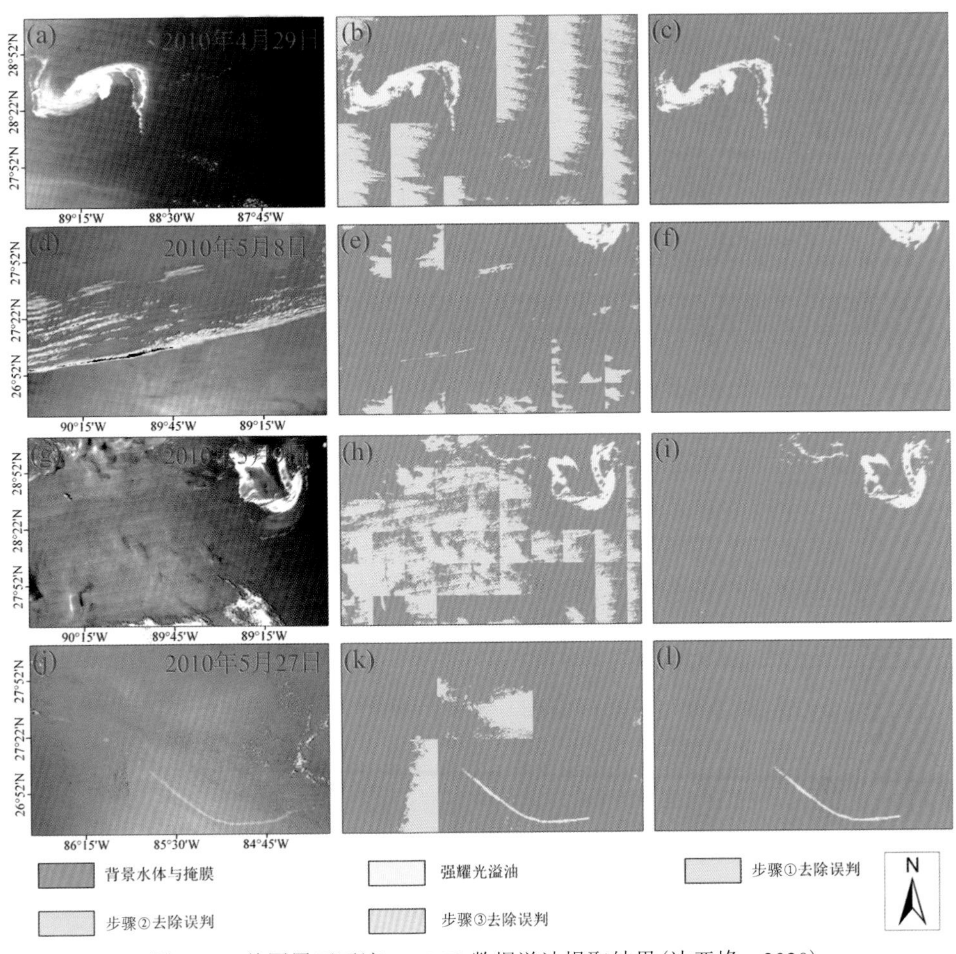

图 9.19　美国墨西哥湾 MODIS 数据溢油提取结果(沈亚峰，2020)

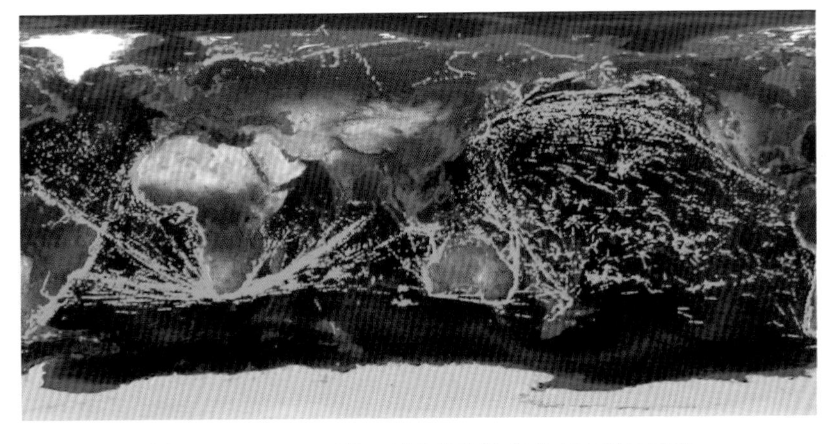

图 9.20　HY-1C 卫星一天内收到的全球 AIS 船只信息

视化图[图 9.21(a)]；其次，针对 AIS 数据的特点，融合 CZI 影像、溢油事故周围船舶轨迹、时间轴等信息，采用分步判定的方法，逐步缩小可疑船只范围，直至锁定涉事船只。从图 9.21(b)中可以发现，该疑似溢油船只途经马六甲海峡、新加坡海峡，从中国南海驶入爪哇海；船只 AIS 点位与溢油始发点重合，且航行时间处于溢油卫星成像之前；考虑到溢油的漂移时间及 AIS 点位的分布特征，该船只轨迹与溢油条带走向基本一致；基于上述特征，综合判定得出 AIS 船只信息。

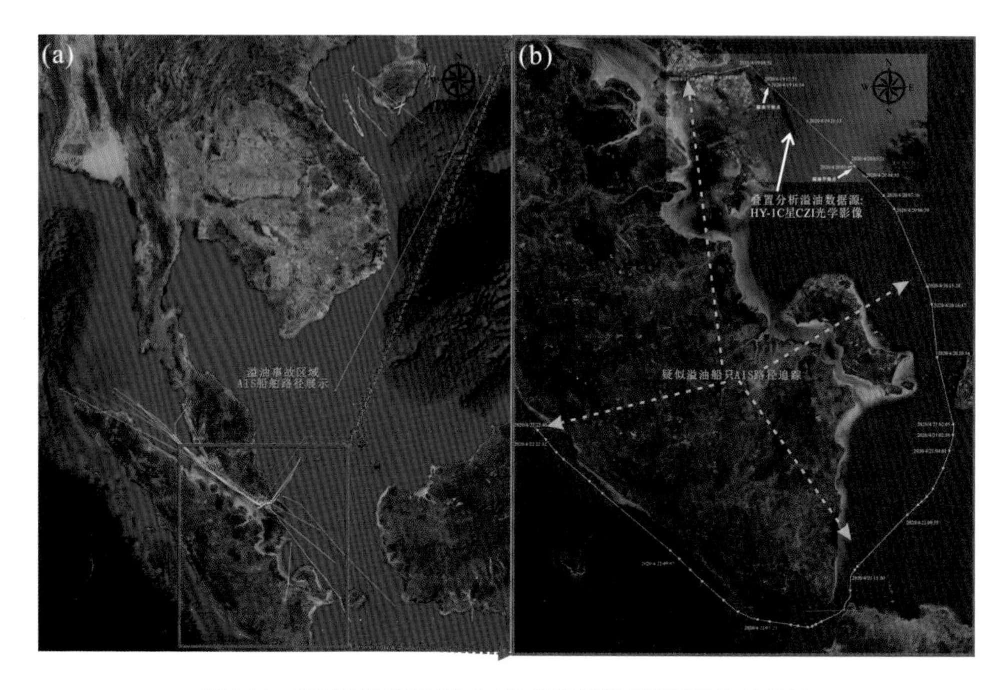

图 9.21　海洋卫星多星组网 AIS 信息辅助识别溢油事故船只

参 考 文 献

陆应诚, 胡传民, 孙绍杰, 等. 2016. 海洋溢油与烃渗漏的光学遥感研究进展[J]. 遥感学报, 20(5): 1259-1269.

陆应诚, 刘建强, 丁静, 等. 2019. 中国东海“桑吉”轮溢油污染类型的光学遥感识别[J]. 科学通报, 64(31): 69-78.

沈亚峰. 2020. 基于 HY-1C 星数据的海洋溢油提取方法研究[D]. 南京: 南京大学.

Clark R N, Swayze G A, Leifer I, et al. 2010. A method for quantitative mapping of thick oil spills using imaging spectroscopy[R]. U.S. Geological Survey Open-File Report.

Dierssen H M, Chlus A, Russell B. 2015. Hyperspectral discrimination of floating mats of seagrass wrack and the macroalgae Sargassum in coastal waters of Greater Florida Bay using airborne remote sensing[J]. Remote Sensing of Environment:247-258.

Hu C, Li X, Pichel W G, et al. 2009. Detection of natural oil slicks in the NW Gulf of Mexico using MODIS imagery[J]. Geophysical Research Letters, 36(1): L01604.

Jackson C R, Alpers W. 2010. The role of the critical angle in brightness reversals on sunglint images of the sea surface[J]. Journal of Geophysical Research Atmosphere, 115(C9).

Koto J, Rashidi M, Maimun A. 2014. Tracking of ship navigation in the Strait of Malacca using automatic identification system[J]. Developments in Maritime Transportation and Exploitation of Sea Resources: 721-725.

Leifer I, Lehr W J, Simecek-Beatty D, et al. 2012. State of the art satellite and airborne marine oil spill remote sensing: Application to the BP Deepwater Horizon oil spill[J]. Remote Sensing of Environment, 124(9): 185-209.

Lu Y, Li X, Tian Q, et al. 2013. Progress in marine oil spill optical remote sensing: detected targets, spectral response characteristics, and theories[J]. Marine Geodesy, 36(3): 334-346.

Lu Y, Shi J, Hu C, et al. 2020. Optical interpretation of oil emulsions in the ocean-Part II: Applications to multi-band coarse-resolution imagery[J]. Remote Sensing of Environment, 242: 111778.

Lu Y, Shi J, Wen Y, et al. 2019. Optical interpretation of oil emulsions in the ocean-Part I: Laboratory measurements and proof-of-concept with AVIRIS observations[J]. Remote Sensing of Environment, 230: 111183.

Lu Y, Sun S, Zhang M, et al. 2016. Refinement of the critical angle calculation for the contrast reversal of oil slicks under sunglint[J]. Journal of Geophysical Research: Oceans, 121: 148-161.

Shi J, Jiao J N, Lu Y C, et al. 2018. Determining spectral groups to distinguish oil emulsions from Sargassum over the Gulf of Mexico using an airborne imaging spectrometer[J]. ISPRS Journal of Photogrammetry and Remote Sensing, 146: 251-259.

Sun S, Hu C. 2016. Sun glint requirement for the remote detection of surface oil films[J]. Geophysical Research Letters, 43(1): 309-316.

Sun S, Hu C. 2019. The challenges of interpreting oil-water spatial and spectral contrasts for the estimation of oil thickness: Examples from satellite and airborne measurements of the Deepwater Horizon oil spill[J]. IEEE Transactions on Geoscience and Remote Sensing, 57(5): 2643-2658.

Sun S, Hu C, Tunnel J W. 2015. Surface oil footprint and trajectory of the Ixtoc-I oil spill determined from Landsat/MSS and CZCS observations[J]. Marine Pollution Bulletin, 101(2): 632-641.

Wen Y, Wang M, Lu Y, et al. 2018. An alternative approach to determine critical angle of contrast reversal and surface roughness of oil slicks under sunglint[J]. International Journal of Digital Earth, 11(9): 972-979.

第 10 章 海洋溢油光学遥感研究趋势与挑战

光学遥感是海洋生态环境监测的重要技术支撑，应发挥其对海洋溢油识别、分类与定量估算的技术优势，深入推进其业务化应用。今后还需要突破溢油海面耀光反射的精确计算，发展溢油量估算方法，并开展真实性检验；集成多源遥感的技术优势，发展智能算法，提升对海洋溢油定量遥感监测与评估的能力。

10.1 溢油海面耀光反射的精确计算

溢油海面的太阳耀光反射差异有利于目标探测，同时也给其光学遥感识别、分类与定量估算带来挑战。卫星光学传感器进行海面观测时，首先需要考虑溢油表面菲涅耳反射差异的影响。针对粗空间分辨率光学遥感数据(如 MODIS、MERIS 等)中清洁海面耀光反射率的模拟计算，Cox-Munk 模型具有较高的精度；基于该模型发展而来的临界角概念，也能较好地描述油膜与海水表面耀光反射差异的亮(暗)对比现象；但该模型缺乏精确的溢油折射率与表面粗糙度输入参数，因此准确计算溢油海面的太阳耀光反射率依然是一个难点。太阳耀光反射是海洋光学遥感无法回避的现象，在海面溢油光学遥感应用研究中，如何准确计算并消除溢油海面的太阳耀光反射，获得溢油内部的光学信号，从而促进海面溢油的识别、分类与估算，是海面溢油光学定量遥感研究与应用的关键。针对溢油海面的卫星光学定量遥感应用，解决溢油海面耀光反射率的计算与消除难题，还存在如下挑战。

1. 溢油海面太阳耀光反射的多角度变化规律

溢油海面的耀光反射信号强度及其空间分布特征，会随不同观测角度、不同太阳角度、不同风速风向、不同溢油污染类型(海面油膜、溢油乳化物等)覆盖等的改变而变化。目前，不同类型溢油海面耀光反射的多角度变化规律尚没有系统地分析，多角度耀光反射差异的影响也不明确，难以准确评估太阳耀光反射差异给其反射率反演带来的不确定性影响。

2. 溢油海面耀光反射率的遥感估算核心参数

基于 Cox-Munk 模型估算清洁海表的耀光反射率，折射率与海面粗糙度可由风速风向估算，为已知参数；但将该模型用于溢油海面耀光反射率估算时，这两个核心参数仍缺失。海面复杂溢油污染类型的存在使单一样品折射率不能作为参数输入，需要针对海面溢油的类型与混合形式，给出等效折射率；此外，溢油会对海表粗糙度进行调制，溢油海面粗糙度与风速风向的统计关系尚不明确，也无法给出其粗糙度估算函数。核心参数的缺失，影响了溢油海面耀光反射率的遥感估算，制约了海面溢油光学定量遥感估算的深入应用。

3. 多源卫星数据的溢油海面耀光反射优化计算

不同的卫星光学遥感数据，由于观测角度、空间分辨率、波段范围等差异，对海面溢油的光学遥感识别、分类与定量估算能力也不相同；这种差异会传递到溢油海面的等效折射率与表面粗糙度参数上，从而影响其对太阳耀光反射率的遥感估算；此外，Cox-Munk 模型也有一定的局限性，如不适用于高空间分辨率数据等。因此，利用不同光学卫星数据开展海面溢油定量遥感应用时，对其太阳耀光反射率的遥感估算需要进一步优化与评估。

10.2　溢油量光学估算与真实性检验

溢油事故的应急响应与损害评估，需要精确的溢油类型、分布、厚度、溢油量等信息支撑。海洋溢油事件为突发偶然性事件，难以及时有效地开展星地同步观测实验；此外，不同类型海洋溢油污染存在复杂的光谱特征。因此，海洋溢油的光学遥感估算与真实性验证存在极大难度，具体体现在如下几点。

1. 海洋溢油光学估算的理论极限需阐明

海洋溢油光学定量遥感依靠的是溢油的光吸收、反射、散射等信号，而这些信号与溢油污染类型的属性有关，如油膜厚度、乳化油的浓度增加到一定程度，光学传感器接收到的反射、散射信号将不再对此响应，会达到理论探测的极限。此外，不同入射光条件下的探测极限也不同，入射光强越大，理论上可供反射、散射的信号也就越多，光学遥感的探测能力也会有所提高。因此，阐明海洋溢油光学遥感估算的能力范围，是无法回避的一个问题。

2. 面向高异质性溢油的光学遥感模型

海洋溢油在风化迁移过程中，会形成不同的溢油类型，如不同厚度油膜、不同类型和浓度的溢油乳化物(油包水状和水包油状)及黑色浮油等；这些不同的溢油类型在海面的分布形态特征和组合出现状态更为复杂；此外，这些不同类型的溢油往往是三维混合形式，即存在水平混合，也存在垂直混合等状态。在美国 2010 年墨西哥湾 DWH 溢油事件的光学遥感监测中，即使是机载高光谱成像仪(AVIRIS)能提供较高空间分辨率(约 7.6m)的高光谱数据(光谱分辨率约 10nm)，但面对溢油的三维混合情况，也难以有效分解。针对海洋溢油三维混合所导致的高异质性分布特点，如何发展海洋溢油光学遥感模型，是未来海洋溢油光学定量遥感研究的一项挑战。

3. 海洋溢油光学定量遥感的真实性检验

海洋溢油事件为突发偶然性事件，难以及时有效地开展星地同步观测；此外，海洋溢油存在高异质性特征，即使能在现场进行采样，也难以获取卫星图像所对应的海面“真值”。光学遥感能实现海洋溢油污染类型的识别、分类与定量估算，但如何评估其定量反演的精度，开展光学定量遥感的真实性检验，目前仍然是一项重大挑战。面对这一挑战，构建适用于海洋溢油光学定量遥感产品的真实性检验方法尤为重要。未来还需要：①开展海洋溢油污染小场景仿真，模拟真实海洋环境中复杂、多样的溢油污染事件，开展精细化光谱测量，包含不同厚度油膜、不同浓度和不同类型乳化油及高异质性混合场景的精细光谱测量实验，作为海洋溢油污染光谱的真值；②基于精细化光谱测量，开展地空同步的机载高/多光谱观测实验，构建并优化海洋溢油污染识别方法与定量估算模型，同时，结合机载观测数据与海洋溢油污染识别方法与定量估算模型，生成机载高/多光谱遥感产品，并构建适用于机载高/多光谱尺度的真实性检验方法；③基于目前已有的典型溢油事件的多源遥感数据，如美国墨西哥湾溢油的机载 AVIRIS 高光谱数据和星载 Landsat、MODIS、MERIS 等数据，开展多尺度海洋溢油光学遥感研究，通过不同数据定量遥感反演结果，开展交叉验证，也尤为重要。

10.3 多源遥感集成应用与算法发展

针对海洋溢油遥感监测，不同的遥感技术具有各自的技术特点与应用优势。目前业务化应用以微波雷达为主，基于海洋溢油光学遥感理论研究的突破，光学遥感开展业务化应用的前景也逐渐明朗。目前，制约海洋溢油光学遥感业务化应用的主要困难在于：受复杂的海面光学背景影响，如海面云雾、浮游藻类、耀光、内波等，光学疑似溢油的自动检测有许多不确定性；因光学传感器性能（探测波段、光谱分辨率、空间分辨率、信噪比等）、搭载平台与工作方式不同，不同光学传感器开展海洋溢油遥感应用的效能具有差异。可以预见，海洋溢油光学遥感监测业务化应用发展有以下几个关键点。

1. 海洋溢油多源遥感集成应用方式

中国海洋遥感业务卫星等的发展为海洋环境监测提供了包括微波雷达、光学、热红外、紫外等多种遥感数据源。微波雷达遥感技术具有穿云透雾、全天时全天候探测海面溢油的技术优势，但也有探测虚警率高、受环境影响大等不足。光学遥感技术具有对不同海洋溢油污染类型进行识别、分类与定量估算的技术优势，且数据成本低，但也受制于云雨天气影响，且异常目标的发现能力不及微波雷达技术。如能综合二者的技术优势与特点，将以微波雷达为主的海洋溢油监测业务化应用，发展到多源遥感数据集成应用的阶段，尤其是多源光学遥感与微波雷达的集成应用。海洋溢油光学遥感业务化应用，还需要通过制定相应的集成应用策略来克服自身的技术不足，将基于微波雷达“疑似溢油”的监测，推进到光学遥感辅助的不同溢油污染类型识别分类与定量估算层面。

2. 海洋溢油的多源定量遥感算法

亟待发展多源光学与微波雷达卫星海洋溢油智能探测技术，降低探测虚警率，提高探测频率，促进海面溢油的精细化分析。目前，海洋溢油的微波雷达和光学遥感理论发展迅速，利用微波雷达和光学遥感对海洋溢油监测结果的相互验证和优势互补，降低海洋疑似溢油探测的虚警率，进一步促进溢油污染类型的识别和分类，实现溢油量估算，可为中国近海环境生态监测提供数据与技术支撑。

构建不同遥感技术的海洋溢油全备数据集，发展基于深度学习的海洋溢油智能探测技术，以实现海洋溢油全自动探测；开发基于太阳耀光反射差异与光谱响应特征的海洋溢油光学遥感识别、分类和估算模型；建立多源卫星海洋溢油遥感探测系统，提高海洋溢油的探测准确度，降低溢油探测虚警率，提高溢油探测时空频率，以促进溢油污染类型的识别分类与估算。多源(微波雷达、高/多光谱等)、多平台(星载、机载等)综合遥感技术的集成与智能算法的开发，必能为海洋溢油的实时动态监测与定量估算提供更优的解决方案。

附录　HY-1C 星的溢油遥感影像图

中国首颗海洋水色业务卫星发射 2 年来，在中国及周边海域发现了多次海洋溢油事件，附录中选取了部分溢油事件，制作成真彩色合成图像，用于展现我国海洋水色卫星在海洋溢油监测领域的效能(以成像时间为序)。

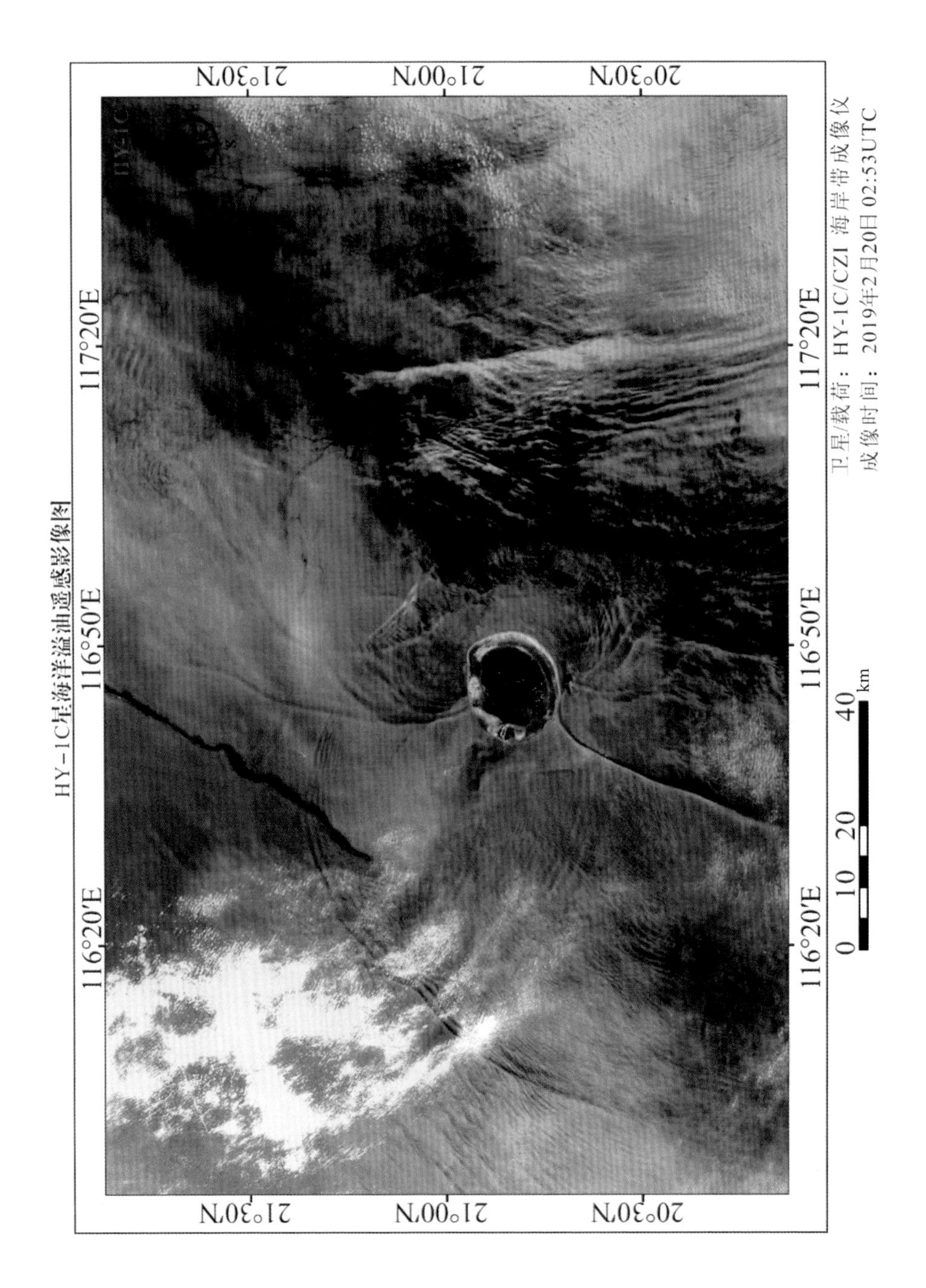
HY-1C星海洋溢油遥感影像图
卫星/载荷：HY-1C/CZI 海岸带成像仪
成像时间：2019年2月20日 02:53UTC
116°20'E
116°50'E
117°20'E
21°30'N
21°00'N
20°30'N
0 10 20 40 km

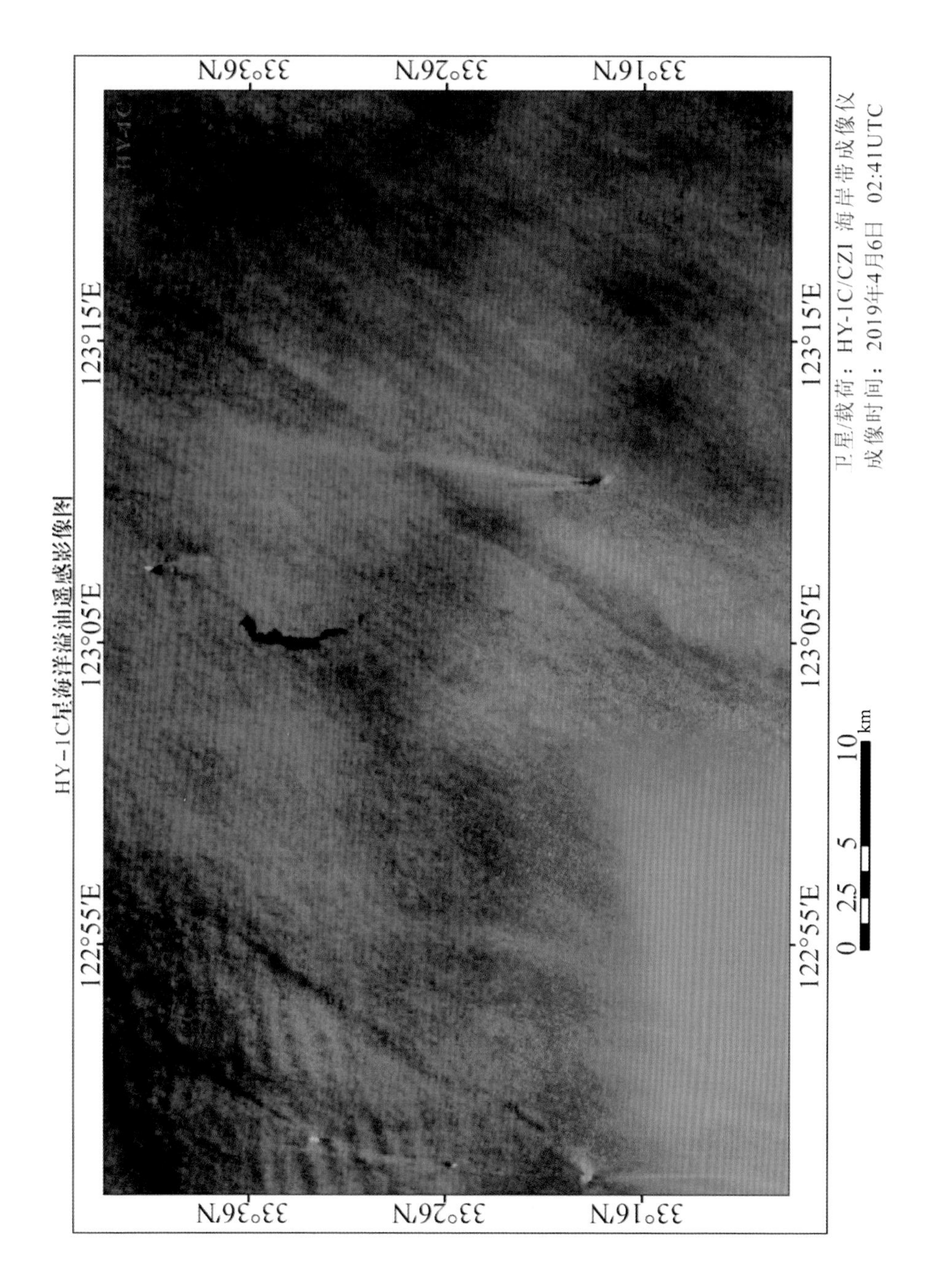
HY-1C星海洋溢油遥感影像图
33°36′N
33°26′N
33°16′N
122°55′E
123°05′E
123°15′E
0 2.5 5 10 km
卫星/载荷：HY-1C/CZI 海岸带成像仪
成像时间：2019年4月6日 02:41UTC

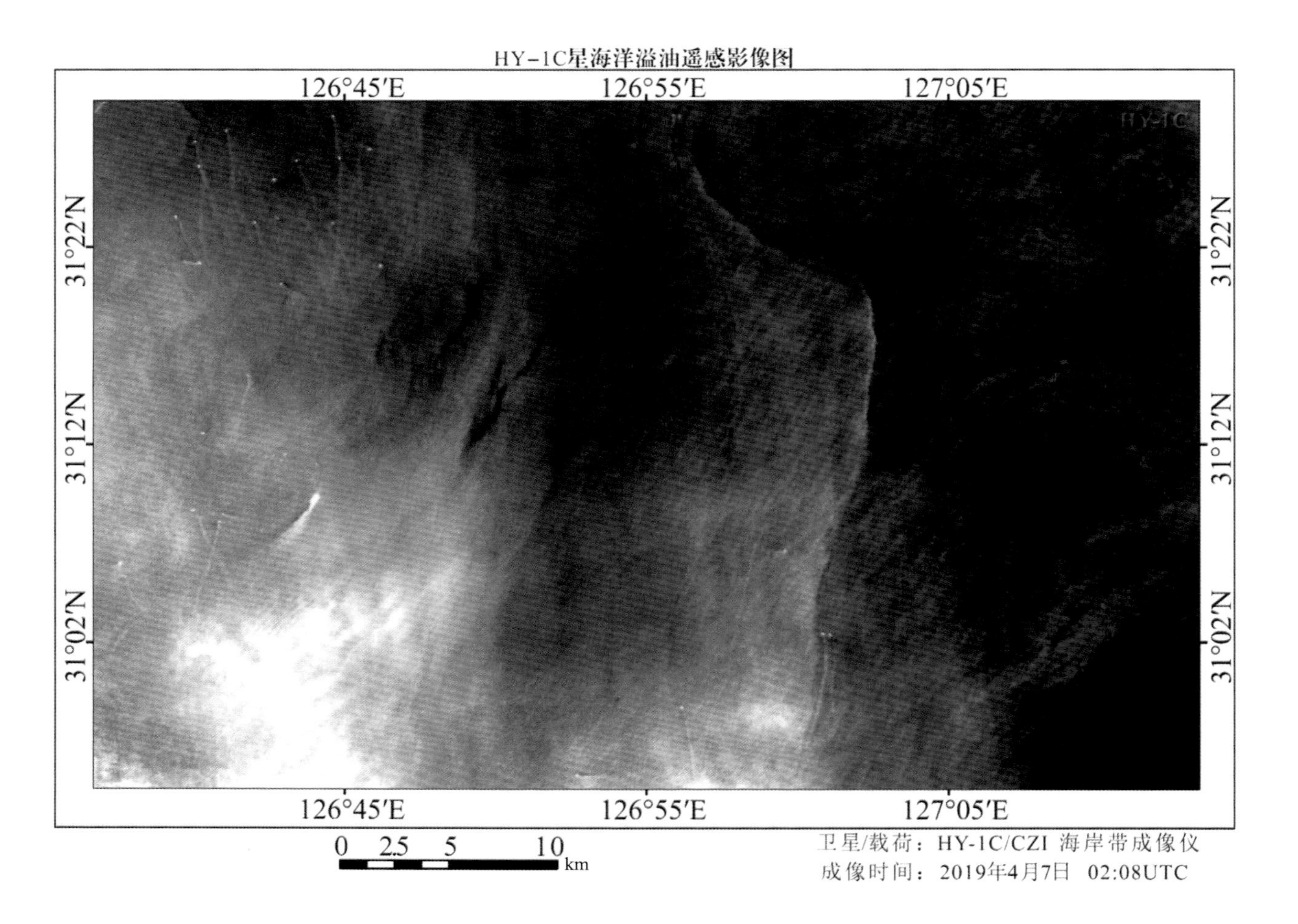
HY-1C星海洋溢油遥感影像图
126°45'E
126°55'E
127°05'E
31°22'N
31°12'N
31°02'N
HY-1C
0 2.5 5 10 km
卫星/载荷：HY-1C/CZI 海岸带成像仪
成像时间：2019年4月7日 02:08UTC

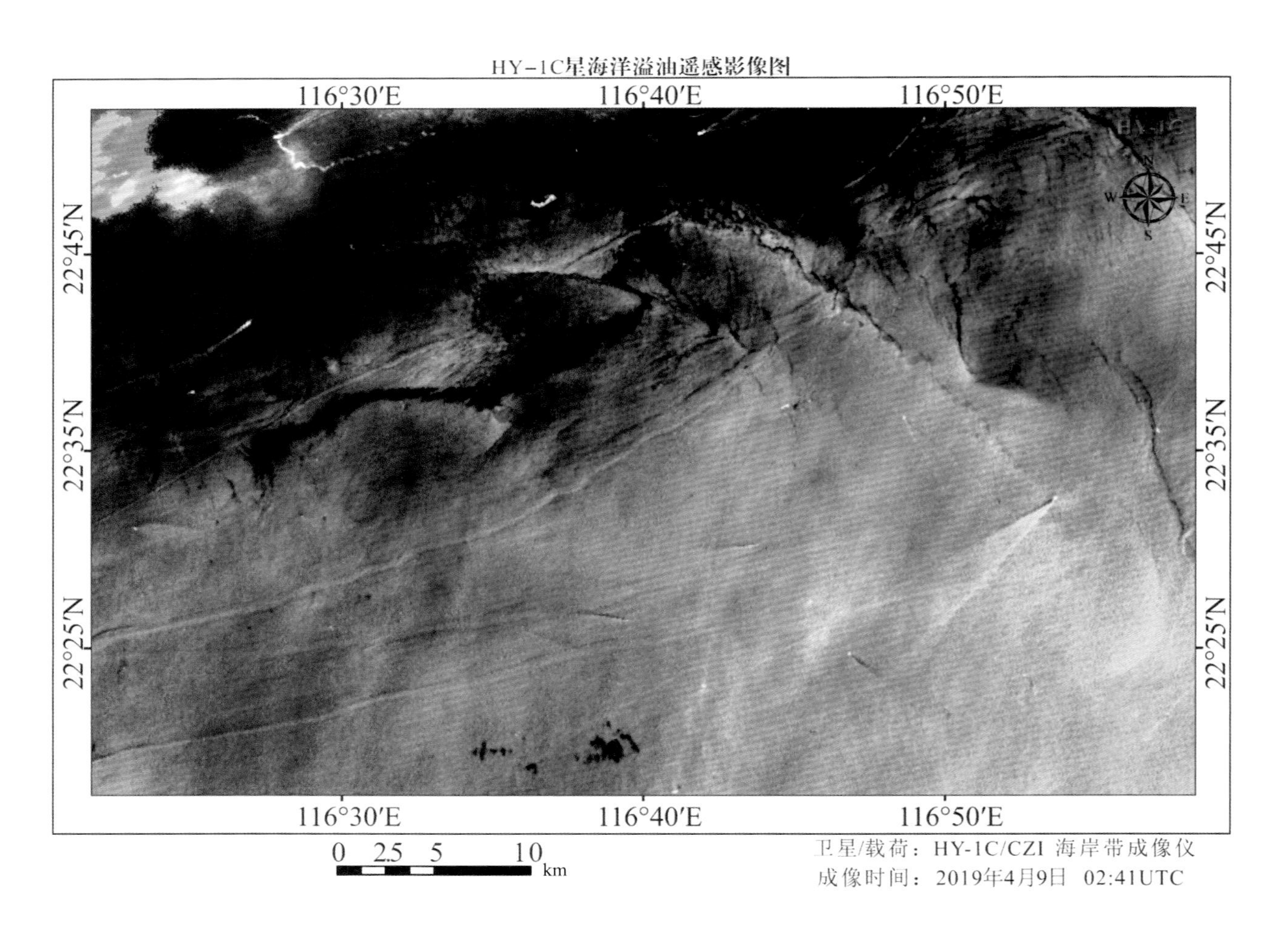
HY-1C星海洋溢油遥感影像图
116°30′E
116°40′E
116°50′E
22°45′N
22°35′N
22°25′N
W
E
S
0 2.5 5 10 km
卫星/载荷：HY-1C/CZI 海岸带成像仪
成像时间：2019年4月9日 02:41UTC

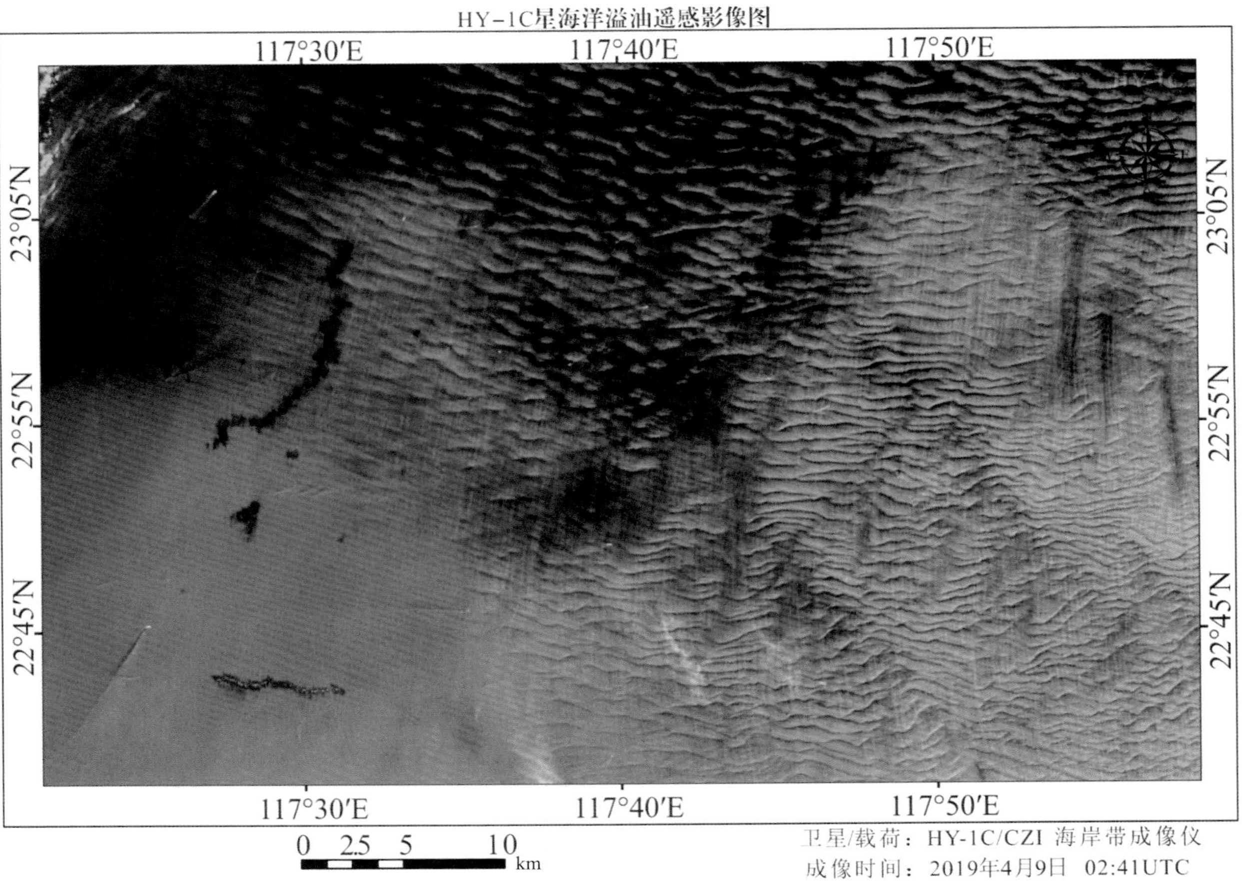
HY-1C星海洋溢油遥感影像图
117°30'E
117°40'E
117°50'E
23°05'N
22°55'N
22°45'N
卫星/载荷：HY-1C/CZI 海岸带成像仪
成像时间：2019年4月9日 02:41UTC
0 2.5 5 10
km

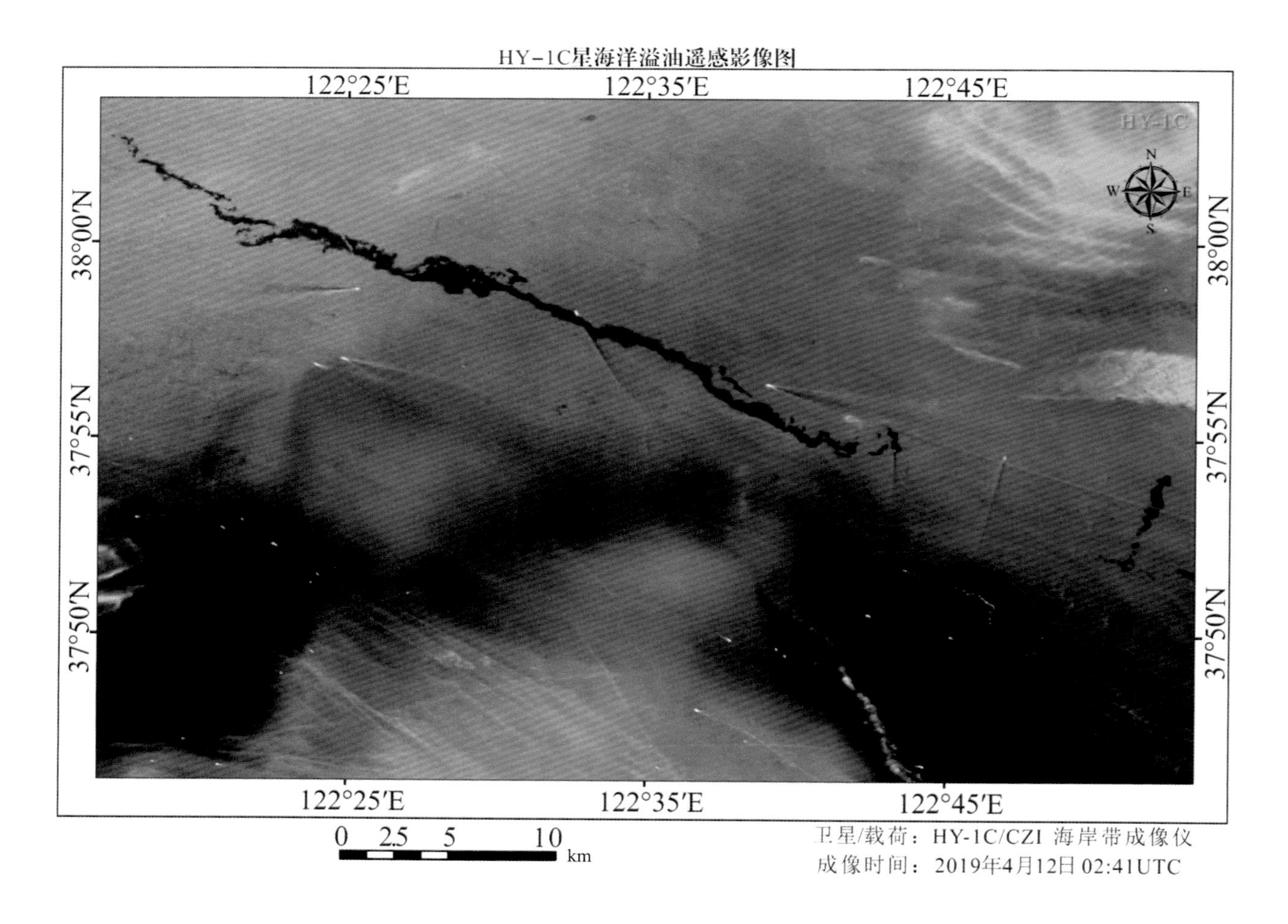
HY-1C星海洋溢油遥感影像图
122°25′E
122°35′E
122°45′E
38°00′N
37°55′N
37°50′N
HY-1C
N
W
E
S
0
2.5
5
10
km
卫星/载荷：HY-1C/CZI 海岸带成像仪
成像时间：2019年4月12日 02:41UTC

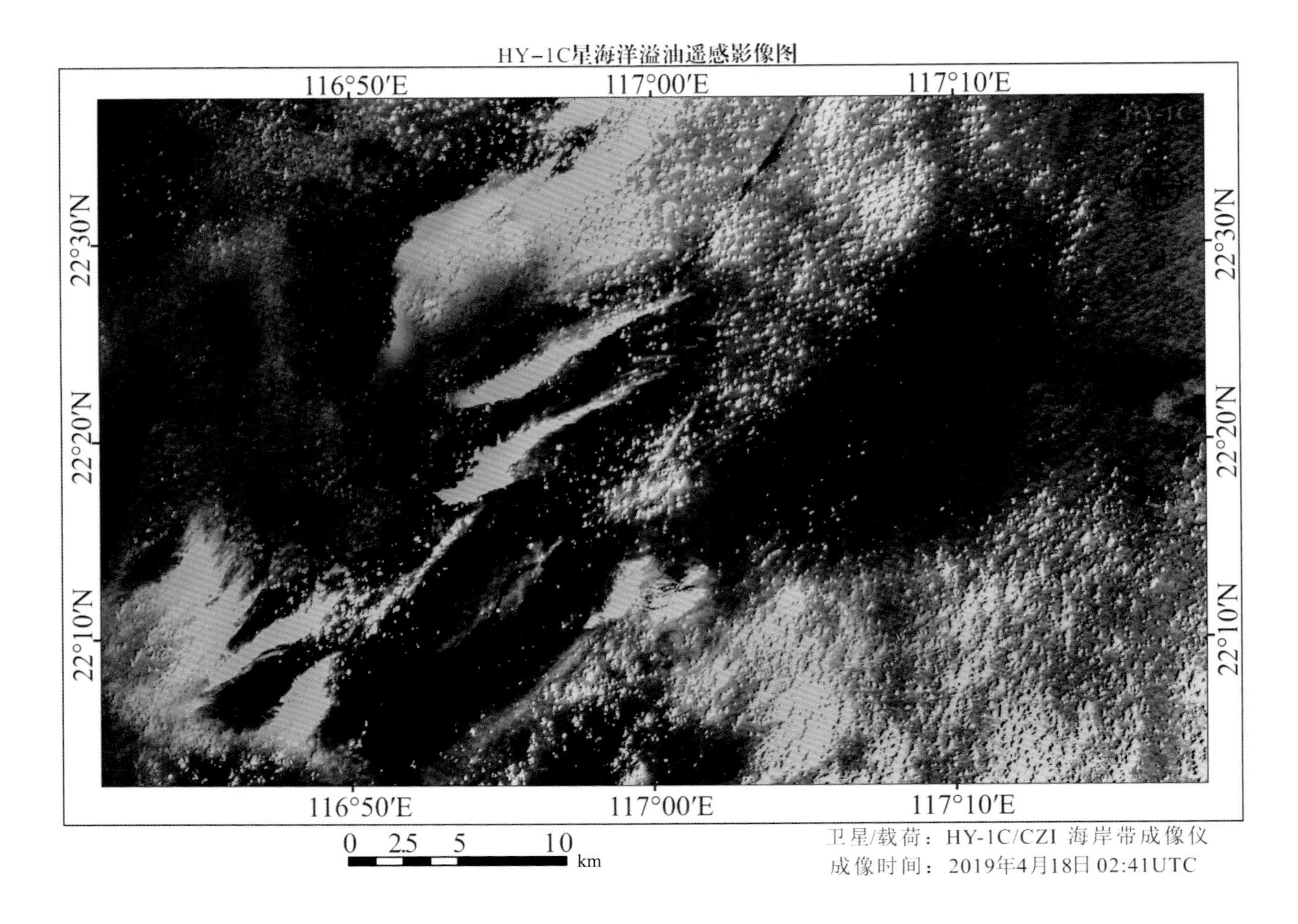
HY-1C星海洋溢油遥感影像图
116°50′E
117°00′E
117°10′E
22°30′N
22°20′N
22°10′N
0 2.5 5 10 km
卫星/载荷：HY-1C/CZI 海岸带成像仪
成像时间：2019年4月18日 02:41UTC

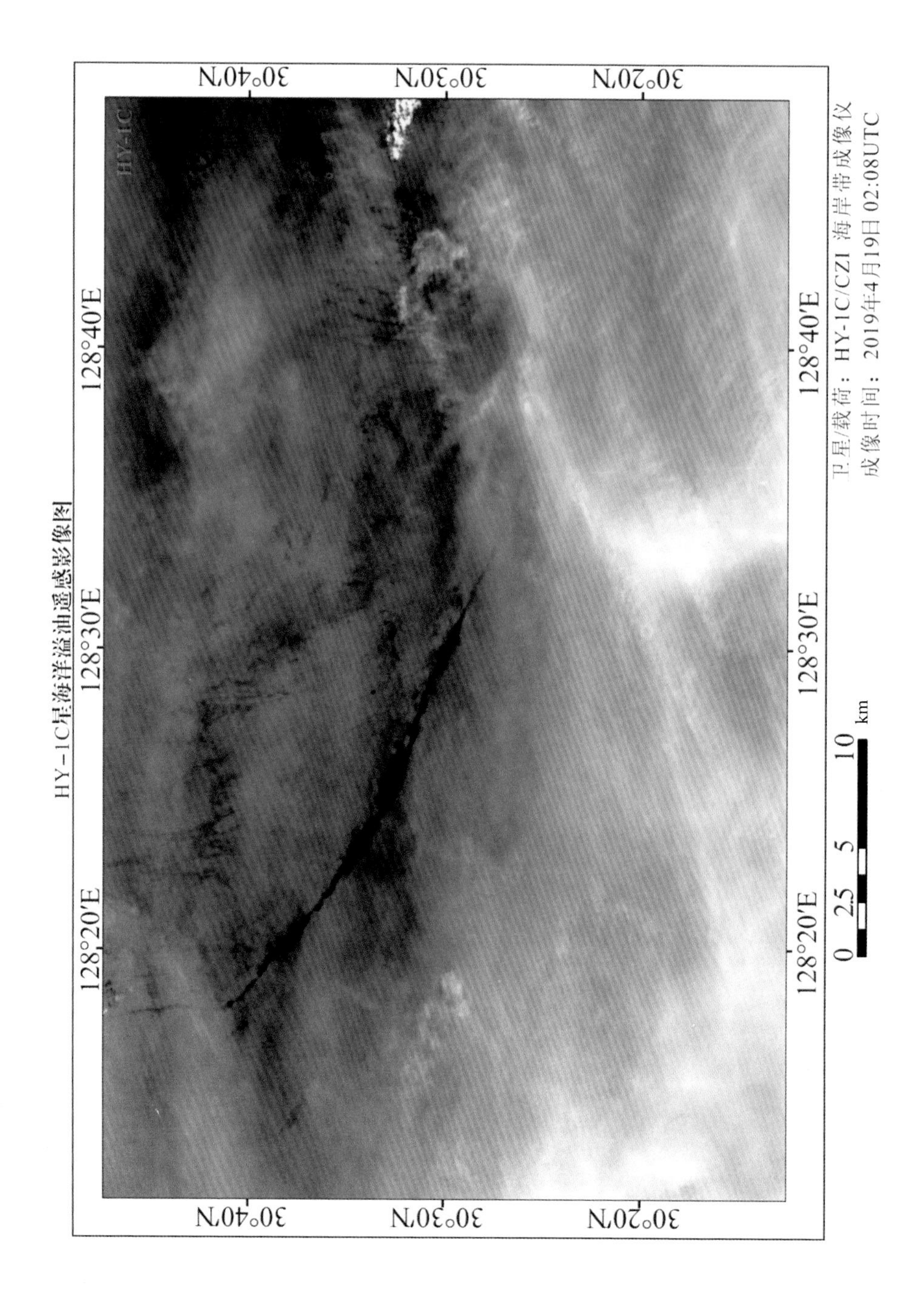
HY-1C星海洋溢油遥感影像图
HY-1C
128°20′E
128°30′E
128°40′E
30°40′N
30°30′N
30°20′N
卫星/载荷：HY-1C/CZI 海岸带成像仪
成像时间：2019年4月19日 02:08UTC
0 2.5 5 10 km

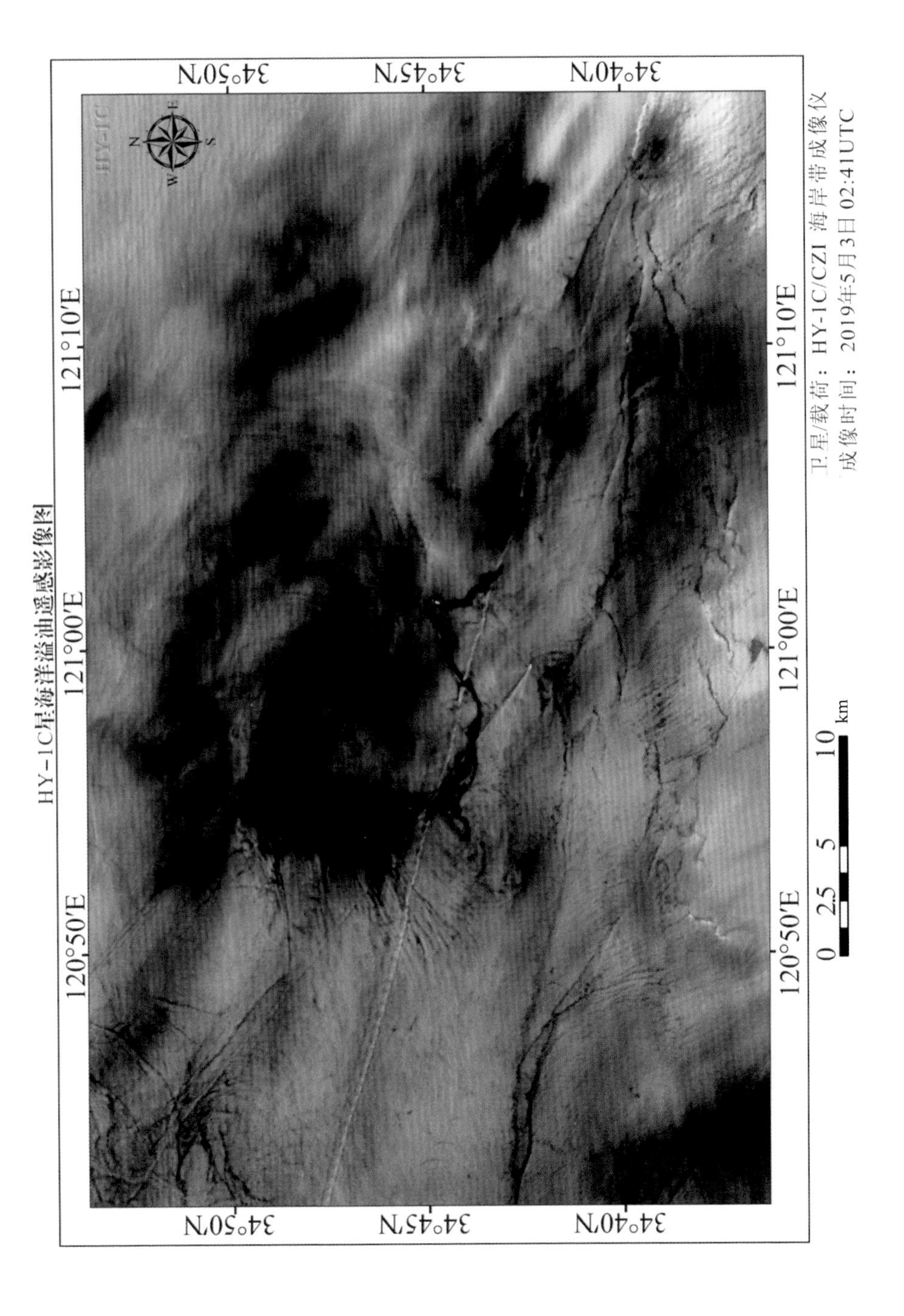
HY-1C星海洋溢油遥感影像图
卫星载荷：HY-1C/CZI 海岸带成像仪
成像时间：2019年5月3日 02:41UTC
34°50′N
34°45′N
34°40′N
120°50′E
121°00′E
121°10′E
0 2.5 5 10 km
HY-1C

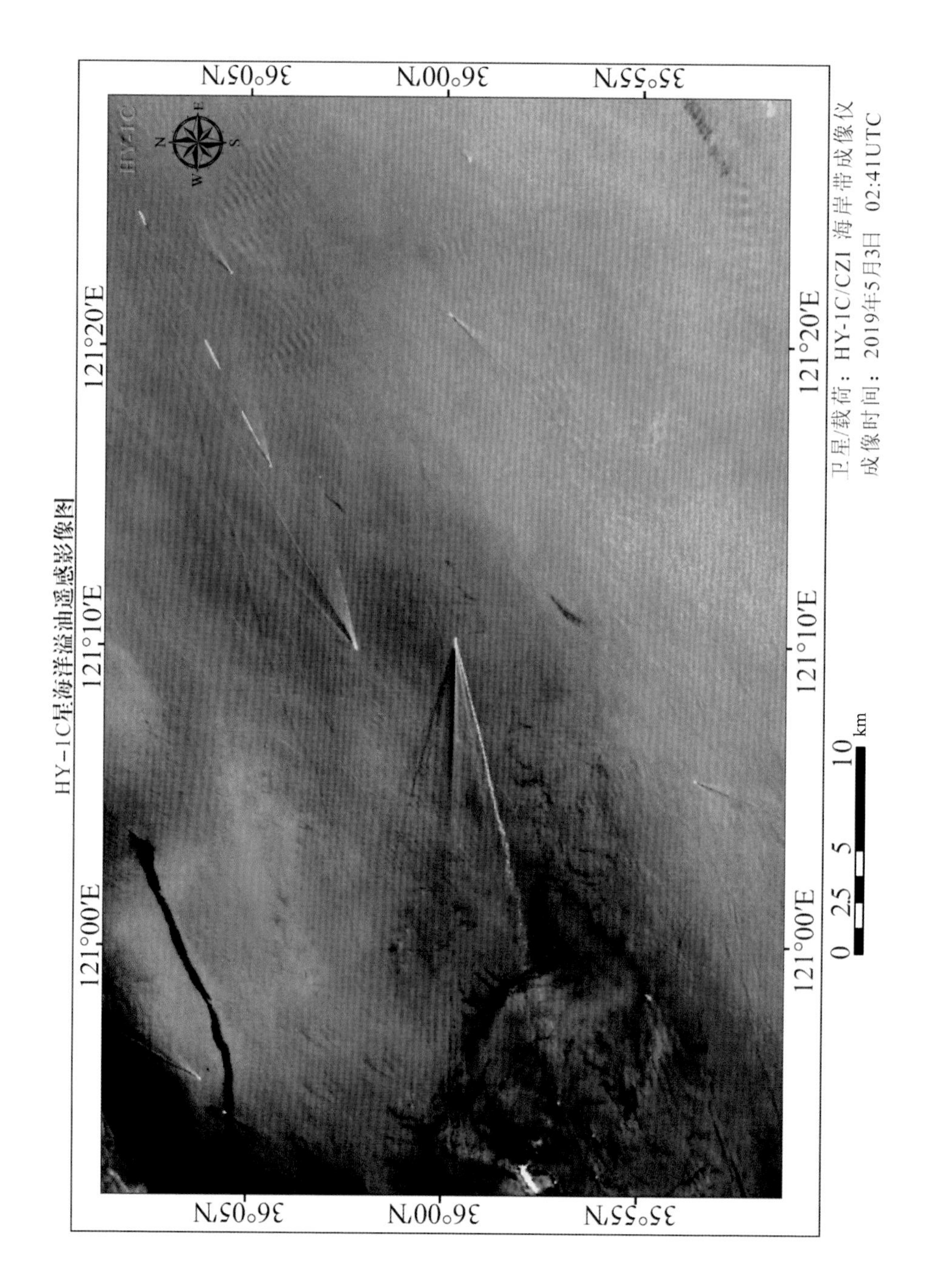
HY-1C星海洋溢油遥感影像图
36°05′N
36°00′N
35°55′N
121°20′E
121°10′E
121°00′E
0 2.5 5 10 km
卫星/载荷：HY-1C/CZI 海岸带成像仪
成像时间：2019年5月3日 02:41UTC

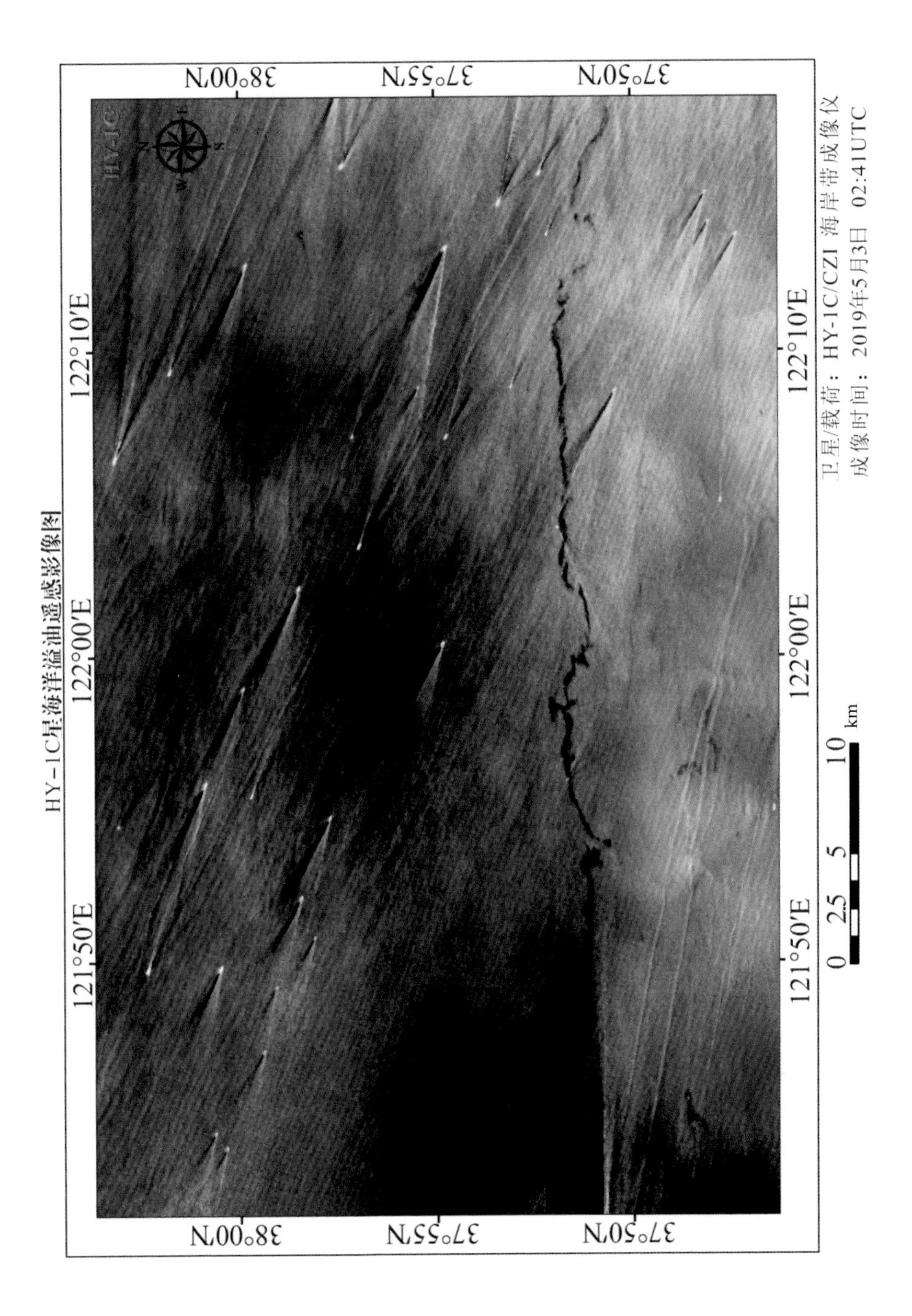
HY-1C星海洋溢油遥感影像图
卫星/载荷：HY-1C/CZI 海岸带成像仪
成像时间：2019年5月3日 02:41UTC
HY-1C
38°00′N
37°55′N
37°50′N
121°50′E
122°00′E
122°10′E
0 2.5 5 10 km

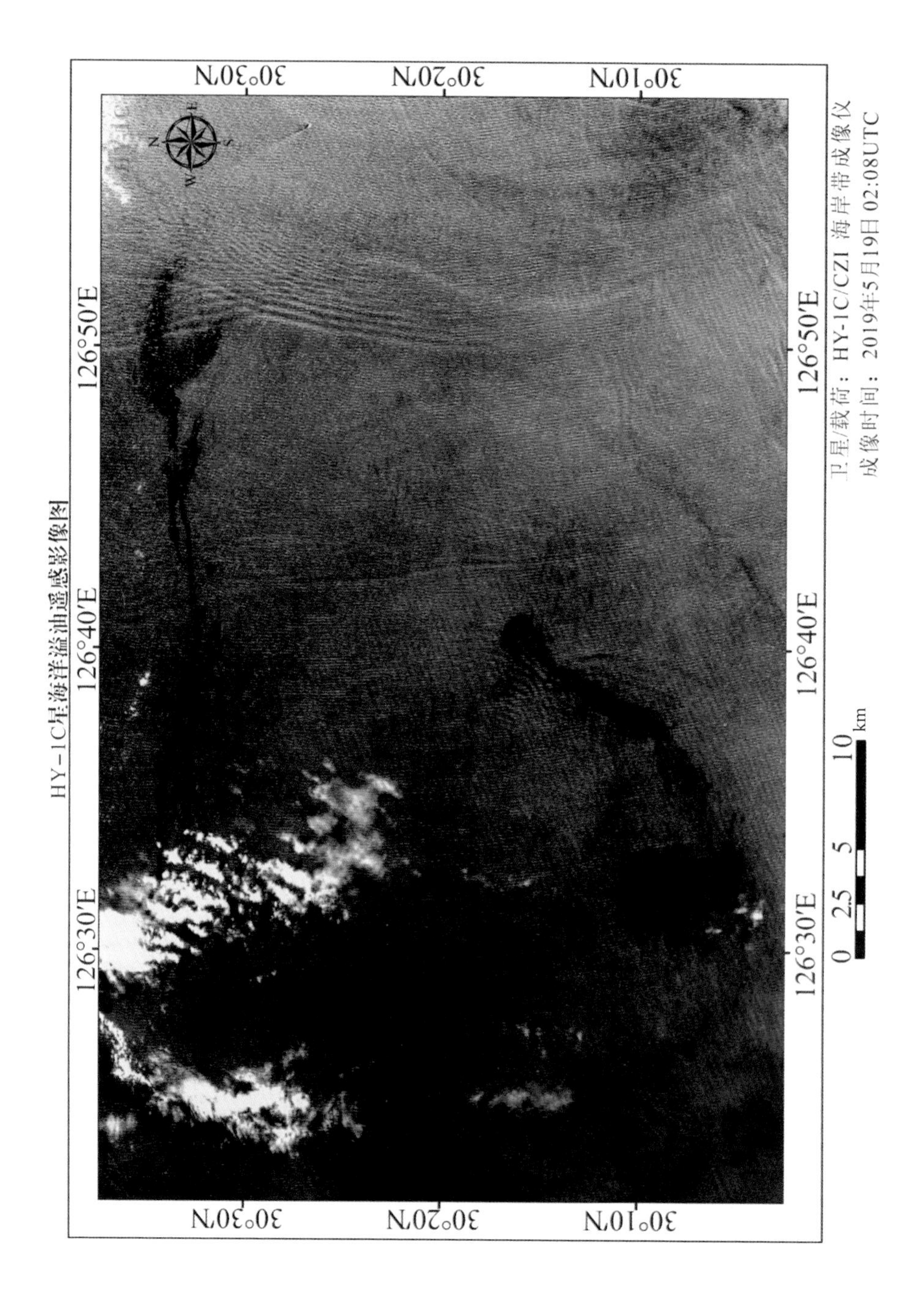
HY-1C星海洋溢油遥感影像图
30°30'N
30°20'N
30°10'N
126°30'E
126°40'E
126°50'E
卫星/载荷：HY-1C/CZI 海岸带成像仪
成像时间：2019年5月19日 02:08UTC
0 2.5 5 10 km

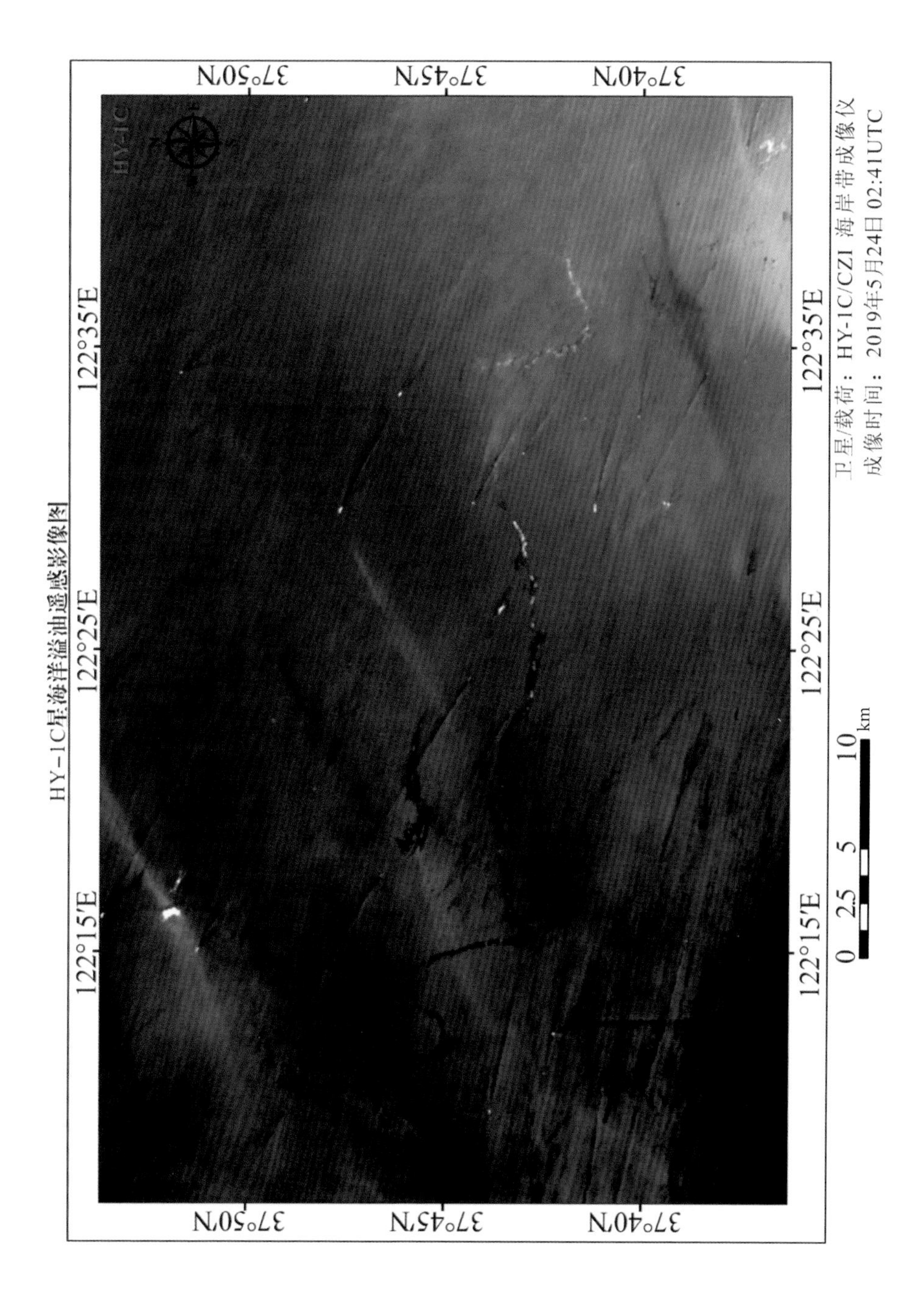
HY-1C星海洋溢油遥感影像图
HY-1C
37°50′N
37°45′N
37°40′N
122°15′E
122°25′E
122°35′E
0 2.5 5 10 km
卫星/载荷：HY-1C/CZI 海岸带成像仪
成像时间：2019年5月24日 02:41UTC

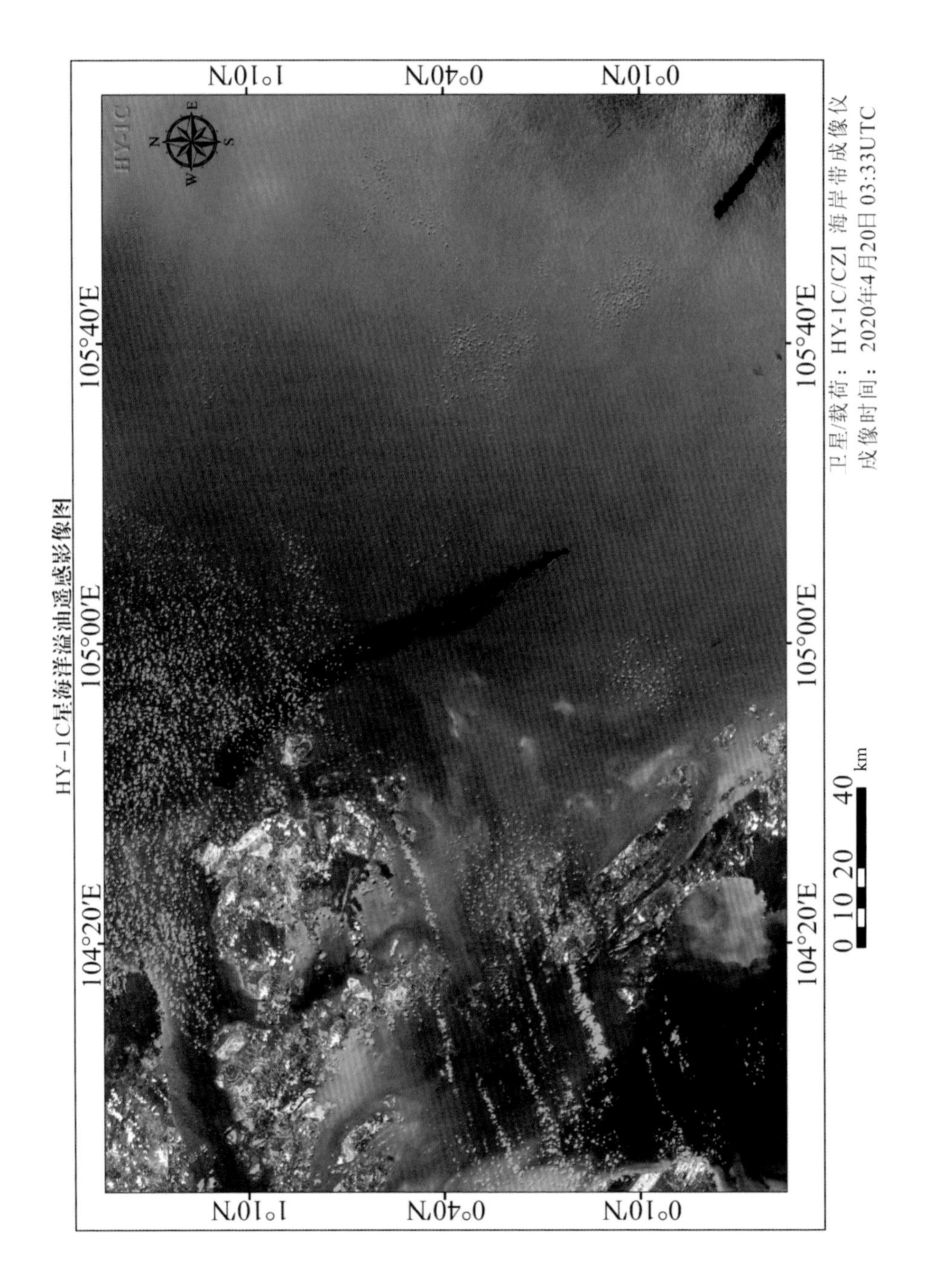
HY-1C星海洋溢油遥感影像图
HY-1C
N
E
S
W
1°10′N
0°40′N
0°10′N
104°20′E
105°00′E
105°40′E
0 10 20 40 km
卫星/载荷：HY-1C/CZI 海岸带成像仪
成像时间：2020年4月20日 03:33UTC

HY-1C星海洋溢油遥感影像图
卫星/载荷：HY-1C/CZI 海岸带成像仪
成像时间：2020年4月21日 04:37UTC
HY-1C
11°40′N
11°30′N
11°20′N
94°50′E
94°25′E
94°00′E
0 5 10 20 km

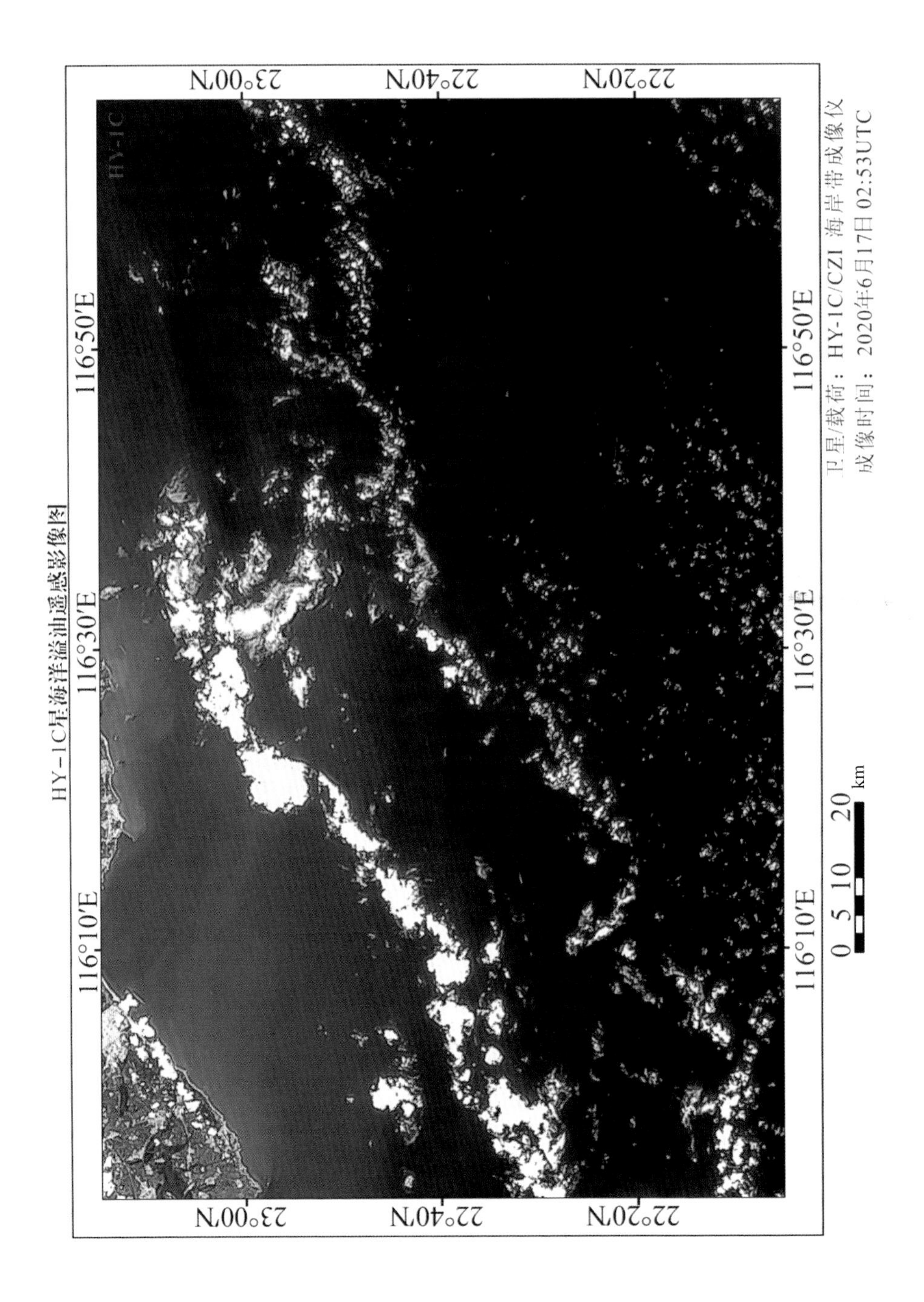
HY-1C星海洋溢油遥感影像图
HY-1C
23°00'N
22°40'N
22°20'N
116°10'E
116°30'E
116°50'E
0 5 10 20 km
卫星/载荷：HY-1C/CZI 海岸带成像仪
成像时间：2020年6月17日 02:53UTC

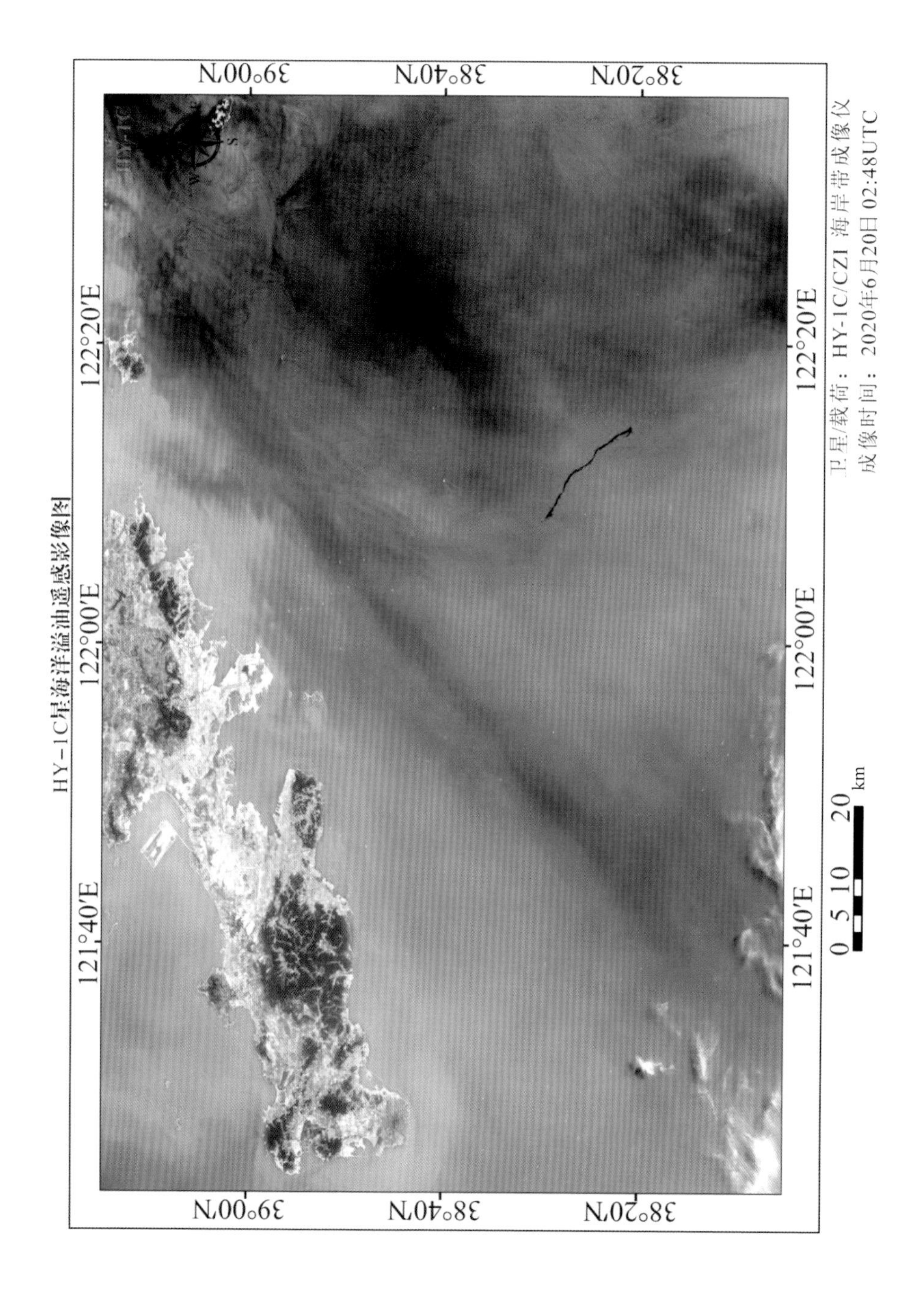
HY-1C星海洋溢油遥感影像图
39°00′N
38°40′N
38°20′N
121°40′E
122°00′E
122°20′E
卫星/载荷：HY-1C/CZI 海岸带成像仪
成像时间：2020年6月20日 02:48UTC
0 5 10 20 km

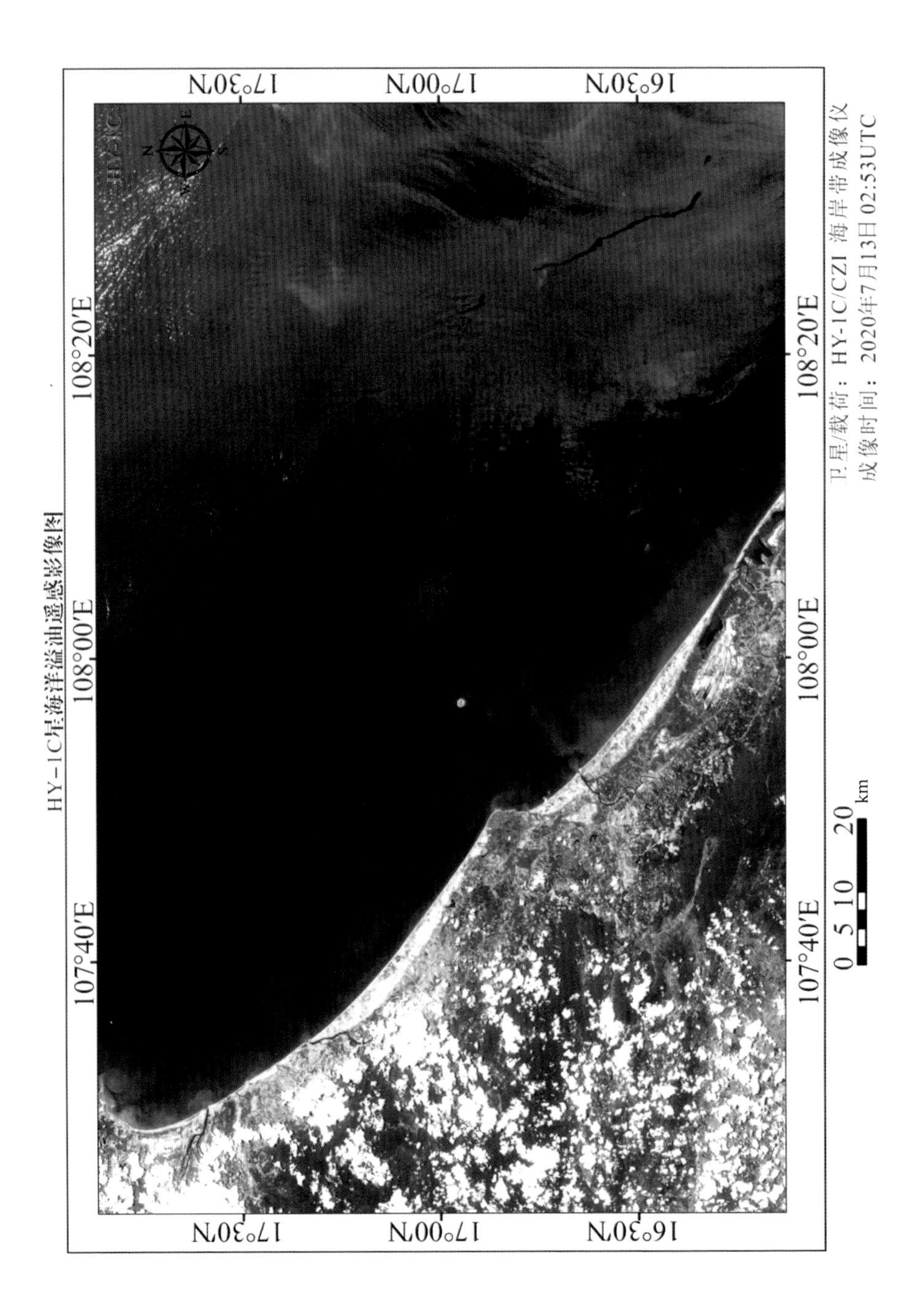
HY-1C星海洋溢油遥感影像图
17°30′N
17°00′N
16°30′N
107°40′E
108°00′E
108°20′E
0 5 10 20 km
卫星/载荷：HY-1C/CZI 海岸带成像仪
成像时间：2020年7月13日 02:53UTC

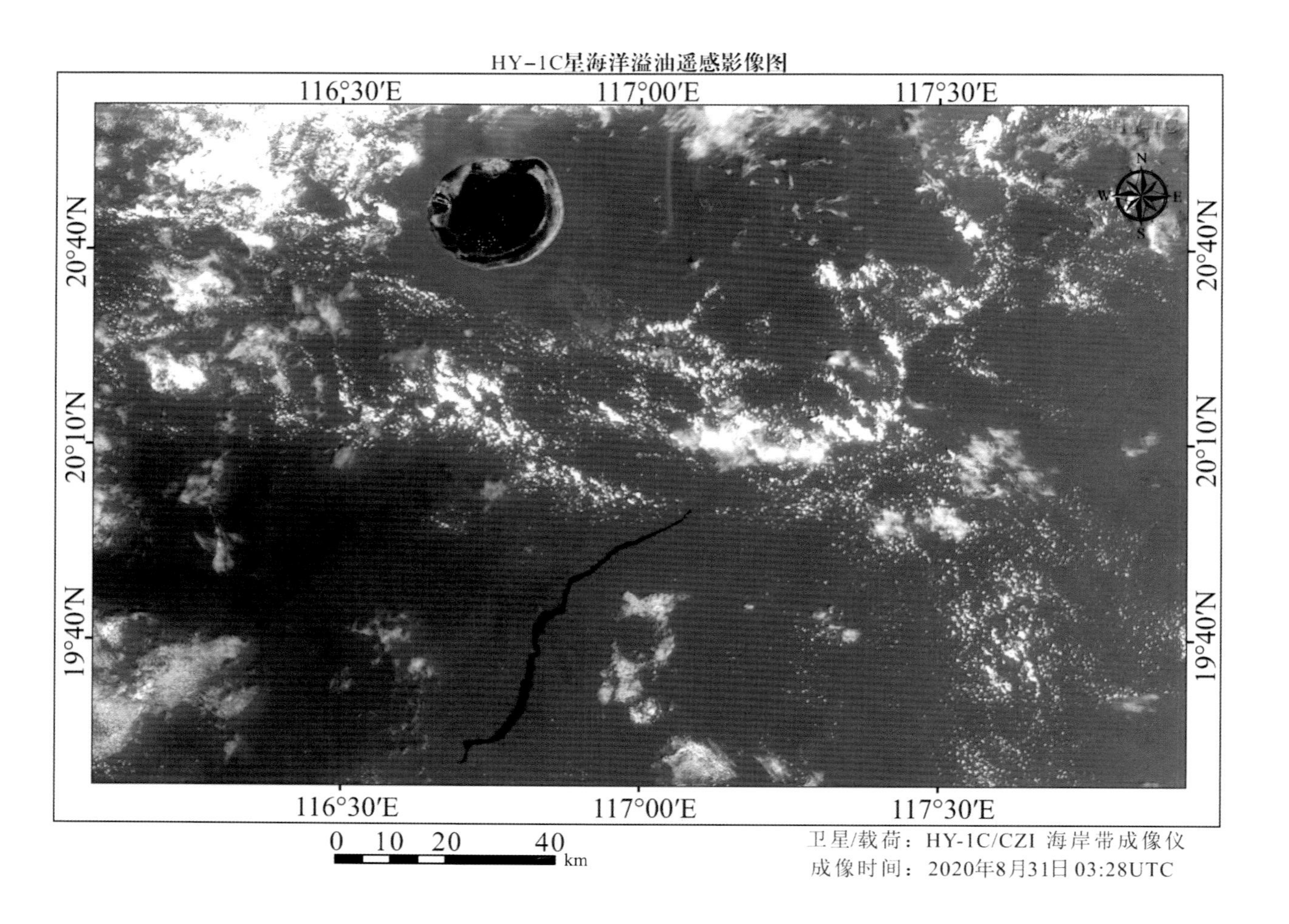
HY-1C星海洋溢油遥感影像图
116°30′E
117°00′E
117°30′E
20°40′N
20°10′N
19°40′N
N
S
W
E
0 10 20 40 km
卫星/载荷：HY-1C/CZI 海岸带成像仪
成像时间：2020年8月31日 03:28UTC